Ortskurven der Starkstromtechnik

Einführung in ihre Theorie und Anwendung

von

Dr.-Ing. Gerhard Hauffe

Assistent am Institut für Allgemeine Elektrotechnik
an der Technischen Hochschule zu Dresden

Mit 101 Textabbildungen

Springer-Verlag Berlin Heidelberg GmbH 1932

ISBN 978-3-662-31935-2   ISBN 978-3-662-32762-3 (eBook)
DOI 10.1007/978-3-662-32762-3

Dieses Buch
widme ich dem Andenken an Herrn Bürgermeister

Max Gäbisch

in Rennersdorf bei Stolpen

Vorwort.

Die komplexe Rechnung findet ein weites Anwendungsgebiet in der Theorie der Ortskurven. Einen schlagenden Beweis für ihre Eleganz liefert etwa der Vergleich der beiden Arbeiten von A. Heyland: „Ein graphisches Verfahren zur Vorausberechnung von Transformatoren und Mehrphasenmotoren"[1], und „Der asynchrone Mehrphasenmotor und sein Diagramm"[2]. In dieser ist der Kreis des Primärstromes komplex, in jener geometrisch abgeleitet. Ein weiterer Beweis für die Brauchbarkeit der komplexen Rechnung ist die Tatsache, daß sie heute von fast allen Autoren, die sich mit Ortskurven befassen, verwendet wird.

Steinmetz hat durch seine Arbeit: „Die Anwendung komplexer Größen in der Elektrotechnik"[3] zur Verbreitung der komplexen Rechnung viel beigetragen. Er betrachtet seine auf dem Internationalen Elektrikerkongreß zu Chicago vorgetragene Methode als neu, während nach Emde: „Die komplexe Darstellung der Ortskurven in Wechselstromdiagrammen"[4] schon Helmholtz im Jahre 1878 die komplexen Größen zur Behandlung von Schwingungen benutzt hat. Obwohl nun Steinmetz in seinem 1900 erschienenen Buche „Theorie und Berechnung der Wechselstromerscheinungen" beispielsweise als Gleichung für den Primärstrom eines Mehrphaseninduktionsmotors formal

$$\mathfrak{J}_1 = \frac{\mathfrak{a} + \mathfrak{b}\,s}{\mathfrak{c} + \mathfrak{d}\,s},$$

$$s = \text{Schlupf},$$

$$\mathfrak{a} \text{ bis } \mathfrak{d} = \text{komplexe Konstanten},$$

aufstellt, ist er bis zur Darstellung dieser Gleichung in der komplexen Ebene in Abhängigkeit vom Schlupf s nicht vorgedrungen. Schenkel gebührt vielmehr das große Verdienst, in seiner Arbeit „Geometrische Örter an Wechselstromdiagrammen"[5] auf diese Darstellungsmöglichkeit hingewiesen zu haben. Schenkel beschränkt hierbei seine Betrachtungen auf Gerade und Kreis. Den Ausbau der komplexen Ortskurventheorie hat im wesentlichen O. Bloch geliefert mit seinem 1917 erschienenen Buch „Die Ortskurven der graphischen Wechselstromtechnik nach einheitlicher Methode behandelt". Es ist zweifelhaft, ob Bloch die Schen-

---

[1] ETZ 1894 S. 561.　　　　[2] ETZ 1928 S. 1509.
[3] ETZ 1893 S. 597, 631, 641 u. 653.　　　[4] ETZ 1923 S. 532.
[5] ETZ 1901 S. 1043.

kelsche Arbeit gekannt hat, denn sie findet sich bei ihm nirgends zitiert. Nach dem leider viel zu frühen Tode Blochs hat seine Methode verschiedentliche Vertiefung erfahren: W. Michael stellt in seiner Dissertation „Zur Geometrie der Ortskurven der graphischen Wechselstromtechnik", Zürich 1919, eingehende Untersuchungen über die Ordnung und die Asymptoten höherer Ortskurven an, er befaßt sich mit den Kegelschnitten, für deren Auftreten schon Bloch einige Beispiele angegeben hat, und untersucht Ortskurven höherer Zirkularität, W. O. Schumann berechnet 1922 („Zur Theorie der Kreisdiagramme"[1]) den Radius und den Vektor nach dem Kreiszentrum aus den Konstanten der komplexen Kreisgleichung, Pflieger-Haertel vermittelt 1923, einer Anregung Schenkels folgend, den Anschluß der komplexen Ortskurvenrechnung an die mathematischen Theorien der konformen Abbildung in seiner Arbeit „Zur Theorie der Kreisdiagramme"[2]. Im gleichen Jahre bricht Kopczynski nochmals eine Lanze für Schenkel und Bloch: „Aus der Kindheit der Ortskurven der graphischen Wechselstromtechnik in symbolischer Form"[3], und seither hat sich die Verwendung dieser Rechnungsart immer mehr und mehr durchgesetzt. Daß außer der Geraden, dem Kreis und den bizirkularen Quartiken auch Ortskurven noch höherer Ordnung im theoretischen Elektromaschinenbau auftreten, beweisen die Arbeiten von Liwschitz (z. B. „Kommutatorkaskaden"[4]).

Mit dem vorliegenden Buch wird der Versuch einer zusammenhängenden Darstellung der komplexen Ortskurventheorie gemacht. Es wendet sich an Studierende und jüngere Ingenieure und enthält demgemäß zunächst eine kurze Darlegung der Rechenregeln für komplexe Zahlen, sodann eine gedrängte Zusammenfassung der für die Aufstellung der Ortskurvengleichungen nötigen elektrotechnischen Grundgesetze. Da erfahrungsgemäß der Ansatz eines Problems dem Anfänger mindestens ebensoviel Schwierigkeiten bereitet wie dessen Lösung, ist auf die Herausarbeitung des für die Ansätze Wesentlichen besonderer Wert gelegt. Der Eingeweihte wird den Abschnitt III überspringen können. Im Abschnitt IV wird die Ortskurventheorie an den für den Studierenden naheliegenden Beispielen des Schwingungskreises, des Lufttransformators, der synchronen Wechselstrommaschine, des asynchronen Drehstrommotors und einiger Wechselstromkommutatormotoren entwickelt. Hierbei wird das Kreisdiagramm als Grundlage der Ortskurven beliebiger Ordnung gleich systematisch behandelt. Die Beispiele, die aus didaktischen Gründen möglichst einfach gewählt sind, führen trotzdem in verwickeltere Probleme ein, so unter anderem

---

[1] Arch. Elektrot. Bd. 11 S. 140.   [2] Arch. Elektrot. Bd. 12 S. 486.
[3] ETZ 1923 S. 292.
[4] Wissenschaftliche Veröffentlichungen aus dem Siemens-Konzern Bd. 9 H. 2 S. 42.

die Untersuchung der Synchronmaschine mit ausgeprägten Polen im Parallelbetrieb. Wenn die Darstellungsart auch gelegentlich von ihr abweicht, so befolgt sie doch im wesentlichen die Prinzipien der Görgesschen Schule.

Hat der Leser an Hand der behandelten Beispiele in die Theorie der Ortskurven Einsicht und an ihr Gefallen gewonnen, so kann er den systematischen Teil V studieren, der in einer zusammenhängenden Darstellung nicht fehlen durfte, und der die allgemeingültigen Gesetze von einem höheren Standpunkt aus beleuchtet. — Über die Verwendung von Fremdwörtern kann man bestimmt verschiedener Ansicht sein: eine bizirkulare Quartik ist eine Kurve 4. Ordnung, die aus zwei Kreisen aufgebaut werden kann. Nicht jede Kurve 4. Ordnung besitzt diese Eigenschaft, daher erschien die Verwendung des Wortes bizirkular als durchaus gerechtfertigt.

Mit dem Abschnitt VI beschließen einige energetische Betrachtungen teils allgemeiner, teils nur für das Kreisdiagramm spezieller Gültigkeit die Darstellung. Demjenigen, der sich ernstlich in die Theorie der Ortskurven vertieft hat, dürfte es nicht schwer fallen, die Ergebnisse des letzten Abschnittes von Fall zu Fall richtig anzuwenden.

Der Verfasser ist sich bewußt, daß — besonders im Literaturnachweis — nicht alle die vielen Arbeiten, die auf diesem Gebiete geleistet wurden, auch aufgeführt sind. Es ist sein Wunsch, daß ihm dies nicht als Kritik ausgelegt werden möge. — Zum Schluß sei den Vorständen des Elektrotechnischen Instituts der Technischen Hochschule Dresden, Herrn Geh. Hofrat Prof. Dr.-Ing. E. h. J. Görges, und seinem Nachfolger, Herrn Oberregierungsrat Prof. Dr.-Ing. A. Güntherschulze aufrichtiger Dank gesagt: durch Gewährung der nötigen Muße und der reichen wissenschaftlichen Institutsmittel allein ist diese Darstellung ermöglicht worden. Endlich sei der Verlagsbuchhandlung Julius Springer für ihr Entgegenkommen bei der Drucklegung der Arbeit sowie für deren vorzügliche Ausstattung gedankt.

Dresden, im Juli 1931.

Der Verfasser.

Inhaltsverzeichnis.

Inhaltsverzeichnis. IX

I. Einleitung.

Den zu behandelnden Stoff beschreiben wir am besten an Hand einiger Beispiele: in eine Zusammenschaltung beliebig vieler Widerstände, über deren Natur — rein ohmisch, induktiv oder kapazitiv — wir keine Festsetzungen treffen wollen, und deren Art der Zusammenschaltung — galvanische, induktive oder kapazitive Kopplung — uns auch gleichgültig ist, fließt unter dem Einfluß einer anliegenden Spannung ein Strom, der sich nach einfachen Gesetzen berechnen läßt. Dies setzt allerdings voraus, daß die Widerstände von dem sie durchfließenden Strom unabhängig, also konstant sind[1]. Ändert sich in dieser Schaltung irgendeine Größe

$$\mathfrak{G} = p\,\mathfrak{G}_0$$

derart, daß der sie messende Parameter p verschiedene Werte annimmt, so wird sich der Strom bei konstanter Spannung nach Größe und Phase ändern. Durchläuft p alle Werte von $-\infty$ bis $+\infty$, so wird der Endpunkt des Stromvektors in der bekannten Darstellung des Vektordiagramms eine Kurve beschreiben, die wir als Ortskurve des Stromes bei konstanter Klemmenspannung bezeichnen. Gleichzeitig werden sich, wenn die betrachtete Schaltung Stromverzweigungen enthält, die Teilströme nach Größe und Phase ändern, und ebenso die Teilspannungen an den einzelnen Widerständen, sie alle ergeben Ortskurven, deren Gestalt aus dem Aufbau der Gleichungen erkennen zu lernen unsere Aufgabe sein wird. So stellt z. B. ein belasteter Lufttransformator eine Schaltung dar, deren beide Teile — Primärkreis und Sekundärkreis — bei getrennten Wicklungen induktiv miteinander gekoppelt sind. Die Größe $\mathfrak{G}$, die sich in dieser Schaltung ändert, wird im allgemeinen[2] die sekundäre Belastung sein. Mit ihr ändern sich im Sekundärkreis Strom, EMK und Klemmenspannung, im Primärkreis Strom und EMK.

Elektrisch stellt der asynchrone Drehstrommotor einen Mehrphasentransformator dar, den man nach der Theorie des Lufttransformators

---

[1] Stromabhängige Widerstände sind z. B. Lichtbogenwiderstände oder eisenhaltige Drosselspulen. Ihre Einbeziehung in unsere Betrachtungen wird nur unter Vorbehalt möglich sein.

[2] Es wäre nicht undenkbar, daß man sich auch einmal die Aufgabe stellte, das Verhalten des konstant belasteten Lufttransformators bei veränderlicher Frequenz zu untersuchen.

behandeln kann, wenn man unter Voraussetzung schwacher Sättigung vom Einfluß des anwesenden Eisens absieht. Der Widerstand der Sekundärseite, d. i. in den meisten Fällen des Rotorkreises, ist hier unveränderlich, die durch die mechanische Belastung beeinflußte Variable ist der Schlupf, der in den Gleichungen für die elektrischen Größen auftritt. Vornehmlich sind es die Ströme, deren Größe und Phase, d. h. deren Ortskurven gesucht werden.

Diese Hinweise mögen genügen, den Stoff kurz zu charakterisieren. Das Interesse an den Ortskurven ist natürlich dann am meisten begründet, wenn es sich um stationäre Vorgänge handelt. Das sind solche, bei denen alle Veränderungen der Ströme und Spannungen im gleichen Rhythmus mit der beliefernden Energiequelle vor sich gehen: dem System ist eine bestimmte Periodizität aufgezwungen. Macht man nun des weiteren die Voraussetzung, daß sich die beliefernde Spannung zeitlich nach einem Sinusgesetz ändere, so erweist sich die komplexe Behandlung der Probleme als sehr zweckmäßig. Wir werden uns daher kurz mit der Theorie der komplexen Zahlen zu befassen haben.

II. Theorie der komplexen Zahlen.

A. Das Zahlengebiet.

Die erste der vier Grundrechnungsarten, die Addition, kam mit dem Gebiet positiver ganzer reeller Zahlen aus. Eine Erweiterung dieses Gebietes erforderte schon die zweite Grundrechnungsart, die Subtraktion. Verlangt man nämlich, daß

$$a - b$$

für $b > a$ lösbar sei, so wird die Einführung negativer ganzer reeller Zahlen nötig. Das so erweiterte Zahlengebiet erfährt eine neuerliche Bereicherung durch die vierte Grundrechnungsart, die Division. Verlangt man die Lösbarkeit von

$$\frac{a}{b}$$

auch in den Fällen, wo a kein ganzzahliges reelles Vielfaches von b ist, so wird die Einführung von gebrochenen reellen Zahlen erforderlich. Das Radizieren fügte zu diesen Zahlen noch die irrationalen, und forderte weiter, damit

$$\sqrt{-a} = \sqrt{a} \cdot \sqrt{-1}$$

lösbar wäre, die Einführung der imaginären Einheit

$$j = \sqrt{-1}.$$

Danach lag es nahe, durch willkürliche Zusammensetzung reeller und imaginärer Zahlen neue, sogenannte komplexe Zahlen, zu bilden. Diese stellen nun die allgemeinsten möglichen Zahlen vor, von denen die rein reellen und rein imaginären nur Sonderfälle sind: es fehlt diesen der imaginäre bzw. der reelle Teil.

Hinsichtlich der Schreibweise der komplexen Zahlen verabreden wir folgendes: zum Unterschied gegenüber reellen Zahlen bezeichnen wir sie mit deutschen Buchstaben. Den reellen Teil bezeichnen wir mit dem gleichen lateinischen Buchstaben, dem wir den Index 1 zufügen. Den imaginären Teil kennzeichnen wir durch Vorsetzen der imaginären Einheit j und bezeichnen ihn mit demselben lateinischen Buchstaben und Index 2. Wir schreiben also

$$\mathfrak{a} = a_1 + j\,a_2$$

oder

$$\mathfrak{B} = B_1 + j\,B_2 \quad \text{usw.}$$

und es bedeuten

$$\mathfrak{A} = A_1, \qquad \mathfrak{b} = j\,b_2,$$

daß $\mathfrak{A}$ keinen imaginären, $\mathfrak{b}$ keinen reellen Teil hat. $\mathfrak{A}$ ist also rein reell, $\mathfrak{b}$ rein imaginär.

B. Darstellung und Nomenklatur der komplexen Zahl.

Die komplexe Zahl

$$\mathfrak{a} = a_1 + j\,a_2$$

kann dargestellt werden als ein Punkt der Gaußschen Zahlenebene, Abb. 1. Trägt man in einem rechtwinkligen Koordinatensystem auf der x-Achse, die dann als reelle Achse bezeichnet wird, alle reellen Zahlen auf, auf der y-Achse, der imaginären Achse, alle imaginären

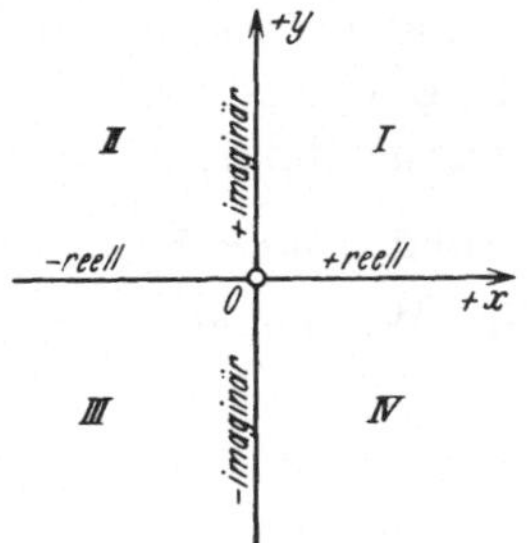

Abb. 1. Die Gaußsche Zahlenebene.

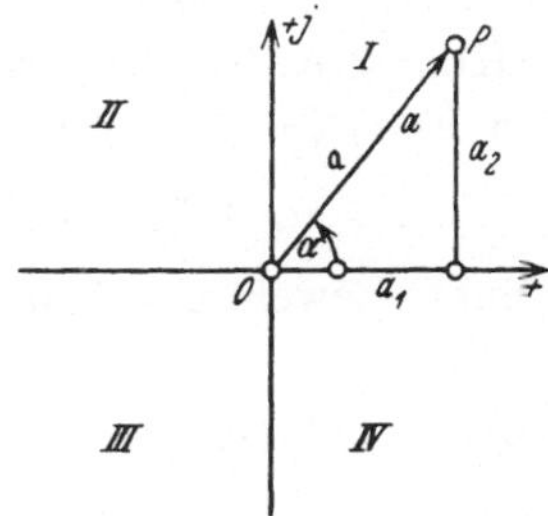

Abb. 2. Die komplexe Zahl $\mathfrak{a}$.

Zahlen, so entsprechen den Punkten der so entstandenen 4 Quadranten I bis IV der Gaußschen Zahlenebene alle nur möglichen komplexen Zahlen. Wir begnügen uns im allgemeinen, die reelle Achse durch ein $+$-Zeichen, die imaginäre Achse durch $+\,j$ zu kennzeichnen. In Abb. 2 ist die komplexe Zahl $\mathfrak{a}$ dargestellt unter der Voraussetzung, daß a_1

und a_2 positiv sind. Der Ortsvektor $\overrightarrow{OP}$, der dieser komplexen Zahl $\mathfrak{a}$ zugehört, hat eine absolute Länge

$$a = \sqrt{a_1^2 + a_2^2}, \tag{1}$$

die man als Absolutbetrag der komplexen Zahl $\mathfrak{a}$ bezeichnet[1].

Der Ortsvektor $\overrightarrow{OP}$ hat gegen die positiv reelle Achse eine Neigung

$$\alpha = \operatorname{arc\,tg} \frac{a_2}{a_1}, \tag{2}$$

die sich also aus den beiden Komponenten, der imaginären Komponente a_2 und der reellen Komponente a_1 errechnet[2]. Für die Lage von P und Größe und Vorzeichen der Phase α* in Abhängigkeit von Größe und Vorzeichen der Komponenten a_1 und a_2 gilt offenbar folgende Zusammenstellung

a_1	a_2	α	P liegt
> 0	$= 0$	0^0	auf der $+$ reellen Achse
> 0	> 0	$0^0 < \alpha < +90^0$	im I. Quadranten
$= 0$	> 0	$+90^0$	auf der $+$ imaginären Achse
< 0	> 0	$+90^0 < \alpha < +180^0$	im II. Quadranten
< 0	$= 0$	$+180^0$	auf der $-$ reellen Achse
< 0	< 0	$+180^0 < \alpha < +270^0$	im III. Quadranten
$= 0$	< 0	$+270^0$	auf der $-$ imaginären Achse
> 0	< 0	$+270^0 < \alpha < +360^0$	im IV. Quadranten

Hierzu ist ergänzend zu bemerken, daß positive Argumente von über 180^0 auch als negative Argumente von unter 180^0 betrachtet werden können. Aus Abb. 2 sind ablesbar die Gleichungen

$$\left.\begin{aligned} a_1 &= a \cos \alpha, \\ a_2 &= a \sin \alpha, \end{aligned}\right\} \tag{3}$$

die aus Absolutwert und Phase die Komponenten einer Komplexen errechnen lassen. Umgekehrt lieferten (1) und (2) Betrag und Phase aus den Komponenten. (3) ergeben nach Entwicklung der trigonometrischen Funktionen in Reihen die Eulersche Relation

$$\mathfrak{a} = a_1 \pm j\,a_2 = a \cos \alpha \pm j\,a \sin \alpha = a\,\varepsilon^{\pm j\alpha}, \tag{4}$$

die hier ohne Beweis gegeben werden soll[4]. Wir nennen

$$a_1 \pm j\,a_2$$

die Komponentenform,

$$a\,\varepsilon^{\pm j\alpha}$$

die Exponentialform der komplexen Zahl $\mathfrak{a}$ und verwenden je nach praktischem Ermessen die eine oder die andere Form.

---

[1] Daneben sind gebräuchlich die Bezeichnungen Norm, Modul oder Betrag schlechthin.

[2] Man nennt auch a_1 den reellen Teil, oder die erste Koordinate der Komplexen $\mathfrak{a}$, a_2 den imaginären Teil oder die zweite Koordinate.

* α wird auch als Argument von $\mathfrak{a}$ bezeichnet.   [4] Literaturangabe.

C. Rechenregeln für komplexe Zahlen.

a) Eine komplexe Zahl $\mathfrak{a}$ verschwindet, wenn ihr Absolutwert a verschwindet. Da

$$a = \sqrt{a_1^2 + a_2^2}\,,$$

folgt, daß eine komplexe Zahl nur dann Null sein kann, wenn die Komponenten Null sind.

b) Zwei komplexe Zahlen sind einander gleich, wenn ihre gleichartigen Komponenten miteinander übereinstimmen. Formell gilt also

$$\mathfrak{a} = \mathfrak{b}\,,$$

wenn

$$a_1 = b_1 \quad \text{und} \quad a_2 = b_2\,.$$

Hieraus folgt auch

$$\alpha = \beta \quad \text{und} \quad a = b\,.$$

Umgekehrt zerfällt jede Gleichung zwischen Komplexen in zwei voneinander unabhängige Gleichungen zwischen den Realteilen und Imaginärteilen. Als Beispiel hierfür bringen wir die Zerlegung eines Ortsvektors $\mathfrak{A}$ in Komponenten nach vorgegebenen Richtungen $\mathfrak{B}$ und $\mathfrak{C}$. Wir setzen an (Abb. 3)

$$\mathfrak{A} = \mu\,\mathfrak{B} + \nu\,\mathfrak{C}\,,$$

worin μ und ν vorläufig unbestimmte reelle Faktoren sind. Ausführliche Schreibweise liefert zunächst

$$A_1 + j A_2 = \mu(B_1 + j B_2) + \nu(C_1 + j C_2)\,,$$

und Spaltung die beiden Gleichungen

$$A_1 = \mu B_1 + \nu C_1\,,$$
$$A_2 = \mu B_2 + \nu C_2\,,$$

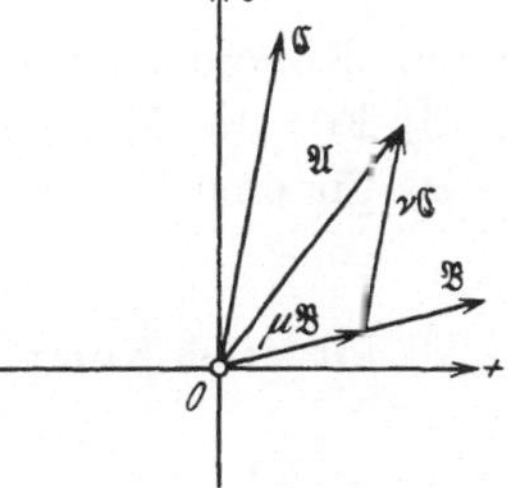

Abb. 3. Zerlegung eines Ortsvektors $\mathfrak{A}$ in Komponenten nach vorgegebenen Richtungen $\mathfrak{B}$ und $\mathfrak{C}$.

woraus leicht mit Hilfe der Determinantenrechnung folgt

$$\mu = \frac{\begin{vmatrix} A_1 & C_1 \\ A_2 & C_2 \end{vmatrix}}{\begin{vmatrix} B_1 & C_1 \\ B_2 & C_2 \end{vmatrix}}\,, \qquad \nu = \frac{\begin{vmatrix} B_1 & A_1 \\ B_2 & A_2 \end{vmatrix}}{\begin{vmatrix} B_1 & C_1 \\ B_2 & C_2 \end{vmatrix}}\,.$$

c) Bei der Addition gelten das kommutative Gesetz

α) hinsichtlich der Komponenten einer Komplexen

$$a_1 + j a_2 = j a_2 + a_1\,,$$

β) hinsichtlich mehrerer Komplexen

$$\mathfrak{a} + \mathfrak{b} + \mathfrak{c} = \mathfrak{c} + \mathfrak{b} + \mathfrak{a}\,,$$

und das assoziative Gesetz

α) hinsichtlich der Komponenten mehrerer Komplexen

$$a_1 + j\,a_2 + b_1 + j\,b_2 = (a_1 + b_1) + j\,(a_2 + b_2)\,,$$

β) hinsichtlich mehrerer Komplexen schlechthin

$$\mathfrak{a} + (\mathfrak{b} + \mathfrak{c}) = (\mathfrak{a} + \mathfrak{b}) + \mathfrak{c}\,.$$

Die Summe zweier Komplexen ist im allgemeinen wieder komplex:

$$\mathfrak{a} + \mathfrak{b} = a_1 + b_1 + j\,(a_2 + b_2)\,.$$

Sie ist im besonderen

α) rein reell, wenn $\qquad\qquad a_2 = -\,b_2\,,$

β) rein imaginär, wenn $\qquad\quad a_1 = -\,b_1\,,$

γ) Null, wenn $\quad a_2 = -\,b_2$ und $a_1 = -\,b_1\,.$

Liegen die zu addierenden Komplexen in Exponentialform vor, so ist diese zunächst mittels

$$\mathfrak{a} = a\,\varepsilon^{j\,\alpha} = a\cos\alpha + j\,a\sin\alpha$$

in die Komponentenform überzuführen.

d) Für die Multiplikation gelten das kommutative Gesetz

α) für eine Komplexe

$$\mathfrak{a}\cdot c = c\cdot\mathfrak{a}\,,$$

β) für zwei Komplexen

$$\mathfrak{a}\cdot\mathfrak{b} = \mathfrak{b}\cdot\mathfrak{a}\,,$$

und das assoziative Gesetz

$$\mathfrak{a}\,(\mathfrak{b}\,\mathfrak{c}) = (\mathfrak{a}\,\mathfrak{b})\,\mathfrak{c}\,,$$

endlich das distributive Gesetz

α) für eine Komplexe

$$c\,(a_1 + j\,a_2) = c\,a_1 + j\,c\,a_2\,,$$

β) für mehrere Komplexen

$$\mathfrak{c}\,(\mathfrak{a} + \mathfrak{b}) = \mathfrak{c}\,\mathfrak{a} + \mathfrak{c}\,\mathfrak{b}\,.$$

Bei der Bildung von

$$\mathfrak{a}\cdot\mathfrak{b} = (a_1 + j\,a_2)\,(b_1 + j\,b_2$$

liefert zunächst das distributive Gesetz

$$a_1\,(b_1 + j\,b_2) + j\,a_2\,(b_1 + j\,b_2)\,,$$

und darauf das assoziative Gesetz

$$a_1\,b_1 - a_2\,b_2 + j\,(a_1\,b_2 + a_2\,b_1)\,.$$

Hierbei ist von der Beziehung $j^2 = -1$ Gebrauch gemacht. Potenzen von j stellen wir an dieser Stelle zusammen

$$\left.\begin{aligned}
j &= \sqrt{-1}\,,\\
j^2 &= \sqrt{-1}^{\,2} = -1\,,\\
j^3 &= j^2 \cdot j = -j\,,\\
j^4 &= j^2 \cdot j^2 = -1 \cdot -1 = +1\,,
\end{aligned}\right\} \tag{5}$$

woraus die zugrunde liegende Gesetzmäßigkeit ohne weiteres erkennbar ist.

Das Produkt $\mathfrak{a}\,\mathfrak{b}$ wird im allgemeinen komplex sein. In Sonderfällen jedoch kann es sein

α) rein reell, wenn $a_1 b_2 + a_2 b_1 = 0$. Hieraus folgt

$$\frac{a_2}{a_1} = -\frac{b_2}{b_1}\,,$$
$$\operatorname{tg}\alpha = -\operatorname{tg}\beta = \operatorname{tg}(-\beta) \quad \text{bzw.} \quad = \operatorname{tg}(180^0 - \beta)\,,$$
$$\alpha = -\beta \quad \text{bzw.} \quad = 180^0 - \beta\,.$$

Das Produkt ist demnach rein reell, wenn die Argumente der zu multiplizierenden Komplexen entgegengesetzt gleich sind, bzw. sich zu 180 Grad ergänzen.

β) rein imaginär, wenn $a_1 b_1 - a_2 b_2 = 0$. Hieraus folgt

$$\frac{a_2}{a_1} = \frac{b_1}{b_2}\,,$$
$$\operatorname{tg}\alpha = \operatorname{cotg}\beta = \operatorname{tg}(90^0 - \beta) \quad \text{bzw.} \quad = \operatorname{tg} - (90^0 + \beta)\,,$$
$$\alpha = 90^0 - \beta \quad \text{bzw.} \quad = -(90^0 + \beta)\,,$$
$$\alpha + \beta = \pm 90^0\,.$$

Das Produkt ist demnach rein imaginär, wenn die Argumente der zu multiplizierenden Komplexen sich zu $\pm$ 90 Grad ergänzen.

Liegen die zu multiplizierenden Komplexen in ihren Exponentialformen vor, so ergibt die Potenzrechnung

$$\mathfrak{a}\,\mathfrak{b} = a\,\varepsilon^{j\alpha}\, b\,\varepsilon^{j\beta} = a\,b\,\varepsilon^{j(\alpha+\beta)}\,.$$

Aus dieser Gleichung folgen obige Betrachtungen über den Charakter des Produktes ganz unmittelbar. Hierbei ist zu beachten, daß

$$\varepsilon^{j\,0^0} = +1\,, \quad \varepsilon^{\pm j\,90^0} = \pm j\,, \quad \varepsilon^{\pm j\,180^0} = -1\,, \quad \varepsilon^{\pm j\,270^0} = \mp j\,. \tag{6}$$

Der Leser beweise, daß ab gleich ist dem Absolutwerte von

$$\mathfrak{a}\,\mathfrak{b} = a_1 b_1 - a_2 b_2 + j(a_1 b_2 + a_2 b_1)\,,$$

d. h., der Absolutwert des Produktes ist gleich dem Produkt der Absolutwerte.

e) Die Division zweier Komplexen

$$\frac{a}{b} = \frac{a_1 + j\,a_2}{b_1 + j\,b_2}$$

läßt die Komponenten des im allgemeinen komplexen Quotienten

$$q = q_1 + j\,q_2$$

erst erkennen, wenn man mit $b_1 - jb_2$ erweitert. Man erhält

$$\frac{a}{b} = \frac{(a_1 + j\,a_2)\,(b_1 - j\,b_2)}{b_1^2 + b_2^2} = \frac{a_1 b_1 + a_2 b_2 + j\,(a_2 b_1 - a_1 b_2)}{b_1^2 + b_2^2}\;.$$

Die Komponenten des Quotienten sind

$$q_1 = \frac{a_1 b_1 + a_2 b_2}{b_1^2 + b_2^2} \quad \text{und} \quad q_2 = \frac{a_2 b_1 - a_1 b_2}{b_1^2 + b_2^2}\;.$$

Der Quotient ist in Sonderfällen

α) rein reell für $a_2 b_1 - a_1 b_2 = 0$,

$$\frac{a_2}{a_1} = \frac{b_2}{b_1}\,,$$

$$\operatorname{tg}\alpha = \operatorname{tg}\beta \quad \text{bzw.} \ = \operatorname{tg}(180^0 + \beta)\,,$$

$$\alpha = \beta \quad \text{bzw.} \ = 180^0 + \beta\,.$$

Der Quotient zweier Komplexen ist demnach rein reell, wenn die Argumente von Dividend und Divisor einander gleich sind oder sich um 180 Grad unterscheiden.

β) rein imaginär bei $a_1 b_1 + a_2 b_2 = 0$,

$$\frac{a_2}{a_1} = - \frac{b_1}{b_2}\,,$$

$$\operatorname{tg}\alpha = - \operatorname{cotg}\beta = - \operatorname{tg}(90^0 - \beta) = \operatorname{tg} - (90^0 - \beta) \ \text{bzw.}$$

$$= \operatorname{tg}(90^0 + \beta)\,,$$

$$\alpha = - (90^0 - \beta) \quad \text{bzw.} \ = (90^0 + \beta)\,,$$

$$\alpha - \beta = \pm\,90^0\,.$$

Der Quotient zweier Komplexen ist demnach rein imaginär, wenn die Differenz ihrer Argumente $\pm$ 90 Grad ist.

Liegen die Komplexen in ihren Exponentalformen vor, so ergeben die Gesetze der Potenzrechnung

$$\frac{a}{b} = \frac{a\,\varepsilon^{j\,\alpha}}{b\,\varepsilon^{j\,\beta}} = \frac{a}{b}\,\varepsilon^{j(\alpha - \beta)}\,.$$

Hieraus sind obige Betrachtungen ebenfalls leicht abzulesen. Der Leser verifiziere, daß

$$q = \sqrt{q_1^2 + q_2^2} = \frac{a}{b}\,,$$

d. h. der Absolutwert des Quotienten ist gleich dem Quotienten der Absolutwerte.

f) Potenzieren und Radizieren sind am einfachsten an der Exponentialform nach bekannten Gesetzen vorzunehmen.

$$\mathfrak{a}^n = [a\,\varepsilon^{j\,\alpha}]^n = a^n\,\varepsilon^{j\,n\,\alpha},$$

$$\sqrt[n]{\mathfrak{a}} = \sqrt[n]{a\,\varepsilon^{j\,\alpha}} = \sqrt[n]{a}\,\varepsilon^{\,j\,\frac{\alpha}{n}}.$$

Potenzen und Wurzeln einer Komplexen sind im allgemeinsten Falle komplex. Sie sind in Sonderfällen

α) rein reell, wenn $n\alpha$ bzw. $\dfrac{\alpha}{n} = \pm\,180^0$ oder 0^0,

β) rein imaginär, wenn $n\alpha$ bzw. $\dfrac{\alpha}{n} = \pm\,90^0$.

D. Konjugiert komplexe Zahlen.

Zwei komplexe Zahlen, die sich nur durch das Vorzeichen des imaginären Teiles unterscheiden, nennt man konjugiert komplex.

$$\mathfrak{a} = a_1 + j\,a_2 = a\,\varepsilon^{+\,j\,\alpha}$$

und

$$\mathfrak{a}_k = a_1 - j\,a_2 = a\,\varepsilon^{-\,j\,\alpha}$$

sind also konjugiert komplex. Wenn nichts anderes vermerkt ist, soll Index k hinter dem deutschen Buchstaben einer Komplexen den zu dieser konjugiert komplexen Wert andeuten.

Die Darstellung zweier konjugiert Komplexen in der Gaußschen Zahlenebene zeigt Abb. 4. Demnach ist P_k das Spiegelbild von P in bezug auf die reelle Achse. Zwei konjugiert komplexen Zahlen kommen eine Reihe besonderer Eigenschaften zu, die wir nachfolgend aufführen:

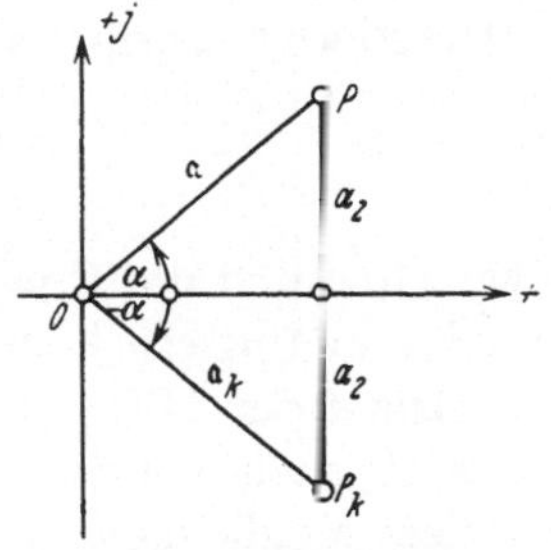

Abb. 4. Zwei konjugiert komplexe Zahlen in der Gaußschen Zahlenebene.

a) ihre Summe liefert

$$\mathfrak{a} + \mathfrak{a}_k = a_1 + j\,a_2 + a_1 - j\,a_2 = 2\,a_1.$$

Die Summe zweier konjugiert Komplexen ist also rein reell.

b) Ihre Differenz liefert

$$\mathfrak{a} - \mathfrak{a}_k = a_1 + j\,a_2 - a_1 + j\,a_2 = 2\,j\,a_2.$$

Die Differenz zweier konjugiert Komplexen ist also rein imaginär.

c) Ihr Produkt liefert

$$\mathfrak{a}\cdot\mathfrak{a}_k = a\,\varepsilon^{+\,j\,\alpha}\cdot a\,e^{-\,j\,\alpha} = a^2.$$

Das Produkt zweier konjugiert Komplexen ist rein reell. Die Umformung

$$a = \sqrt{\mathfrak{a}\,\mathfrak{a}_k}$$

ergibt eine Bestimmungsgleichung für den Absolutwert von $\mathfrak{a}$.

Von der besprochenen Beziehung haben wir in II C e) schon Gebrauch gemacht, indem wir dort den Quotienten

$$q = \frac{\mathfrak{a}}{\mathfrak{b}} = \frac{a_1 + j a_2}{b_1 + j b_2} = q_1 + j q_2$$

mit $b_1 - j b_2$ erweiterten, um q_1 und q_2 zu bestimmen.

d) Ihr Quotient liefert

$$\frac{\mathfrak{a}}{\mathfrak{a}_k} = \frac{a \, \varepsilon^{+j\alpha}}{a \, \varepsilon^{-j\alpha}} = \varepsilon^{+j 2\alpha}.$$

Das ist ein Ortsvektor vom Absolutwert 1, der den doppelten Winkel von $\mathfrak{a}$ mit der positiv reellen Achse einschließt.

e) Eine Funktion von mehreren Komplexen

$$\mathfrak{F}\,(\mathfrak{a}, \mathfrak{b}, \mathfrak{c} \ldots \mathfrak{h}),$$

die durch Operationen der ersten vier Grundrechnungsarten miteinander verbunden sein sollen[1], wird im allgemeinen wieder komplex sein. Sucht man hierzu die konjugiert komplexe Funktion $\mathfrak{F}_k$, so wird diese dadurch gefunden, daß man $\mathfrak{F}$ auf die konjugiert komplexen Größen $\mathfrak{a}_k$, $\mathfrak{b}_k$, $\mathfrak{c}_k \ldots \mathfrak{h}_k$ anwendet. Formal heißt dies

$$\mathfrak{F}_k\,(\mathfrak{a}, \mathfrak{b}, \mathfrak{c} \ldots \mathfrak{h}) = \mathfrak{F}\,(\mathfrak{a}_k, \mathfrak{b}_k, \mathfrak{c}_k \ldots \mathfrak{h}_k). \tag{7}$$

Den Beweis erbringe der Leser selbst, indem er z. B.

$$\frac{(\mathfrak{a} + \mathfrak{b})\,\mathfrak{c}}{\mathfrak{b} - \mathfrak{e}} \quad \text{und} \quad \frac{(\mathfrak{a}_k + \mathfrak{b}_k)\,\mathfrak{c}_k}{\mathfrak{b}_k - \mathfrak{e}_k}$$

berechne und die Ergebnisse miteinander vergleiche. Sie werden zueinander konjugiert komplex sein.

Die unter II C b) behandelte Aufgabe der Zerlegung eines Ortsvektors $\mathfrak{A}$ nach vorgegebenen Richtungen $\mathfrak{B}$ und $\mathfrak{C}$ gestattet mit e) eine andere Möglichkeit der Lösung. Der Ansatz

$$\mathfrak{A} = \mu\, \mathfrak{B} + \nu\, \mathfrak{C}$$

liefert nämlich sofort die weitere Gleichung

$$\mathfrak{A}_k = \mu\, \mathfrak{B}_k + \nu\, \mathfrak{C}_k.$$

(Da μ und ν reelle Faktoren sind, wären Indizes k dort sinnlos!) Beide Gleichungen ergeben

$$\mu = \frac{\begin{vmatrix} \mathfrak{A} & \mathfrak{C} \\ \mathfrak{A}_k & \mathfrak{C}_k \end{vmatrix}}{\begin{vmatrix} \mathfrak{B} & \mathfrak{C} \\ \mathfrak{B}_k & \mathfrak{C}_k \end{vmatrix}}, \quad \nu = \frac{\begin{vmatrix} \mathfrak{B} & \mathfrak{A} \\ \mathfrak{B}_k & \mathfrak{A}_k \end{vmatrix}}{\begin{vmatrix} \mathfrak{B} & \mathfrak{C} \\ \mathfrak{B}_k & \mathfrak{C}_k \end{vmatrix}}.$$

---

[1] Eine solche Funktion wird rational genannt.

Der Leser verifiziere die Übereinstimmung der hier wie dort gefundenen Resultate. Die Berechnung der Determinanten läßt z. B. in

$$\mu = \frac{\mathfrak{A}\,\mathfrak{C}_k - \mathfrak{A}_k\,\mathfrak{C}}{\mathfrak{B}\,\mathfrak{C}_k - \mathfrak{B}_k\,\mathfrak{C}}$$

zunächst ohne weiteres erkennen, daß Zähler und Nenner nach II D b) rein imaginär, ihr Quotient also rein reell ist.

Die Abschnitte a), b) und e) ergeben weiterhin:

Soll eine rationale Funktion $\mathfrak{F}$ von mehreren Komplexen rein imaginär sein, so gilt

$$\mathfrak{F} + \mathfrak{F}_k = 0.$$

Nach II D a) wäre die Summe von $\mathfrak{F}$ und $\mathfrak{F}_k$ rein reell. Da aber in $\mathfrak{F}$ der reelle Teil nicht vorhanden sein soll, so fehlt er auch in $\mathfrak{F}_k$. Soll eine rationale Funktion $\mathfrak{F}$ von mehreren Komplexen rein reell sein, so gilt

$$\mathfrak{F} - \mathfrak{F}_k = 0.$$

Die Differenz zweier konjugiert Komplexen ist an sich nach II D b) rein imaginär. In $\mathfrak{F}$ sollte aber voraussetzungsgemäß der imaginäre Teil Null sein. Folglich ist er es auch in $\mathfrak{F}_k$.

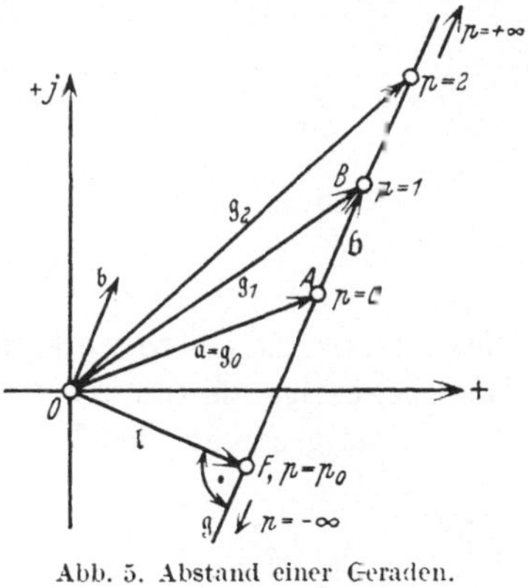

Als Anwendungen dieser Beziehungen bestimmen wir den Abstand einer Geraden vom Ursprung, Abb. 5. Die Gleichung der Geraden $\mathfrak{g}$ in komplexer Form lautet

$$\mathfrak{g} = \mathfrak{a} + \mathfrak{b}\,p, \qquad (8)$$

$\mathfrak{a} = \overrightarrow{OA}$ ist ein fester Ortsvektor. Addiert man hierzu $\mathfrak{b} = \overrightarrow{AB}$, so ergibt sich

$$\mathfrak{g}_1 = \mathfrak{a} + \mathfrak{b}.$$

Abb. 5. Abstand einer Geraden.

Variiert der reelle Parameter p, so wandert der Endpunkt von $\mathfrak{g}$ auf der Geraden $\mathfrak{g}$. In Abb. 5 eingezeichnete Sonderwerte sind

$$\mathfrak{g}_1 = \mathfrak{a} + \mathfrak{b} \quad \text{für} \quad p = +1,$$
$$\mathfrak{g}_0 = \mathfrak{a} \qquad\quad \text{für} \quad p = 0,$$
$$\mathfrak{g}_2 = \mathfrak{a} + 2\mathfrak{b} \quad \text{für} \quad p = +2.$$

Dem Fußpunkt F des Lotes $\mathfrak{l}$ aus O auf $\mathfrak{g}$ entspreche der Parameterwert p_0. Es gilt dann

$$\mathfrak{l} = \mathfrak{a} + \mathfrak{b}\,p_0.$$

$\mathfrak{l}$ und $\mathfrak{b}$ sollen nun aufeinander senkrecht stehen. Dies ist der Fall, wenn der Quotient

$$\frac{\mathfrak{l}}{\mathfrak{b}} = \frac{\mathfrak{a} + \mathfrak{b}\,p_0}{\mathfrak{b}}$$

rein imaginär ist. Allgemein ist nämlich

$$\frac{\mathfrak{l}}{\mathfrak{b}} = \frac{l\,\varepsilon^{j\lambda}}{b\,\varepsilon^{j\beta}} = \frac{l}{b}\,\varepsilon^{j\,(\lambda-\beta)}.$$

$\lambda - \beta$ ist nach Abb. 6 der Winkel zwischen $\mathfrak{l}$ und $\mathfrak{b}$. Ist er $\pm$ 90 Grad, so wird

$$\varepsilon^{j\,(\lambda-\beta)} = \varepsilon^{\pm j\,90^0} = \pm j\,,$$

s. auch II C e). Hiermit ist unsere Aussage über $\dfrac{\mathfrak{l}}{\mathfrak{b}}$ bewiesen. Setzt man

$$\frac{\mathfrak{a} + \mathfrak{b}\,p_0}{\mathfrak{b}} = \mathfrak{F}\,,$$

so ist

$$\frac{\mathfrak{a}_k + \mathfrak{b}_k\,p_0}{\mathfrak{b}_k} = \mathfrak{F}_k\,,$$

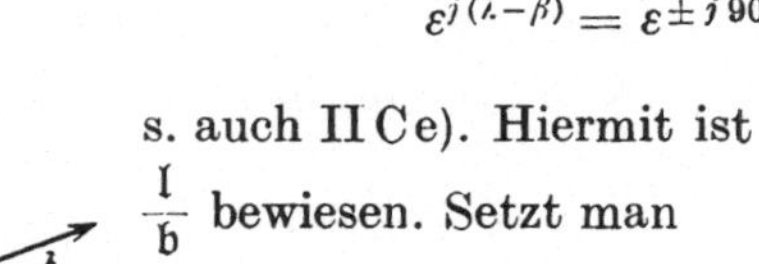

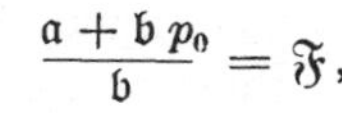

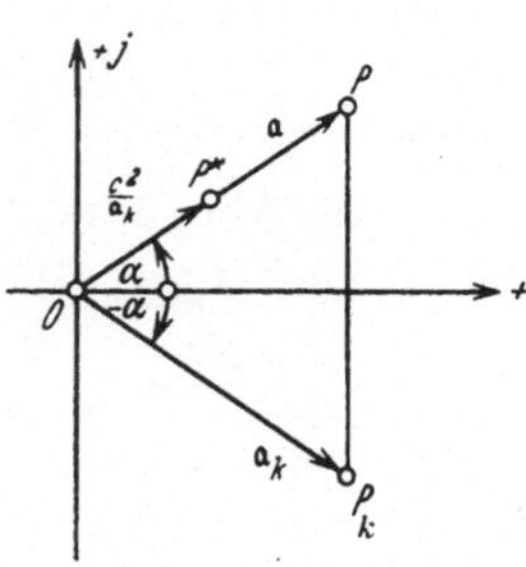

Abb. 6. Geometrische Deutung des Quotienten zweier Komplexen.

und es muß sein

$$\mathfrak{F} + \mathfrak{F}_k = 0\,,$$

$$\frac{\mathfrak{a} + \mathfrak{b}\,p_0}{\mathfrak{b}} + \frac{\mathfrak{a}_k + \mathfrak{b}_k\,p_0}{\mathfrak{b}_k} = 0\,,$$

$$\mathfrak{a}\,\mathfrak{b}_k + \mathfrak{b}^2\,p_0 + \mathfrak{a}_k\,\mathfrak{b} + \mathfrak{b}^2\,p_0 = 0\,,$$

$$p_0 = - \frac{\mathfrak{a}\,\mathfrak{b}_k + \mathfrak{a}_k\,\mathfrak{b}}{2\,b^2}\,.$$

Dies ist der Parameterwert, der dem Lot $\mathfrak{l}$ zukommt. Der Zähler des Ausdruckes ist als Summe zweier konjugiert Komplexer rein reell, p_0 also ordnungsgemäß ebenfalls reell. Mit p_0 läßt sich

$$\mathfrak{l} = \mathfrak{a} + \mathfrak{b}\,p_0$$

nach Größe und Phase errechnen.

f) Endlich beweisen wir die wichtige Tatsache, daß

$$\mathfrak{a} \quad \text{und} \quad \frac{c^2}{\mathfrak{a}_k}$$

zueinander invers sind. Es ist nämlich

$$\mathfrak{a} = a\,\varepsilon^{j\alpha}\,,$$

$$\mathfrak{a}_k = a\,\varepsilon^{-j\alpha}\,,$$

$$\frac{c^2}{\mathfrak{a}_k} = \frac{c^2}{a\,\varepsilon^{-j\alpha}} = \frac{c^2}{a}\,\varepsilon^{+j\alpha}\,,$$

folglich haben

$$\mathfrak{a} \quad \text{und} \quad \frac{c^2}{\mathfrak{a}_k}$$

Abb. 7. P und P^* sind zueinander invers, c^2 ist Inversionspotenz.

die gleiche Phase α, und das Produkt ihrer Absolutwerte ist

$$a \cdot \frac{c^2}{a} = c^2,$$

also konstant. c^2 heißt Inversionspotenz. Abb. 7 zeigt die Lage von $\mathfrak{a}$, $\mathfrak{a}_k$ und $\dfrac{c^2}{\mathfrak{a}_k}$.

E. Graphische Rechenoperationen.

Die in C und D besprochenen Rechnungen lassen sich außer algebraisch auch graphisch durchführen. Wo irgend angängig, lassen wir diesbezügliche Abbildungen für sich selbst sprechen.

a) Addition und Subtraktion zweier Komplexen

$$\mathfrak{a} \pm \mathfrak{b} = \mathfrak{x}$$

gehen aus Abb. 8 hervor: es ist die von der Zusammensetzung von Kräften her bekannte Methode.

b) Die Multiplikation

$$\mathfrak{a} \cdot \mathfrak{b} = \mathfrak{x} = a\,b\,\varepsilon^{j(\alpha+\beta)}$$

führt nach der Umformung von $ab = x$ in

$$\frac{1}{a} = \frac{b}{x}$$

auf die Aufgabe, mit Hilfe der Einheitsstrecke x als 4. Proportionale zu konstruieren. Das Argument von $\mathfrak{x}$ ist die Summe der Argumente von $\mathfrak{a}$ und $\mathfrak{b}$. In Abb. 9 ist die graphische Lösung der Aufgabe gezeigt: Die Einheitsstrecke lege man in die reelle Achse, klappe $\mathfrak{b}$ in diese

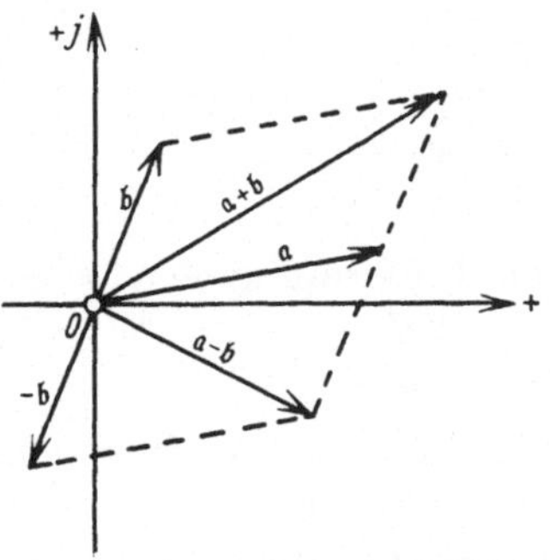

Abb. 8. Addition und Subtraktion von Komplexen.

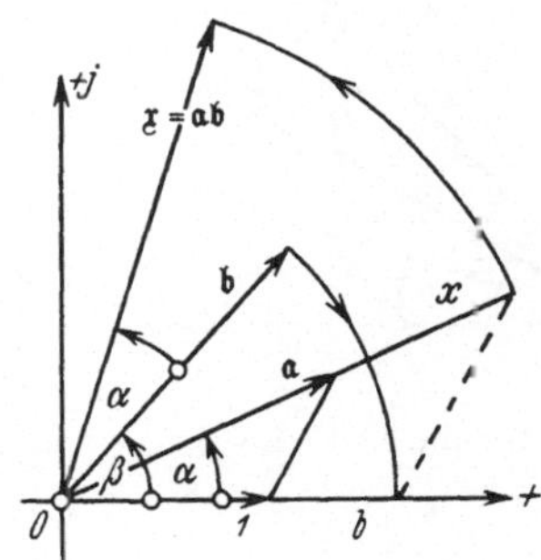

Abb. 9. Graphische Multiplikation $\mathfrak{a}\,\mathfrak{b} = \mathfrak{x}$.

herunter und zeichne das Dreieck mit den Seiten b und x, das dem aus der Einheitsstrecke und $\mathfrak{a}$ gebildeten ähnlich ist. x klappe man dann zurück in die Phasenlage $\alpha + \beta$.

c) Das Quadrat

$$\mathfrak{a}^2 = \mathfrak{x} = a^2\,\varepsilon^{j\,2\,\alpha}$$

wird auf ganz analoge Weise dargestellt, indem man $a^2 = x$ umformt in

$$\frac{1}{a} = \frac{a}{x}$$

und x als 4. Proportionale zeichnet. $\mathfrak{x}$ hat das Argument $2\,\alpha$.

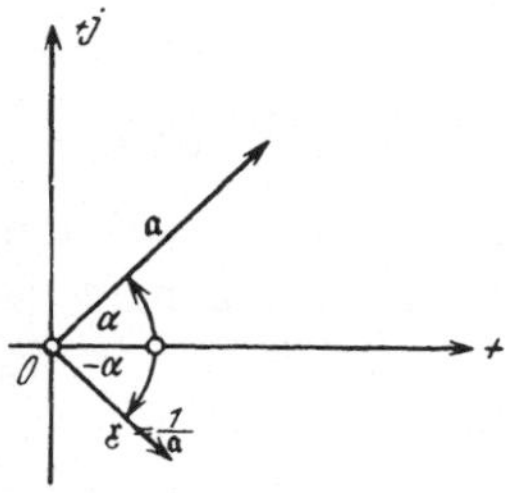

Abb. 10a. Graphische Ermittlung des reziproken Wertes einer Komplexen.

Abb. 10b. Graphische Ermittlung des reziproken Wertes einer Komplexen (Hilfskonstruktion).

d) Bevor wir die Division allgemein besprechen, behandeln wir die graphische Bildung des reziproken Wertes

$$\frac{1}{\mathfrak{a}} = \mathfrak{x} = \frac{1}{a\,\varepsilon^{j\alpha}} = \frac{1}{a}\,\varepsilon^{-j\alpha}.$$

Formt man $xa = 1$ um in

$$\frac{a}{1} = \frac{1}{x},$$

so ist x als Hypotenusenabschnitt eines rechtwinkligen Dreiecks auffindbar, das die Einheitsstrecke zur Höhe, a zum anderen Hypotenusenabschnitt hat. Das Argument von $\mathfrak{x}$ ist $-\alpha$, Abb. 10a und b.

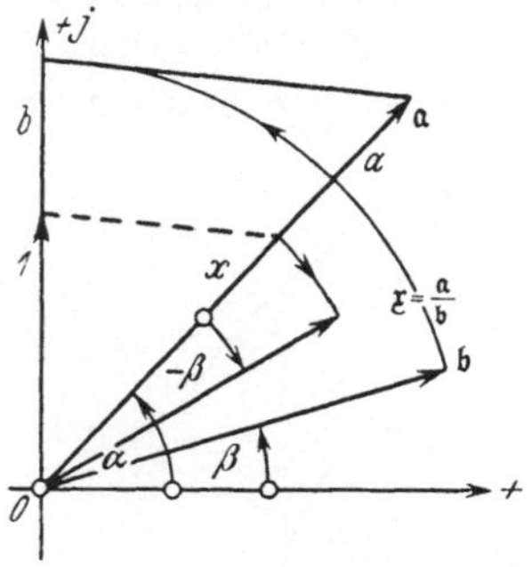

e) Die Lösung der Aufgabe

$$\frac{\mathfrak{a}}{\mathfrak{b}} = \mathfrak{x} = \frac{a}{b}\,\varepsilon^{j\,(\alpha-\beta)}$$

geschieht nach Umformung von $x = \dfrac{a}{b}$ in

$$\frac{b}{a} = \frac{1}{x}$$

durch Konstruktion der 4. Proportionale analog Abb. 9. Das Argument von $\mathfrak{x}$ ist die Differenz der Argumente von $\mathfrak{a}$ und $\mathfrak{b}$, Abb. 11. Hierbei erweist es sich als zweckmäßig, die Einheitsstrecke in die positiv imaginäre Achse zu legen.

Abb. 11. Graphische Division $\dfrac{\mathfrak{a}}{\mathfrak{b}} = \mathfrak{x}$.

f) Die Wurzel aus einer Komplexen

$$\sqrt{\mathfrak{a}} = \mathfrak{x} = \sqrt{a}\,\varepsilon^{j\frac{\alpha}{2}}$$

wird graphisch ermittelt, indem man $x = \sqrt{a}$ umformt

$$x^2 = a,$$

$$\frac{a}{x} = \frac{x}{1}$$

und x als mittlere Proportionale zwischen der Einheitsstrecke und der Strecke a konstruiert: x ist Höhe eines rechtwinkligen Dreiecks mit den Hypotenusenabschnitten 1 und a, Abb. 12a und b. Das Argument von $\mathfrak{x}$ ist $\frac{\alpha}{2}$.

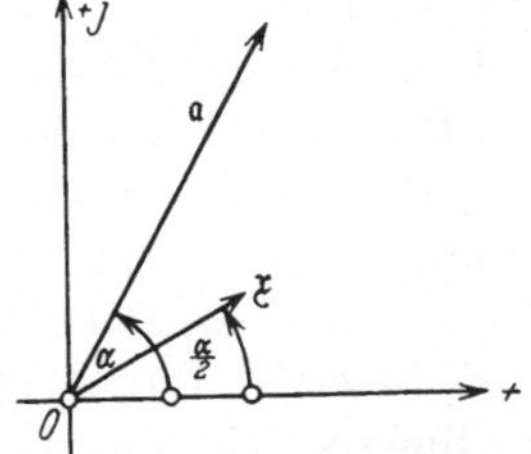

Abb. 12a. Graphische Bestimmung der Wurzel aus einer Komplexen.

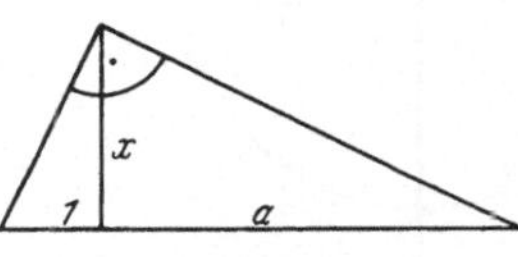

Abb. 12b. Graphische Bestimmung der Wurzel aus einer Komplexen (Hilfskonstruktion).

g) Die Aufzeichnung konjugiert komplexer Werte zu vorhandenen Komplexen macht nach Abb. 4 keine Schwierigkeiten.

h) Zur Bestimmung inverser Kurven lassen sich eine Reihe einfacher Verfahren angeben: da zwei Punkte zueinander invers sind, wenn ihre Fahrstrahlen $\mathfrak{r}$ und $\mathfrak{R}$ gleiches Argument ϱ besitzen, und das Produkt

$$r R = c^2$$

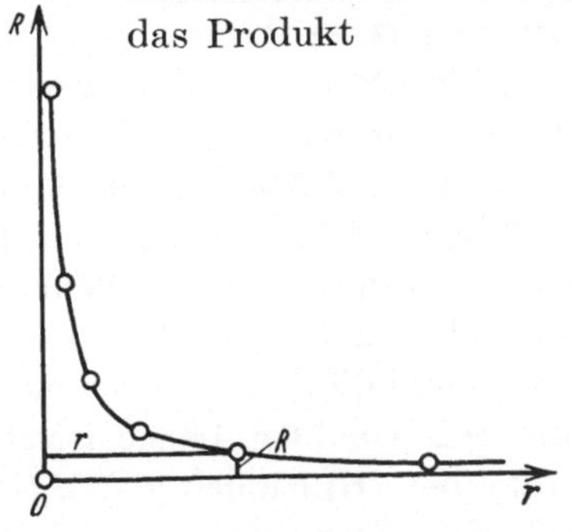

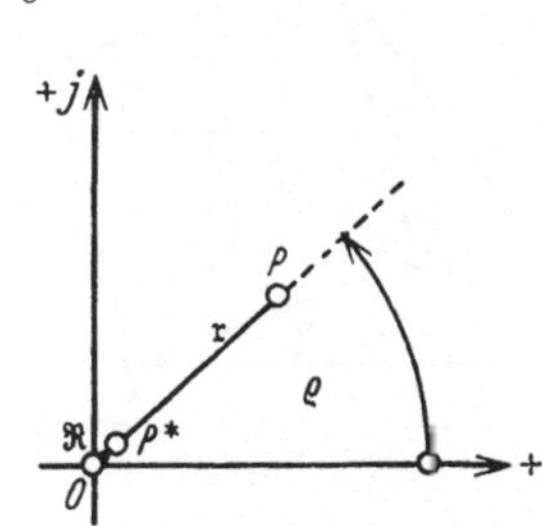

Abb. 13a. Die Inversionshyperbel $r R = c^2$.

Abb. 13b. 2 inverse Punkte P und P^*.

ihrer Absolutwerte konstant ist, nämlich gleich der Inversionspotenz c^2, so liegt es 1. nahe, die Hyperbel

$$r R = c^2$$

aufzuzeichnen, indem man r als Abszisse, R als Ordinate wählt. Aus dieser Darstellung, Abb. 13a, läßt sich zu jedem Werte r der zugehörige Wert R entnehmen und umgekehrt. In Abb. 13b sind die beiden inversen

Punkte P und P^* gezeichnet. Der Ursprung O der Fahrstrahlen $\mathfrak{r}$ und $\mathfrak{R}$ heißt das Inversionszentrum.

2. gelingt die Auffindung inverser Punkte durch die „Spiegelung am Grundkreis", Abb. 14. Zu P soll der inverse Punkt P^* in bezug auf O

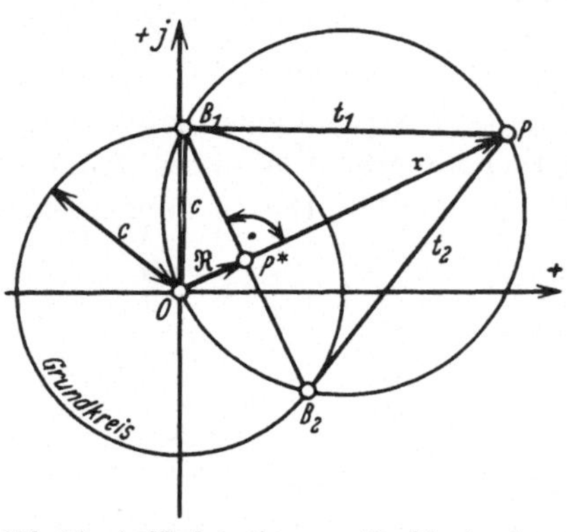

als Inversionszentrum gefunden werden. Man beschreibe um O den Kreis mit Radius c. Er heißt Grundkreis und hat die Eigenschaft, daß alle seine Punkte zu sich selbst invers sind. An diesen Grundkreis lege man von P aus die Tangenten t_1 und t_2, die in B_1 und B_2 berühren. Die Verbindung $B_1 B_2$, Polare in bezug auf P genannt, schneidet $O P$ im gesuchten inversen Punkt P^*.

Zum Beweis ziehen wir $O B_1$ und finden aus den ähnlichen Dreiecken

$$\triangle O B_1 P \sim \triangle O P^* B_1\,,$$

Abb. 14. Auffindung inverser Punkte durch Spiegelung am Grundkreis.

$$r : c = c : R$$

oder

$$r R = c^2\,.$$

Zur Auffindung inverser Kurvenzüge ist selbstverständlich punktweise Konstruktion mit Hilfe der eben beschriebenen zwei Verfahren möglich.

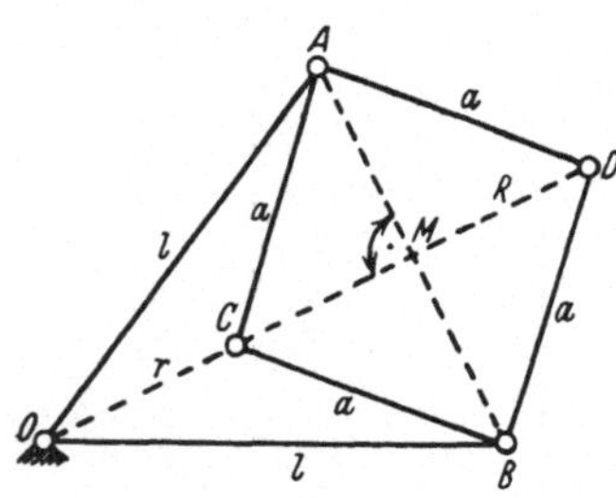

Darüber hinaus existieren zwei mechanische Hilfsmittel, von denen wir zunächst den Inversor von Peaucellier behandeln. Gemäß Abb. 15 sind 4 gleichlange Stangen AD, DB, BC, CA der Länge a zu einem Rhombus gelenkig verbunden und von O, dem Inversionszentrum aus, durch die zwei gleichen Stangen OA und OB von der Länge l geführt.

Abb. 15. Peaucelliers Inversor.

Mit Hilfe der Hilfslinien $OCMD$ und AMB gelingt der Beweis, daß C die inverse Kurve zu derjenigen zeichnet, auf der Punkt D geführt wird.

Es ist nämlich

$$O C \cdot O D = r R = (OM - MC)(OM + MD) = (OM)^2 - (MC)^2,$$

weil $MD = MC$ ist. Ferner gilt

$$(OM)^2 = l^2 - (AM)^2,$$
$$(MC)^2 = a^2 - (AM)^2,$$

folglich

$$r R = l^2 - a^2 = \text{const!}$$

Dieser Inversor ist unter der Voraussetzung $l \neq a$ tauglich für Fahrstrahlen

$$l - a \leqq r \leqq l + a .$$

Er versagt bei $l = a$ für $r = 0$, wofür

$$R = \frac{l^2 - a^2}{r} = \frac{0}{0} ,$$

d. h. unbestimmt wird. Er zeichnet in diesem Fall bei $r = 0$ einen Punkt mit dem Fahrstrahl $R = 2l$ auf, während $rR = c^2$ bei $r = 0$ $R = \infty$ ergeben müßte.

Diesen Übelstand vermeidet der „Inversionszirkel" von Bloch[1], allerdings unter Inkaufnahme eines kleinen Nachteiles, Abb. 16. Im Inversionszentrum wird der doppelte Rechtwinkel I drehbar befestigt. Auf dessen Mittelteil ist bei A drehbar der rechte Winkel II befestigt. Dabei ist der Abstand $OA = c$ beliebig einstellbar. Im

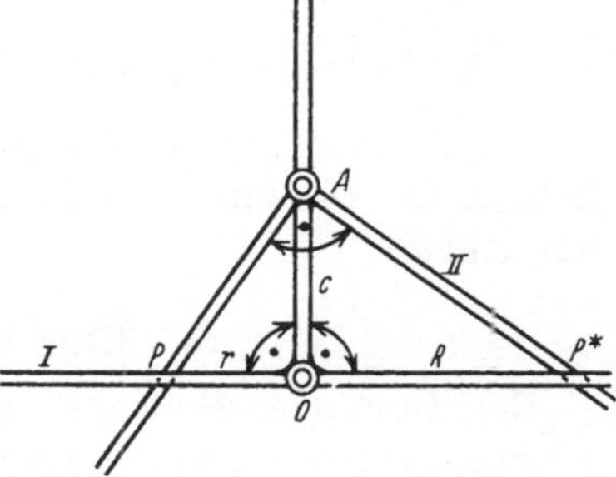

Abb. 16. Der Inversionszirkel von Bloch.

Kreuzungspunkt P von I und II sitzt ein Stift, der auf der zu inversierenden Kurve geführt wird. Im Kreuzungspunkt P^* von I und II sitzt ein zweiter Stift, der die inverse Kurve zeichnet. Es ist nämlich

$$r R = c^2 .$$

Man sieht ohne weiteres, daß das Produkt der Fahrstrahlen zwar konstant ist, daß sie aber in Gegenphase zueinander liegen. Man nennt diese Art der Inversion eine elliptische, während die hyperbolische Inversion, die für uns von Interesse ist, dadurch gekennzeichnet ist, daß $\mathfrak{r}$ und $\mathfrak{R}$ gleiches Argument besitzen. In Abb. 17 ist die Gerade $\mathfrak{g}$, ihre

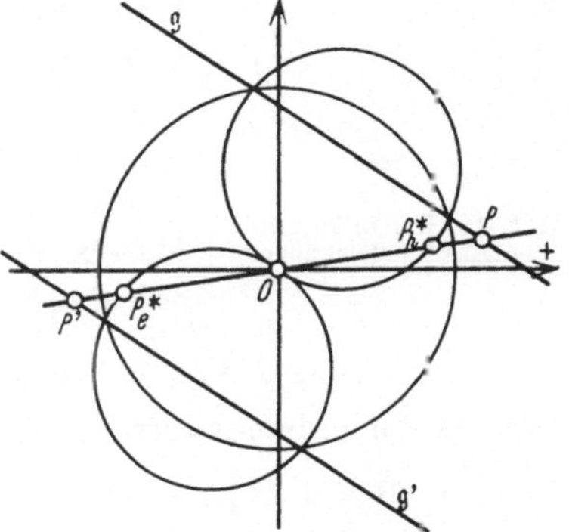

Abb. 17. Hyperbolische und elliptische Inversion der Geraden $\mathfrak{g}$.

hyperbolische und ihre elliptische Inversion gezeichnet. Es wird als bekannt vorausgesetzt, daß eine Gerade, welche nicht durch das Inversionszentrum geht, einen Kreis durch dieses zur Inversion hat. Man ersieht aus Abb. 17, daß die beiden Inversionen von $\mathfrak{g}$ in bezug auf das Inversionszentrum symmetrisch sind.

---

[1] Schweizer Patentschrift Nr. 74951.

Man sagt, die hyperbolischen und elliptischen Inversionen sind zueinander zentralsymmetrisch. In die Abbildung sind einander entsprechende Punkte P auf $\mathfrak{g}$, P_h^* auf der hyperbolischen, P_e^* auf der elliptischen Inversion eingetragen. Es ist ohne weiteres ersichtlich, daß man mit dem Inversionszirkel von Bloch die hyperbolische Inversion von $\mathfrak{g}$ findet, indem man die zu $\mathfrak{g}$ zentralsymmetrische Gerade $\mathfrak{g}'$ inversiert. Der dem Punkt P auf $\mathfrak{g}$ entsprechende Punkt auf $\mathfrak{g}'$ ist P'.

III. Gesetze der Wechselstromtechnik für die Aufstellung der Ortskurvengleichungen.

Die Gesetze der Wechselstromtechnik, soweit wir sie für die Aufstellung der Ortskurvengleichungen brauchen, entwickeln wir in äußerster Kürze.

A. Maschengleichungen.

Bei Zusammenschaltung mehrerer Widerstände wird man im allgemeinen ein vermaschtes System erhalten. Es empfiehlt sich, die Endpunkte der Maschenseiten mit Buchstaben zu bezeichnen, Abb. 18. Es gilt dann das Gesetz: Die Summe der Seitenspannungen ist Null (Kirchhoff). Hierbei ist ein an sich beliebig wählbarer Umlaufsinn der Masche strikt beizubehalten, er komme durch die den Spannungen beigefügten Indizes zur Geltung. Die Summe gilt algebraisch für Augenblickswerte[1], vektoriell für Effektivwerte[2]. Wir fassen das Gesagte formell und umlaufen die Masche der Abb. 18 einmal im Uhrzeigersinn und erhalten

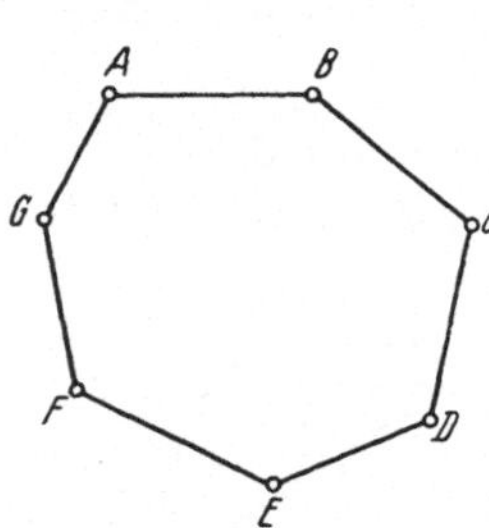

Abb. 18. Zur Erläuterung der Maschengleichungen.

$$u_{AB} + u_{BC} + u_{CD} + u_{DE} + u_{EF} + u_{FG} + u_{GA} = 0 \qquad (9)$$

für die Augenblickswerte bzw.

$$\mathfrak{U}_{AB} + \mathfrak{U}_{BC} + \mathfrak{U}_{CD} + \mathfrak{U}_{DE} + \mathfrak{U}_{EF} + \mathfrak{U}_{FG} + \mathfrak{U}_{GA} = 0 \qquad (9')$$

für die Effektivwerte. Aber wir können ebenso gut die Masche im entgegengesetzten Sinn umlaufen und erhalten

$$u_{AG} + u_{GF} + u_{FE} + u_{ED} + u_{DC} + u_{CB} + u_{BA} = 0 \qquad (9'')$$

für die Momentanwerte oder

$$\mathfrak{U}_{AG} + \mathfrak{U}_{GF} + \mathfrak{U}_{FE} + \mathfrak{U}_{ED} + \mathfrak{U}_{DC} + \mathfrak{U}_{CB} + \mathfrak{U}_{BA} = 0 \qquad (9''')$$

---

[1] Kleine lateinische Buchstaben.

[2] Große deutsche Buchstaben. Der hierdurch ausgedrückte Vektorcharakter erspart das Dach $\wedge$ über den Operationszeichen $\pm$!

für die Effektivwerte. Mit Rücksicht auf den Wechsel des Umlaufs-
sinnes gilt

$$u_{AB} = -\, u_{BA},$$

$$\mathfrak{U}_{AB} = -\, \mathfrak{U}_{BA} \quad \text{usf.}$$

Danach könnte man die Maschengleichung auch schreiben

$$\mathfrak{U}_{AB} - \mathfrak{U}_{CB} + \mathfrak{U}_{CD} - \mathfrak{U}_{ED} + \mathfrak{U}_{EF} - \mathfrak{U}_{GF} + \mathfrak{U}_{GA} = 0, \qquad (9'''')$$

man wird aber den Umlaufssinn nicht so häufig wechseln.

B. Knotenpunktsgleichungen.

Am Verbindungspunkt mehrerer Maschen entsteht ein Knoten-
punkt K, Abb. 19. Es empfiehlt sich, die sich treffenden Leitungen mit
Zahlen zu bezeichnen. Es gilt dann das Gesetz:
Die Summe der zufließenden Ströme ist gleich
der Summe der abfließenden (Kirchhoff). Die
Summen sind algebraisch zu nehmen für Augenblickswerte, vektoriell für Effektivwerte. An sich
ist es nun vollkommen gleichgültig, welche Ströme
man als zu- und welche als abfließend annimmt.
Man kann also schreiben

$$i_1 + i_2 + i_3 + i_4 + i_5 = 0 \qquad (10)$$

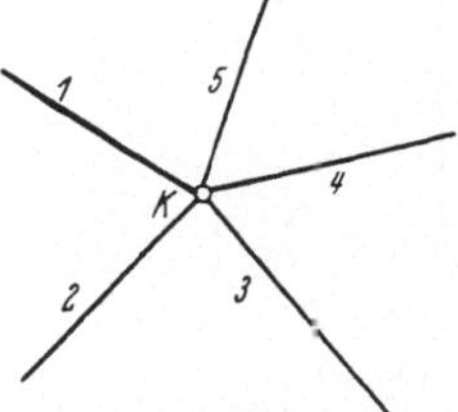

Abb. 19. Zur Erläuterung der
Knotenpunktsgleichungen.

für die Augenblickswerte bzw.

$$\mathfrak{J}_1 + \mathfrak{J}_2 + \mathfrak{J}_3 + \mathfrak{J}_4 + \mathfrak{J}_5 = 0 \qquad (10')$$

für die Effektivwerte, wobei man alle Ströme auf K zufließend angenommen hat, oder man schreibt

$$i_1 = i_2 + i_3 + i_4 + i_5, \qquad (10'')$$

bzw.

$$\mathfrak{J}_1 = \mathfrak{J}_2 + \mathfrak{J}_3 + \mathfrak{J}_4 + \mathfrak{J}_5, \qquad (10''')$$

wobei man $\mathfrak{J}_1$ allein auf K zufließend, $\mathfrak{J}_2$ bis $\mathfrak{J}_5$ als von K abfließend
angenommen hat.

C. Seitenspannung und Seitenstrom.

Von Interesse sind nunmehr die Beziehungen zwischen der an einer
Seite meßbaren Spannung (Augenblickswerte oszillographisch, Effektivwerte mittels Voltmeters), der in ihr wirksamen EMK und dem in ihr
fließenden Strom. Diese Beziehung gibt das Faradaysche Induktionsgesetz, das wir folgendermaßen formulieren:
Die in einem geschlossenen Kreise wirksame Summe
der erfaßbaren elektromotorischen Kräfte ist gleich der

Summe aller Ohmschen Spannungsabfälle und der überdies meßbaren Spannungen.

In Gleichungsform

$$\sum e = \sum i R + \sum u. \tag{11}$$

Man bezeichnet $\sum e$ aus später ersichtlichen Gründen als magnetischen Schwund, die rechte Seite der Gleichung (11)

$$\sum i R + \sum u = u_0 \tag{12}$$

wird Umlaufspannung genannt. Index 0 auf der rechten Seite von (12) deutet an, daß es sich um einen geschlossenen Umlauf handelt. Mit den eben eingeführten Benennungen erhält das Faradaysche Induktionsgesetz den Wortlaut:

Der magnetische Schwund ist gleich der Umlaufspannung.

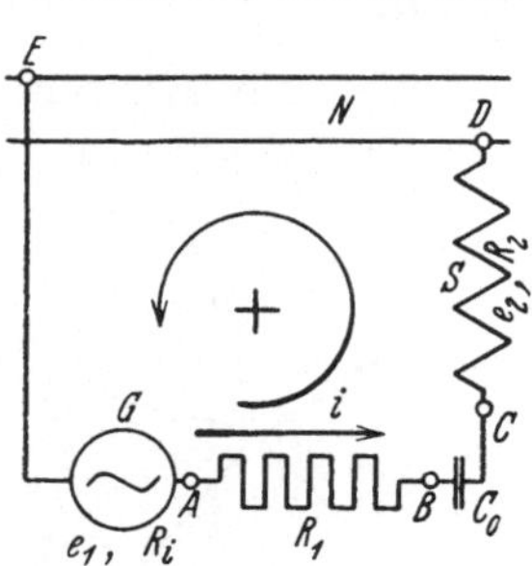

Abb. 20. Zur Erläuterung des Faradayschen Induktionsgesetzes.

Die Anwendung des Gesetzes zeigen wir zunächst an einem Beispiel, Abb. 20. Hier ist ein Wechselstromgenerator G gezeichnet, der in Reihe geschaltet ist mit einem Ohmschen Widerstand R_1, einem Kondensator C_0, einer Drosselspule S und einem Netz N, dessen Widerstandsverhältnisse uns unbekannt sind. Über diese Anordnung läßt sich aussagen:

1. Sitz elektromotorischer Kräfte sind 1. der Generator G, 2. die Drosselspule S und 3. das Netz N. Die in letzterem wirksamen EMKK sind aber nicht erfaßbar, also gilt

$$\sum e = e_1 + e_2.$$

2. Ohmsche Spannungsabfälle treten auf im Ohmschen Widerstand R_i des Generators G, im Widerstand R_1 und im Ohmschen Widerstand R_2 der Drossel, also ist

$$\sum i R = i (R_i + R_1 + R_2).$$

3. Darüber hinaus sind an der vorliegenden Anordnung meßbar[1] die Spannungen u_{BC} am Kondensator C_0 und die Spannung u_{DE} an dem Netz N, dessen Widerstandsverhältnisse uns unbekannt sind. Es gilt somit

$$\sum u = u_{BC} + u_{DE}.$$

Hierbei ist zu beachten, daß die Spannungen in dem Umlaufssinn als positiv anzugeben sind, der vorher willkürlich als positiv festgesetzt ist. In Abb. 20 ist dieser durch den Pfeil ⊕ angedeutet. Für u_{DE} sei nochmals hervorgehoben, daß das Netz N sehr wohl Sitz weiterer EMKK, Ohmscher

---

[1] Da $\sum e$ und $\sum i R$ Augenblickswerte sind, müßten u_{BC} und u_{DE} oszillographisch gemessen werden.

oder kapazitiver Spannungsabfälle sein kann, deren Erfassung und Einführung in $\sum e$ bzw. $\sum i R$ oder $\sum u$ deshalb unmöglich ist, weil die Beschaffenheit des Netzes N unbekannt ist. Ihre Wirkung wird aber eben durch u_{DE} schon berücksichtigt. Das Faradaysche Induktionsgesetz gibt also für die Anordnung der Abb. 20 die Gleichung

$$e_1 + e_2 = i\,(R_i + R_1 + R_2) + u_{BC} + u_{DE}. \tag{13}$$

Da erfahrungsgemäß die Aufstellung solcher Gleichungen dem Lernenden viel Schwierigkeiten macht, beschäftigen wir uns noch weiter mit Abb. 20. Es wäre denkbar, daß man auch die Spannung an S mißt. Dann ergibt sich

$$\sum e = e_1,$$
$$\sum i R = i\,(R_i + R_1),$$
$$\sum u = u_{BC} + u_{CD} + u_{DE},$$

bzw.

$$e_1 = i\,(R_i + R_1) + u_{BC} + u_{CD} + u_{DE}. \tag{13'}$$

Es gilt jetzt für die Drossel dasselbe wie für das Netz: wird über einem Schaltungselement die Spannung gemessen, so sind die in diesem wirksamen EMKK und vorhandenen Ohmschen Spannungsabfälle in $\sum e$ bzw. $\sum i R$ nicht in Rechnung zu setzen.

Vergleich von (13) und (13') liefert die Beziehung

$$e_2 = i R_2 - u_{CD}, \tag{14'}$$

die wegen

$$u_{CD} = -\,u_{DC}$$

in

$$e_2 = i R_2 + u_{DC} \tag{14}$$

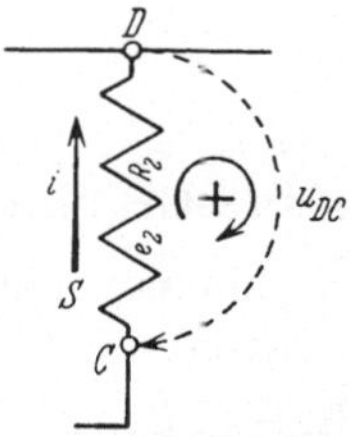

Abb. 21. Zur Erläuterung des Faradayschen Induktionsgesetzes.

übergeführt werden kann. Der Leser beachte, daß (14) die Anwendung des Faradayschen Induktionsgesetzes darstellt auf den Kreis, der durch die Drossel S und den in Abb. 21 gestrichelten Schlußpfeil u_{DC} gebildet ist. Wir gehen nun noch einen Schritt weiter und messen auch die Spannung über BE (Abb. 20). Damit entfallen in $\sum e$ der Summand e_1, in $\sum i R$ die Summanden $i R_i$ und $i R_1$, d. h.

$$\sum e = 0,$$
$$\sum i R = 0,$$
$$\sum u = u_{BC} + u_{CD} + u_{DE} + u_{EB},$$

und wegen (11)

$$0 = u_{BC} + u_{CD} + u_{DE} + u_{EB}.$$

Der Leser erkenne in dieser Gleichung das Gesetz der Maschenseitenspannungen!

Die Anwendung des Faradayschen Induktionsgesetzes auf eine Maschenseite erläutert Abb. 22. Der Strom in der Maschenseite MN sei von M nach N fließend angenommen. Diese Festsetzung wird zur Aufstellung der Knotenpunktsgleichungen bekanntlich erforderlich. Es liegt nun nahe, durch i_{MN} gleichzeitig den Umlaufsinn des durch u_{NM} zu schließenden Kreises festzulegen. Dann ist

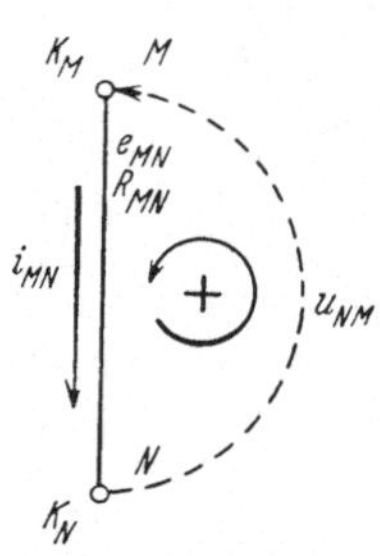

Abb. 22. Erläuterung des Faradayschen Induktionsgesetzes, angewendet auf eine Maschenseite.

$$\sum e = e_{MN},$$
$$\sum i R = i_{MN} R_{NM},$$
$$\sum u = u_{NM}.$$

(11) liefert also

$$e_{MN} = i_{MN} R_{MN} + u_{NM}. \tag{15}$$

D. Elektromotorische Kräfte.

Eine Windung sei von einem magnetischen Fluß Φ durchsetzt. Ändert sich dieser zeitlich, so wird in der Windung eine EMK

$$e = -\frac{d\Phi}{dt}10^{-8} \text{ Volt} \tag{16}$$

(Φ in CGS-Einheiten, t in Sekunden) induziert. $\frac{d\Phi}{dt}$ ist die Änderung des magnetischen Flusses in der Zeiteinheit oder der magnetische Schwund. Sind w Windungen in Reihe geschaltet, die von den Flüssen $\Phi_1, \Phi_2, \Phi_3 \ldots \Phi_w$ durchsetzt werden, so ist die resultierende EMK

$$e = \sum_1^w e_k = -\frac{d}{dt}(\Phi_1 + \Phi_2 + \Phi_3 + \cdots + \Phi_w)10^{-8} \text{ Volt}. \tag{17}$$

Man bezeichnet

$$\sum_1^w \Phi_k 10^{-8} = (\Phi_1 + \Phi_2 + \Phi_3 + \cdots + \Phi_w)10^{-8} = \Psi \tag{18}$$

als Spulenfluß und mißt ihn in Voltsekunden. Mit ihm schreibt sich (17)

$$e = -\frac{d\Psi}{dt} \text{Volt}. \tag{19}$$

Physikalisch bedeutungslos, für viele Rechnungen aber sehr bequem, ist die Einführung eines mittleren Windungsflusses gemäß

$$\Phi = \frac{\sum_1^w \Phi_k}{w} = \frac{\Phi_1 + \Phi_2 + \Phi_3 + \cdots + \Phi_w}{w}, \tag{20}$$

womit (17) übergeht in

$$e = -\, w\, \frac{d\Phi}{dt}\, 10^{-8}\, \text{Volt}\,. \tag{21}$$

Im Elektromaschinenbau ist es üblich, den größten Windungsfluß Φ_{max} in die Rechnungen einzuführen. Offenbar ist

$$\Phi_1 + \Phi_2 + \Phi_3 + \cdots + \Phi_w < w\,\Phi_{max}\,,$$

da, wenn beispielsweise der Fluß Φ_k der größte ist, alle übrigen kleiner sind. Man setzt

$$\Phi_1 + \Phi_2 + \Phi_3 + \cdots + \Phi_w = \zeta \cdot w\,\Phi_{max}\,, \tag{22}$$

und nennt ζ den Wicklungsfaktor. Für ihn gilt

$$\zeta < 1\,. \tag{23}$$

Mit ihm wird (17)

$$e = -\, \zeta\, w\, \frac{d\Phi_{max}}{dt}\, 10^{-8}\, \text{Volt}\,. \tag{24}$$

Hierbei darf nicht vergessen werden, daß Φ_1, Φ_2, $\Phi_3 \ldots \Phi_w$, ebenso auch Φ_{max} Augenblickswerte sind. Ihre Amplituden sind Φ_{10}, Φ_{20}, $\Phi_{30} \ldots \Phi_{w0}$, bzw. $\Phi_{max\,0}$.
Wir beschäftigen uns jetzt mit der einfachsten Schreibweise (19)

$$e = -\, \frac{d\Psi}{dt}\, \text{Volt} \tag{19}$$

und fragen uns nach Ursachen, durch die eine zeitliche Änderung des Spulenflusses bedingt sein könnte. Um zu einer möglichst sinnfälligen Gruppierung zu kommen, setzen wir zunächst einmal fest:

1. Die Spule, in der sich der Spulenfluß ändert, bewegt sich nicht. Zeitliche Änderungen des Spulenflusses treten dann auf, wenn

a) die Spule von einem zeitlich veränderlichen Strom durchflossen ist: EMK der Selbstinduktion, Drosselspulen,

b) eine ruhende Nachbarspule, die auf die betrachtete Spule induzierend wirkt, von einem zeitlich veränderlichen Strom durchflossen wird: EMK der Gegeninduktion. Die Verhältnisse liegen beim leerlaufenden Transformator vor. Die Primärwicklung ist die induzierende Nachbarspule, die Sekundärwicklung ist die betrachtete, induzierte Spule. In dieser tritt überdies eine EMK nach a) dann auf, wenn sie selbst nach Einschaltung eines Stromverbrauchers auf der Sekundärseite stromführend wird,

c) eine erregte Nachbarspule, die ihre Induktionslinien in die betrachtete feste Spule schickt, bewegt wird: EMK der Gegeninduktion. Die Erregung der bewegten Spule kann mit Gleichstrom geschehen. Die beschriebenen Verhältnisse liegen dann bei der leerlaufenden Wechselstrommaschine vor, deren gleichstromerregtes Polrad gedreht wird.

Die feststehende Ankerwicklung wird Sitz elektromotorischer Kräfte. Es wäre aber auch denkbar, daß die Erregung der bewegten Spule mit Wechselstrom geschähe.

Mit a) bis c) sind die Möglichkeiten erschöpft, nach denen in ruhenden Spulen zeitliche Änderungen des Spulenflusses praktisch auftreten können[1]. Die induzierten EMKK nennt man EMKK der Ruhe, weil sie in ruhenden Wicklungen auftreten. Da sie im Transformator eine praktisch sehr bedeutsame Rolle spielen, werden sie auch EMKK der Transformation genannt.

Nunmehr setzen wir fest:

2. Die Spule, in der sich der Spulenfluß ändert, bewegt sich.

Zeitliche Änderungen des Spulenflusses treten dann auf, wenn

a) die bewegte Spule ihre Lage gegenüber einer stromdurchflossenen induzierenden Spule ändert. Die Erregung der induzierenden Spule kann mit Gleichstrom geschehen. Die besprochenen Verhältnisse liegen dann beispielsweise vor bei dem bewegten Anker einer Gleichstrommaschine. Die Erregung der induzierenden Spule kann aber auch mit Wechselstrom geschehen. Diese Verhältnisse liegen vor bei dem bewegten Anker eines Wechselstrommotors, dessen Ständer wechselstromgespeist ist.

Die genannten EMKK heißen EMKK der Bewegung, weil sie in bewegten Spulen auftreten. Ihr wichtigstes Kriterium ist, daß sich die induzierte Spule gegenüber der Bahn des magnetischen Flusses bewegt,

b) eine erregte Spule bei ihrer Bewegung variablen magnetischen Widerstand vorfindet. Der durch die Erregung bedingte magnetische Fluß wird hierdurch zu einem pulsierenden und erzeugt EMKK. Diese sind jedoch EMKK der Ruhe, da die bewegte Spule gegenüber dem Fluß in Ruhe bleibt. Die beschriebenen Verhältnisse liegen beispielsweise bei dem gleichstromerregten Polrad einer Wechselstrommaschine vor. Infolge der Nutung des Ankers treten bei rotierendem Polrad Schwankungen im Fluß auf, die EMKK in der Erregerwicklung selbst erzeugen. Diese befindet sich jedoch gegenüber der Bahn, in der der magnetische Fluß verläuft, d. i. gegenüber dem Poleisen, in Ruhe.

Bei Abwesenheit von Eisen oder bei Anwesenheit von Eisen schwacher magnetischer Sättigung ist der Spulenfluß dem erregenden Strom proportional. Ist dieser der Strom in der betrachteten Spule selbst, so setzt man

$$\Psi_t = L i \, . \tag{25}$$

Der Proportionalitätsfaktor L wird Selbstinduktionskoeffizient genannt. Aus (25) folgt

$$-\frac{d\Psi_t}{dt} = - i \frac{dL}{dt} - L \frac{di}{dt} \, . \tag{26}$$

---

[1] Wir sehen davon ab, mit der Bewegung permanenter Magneten zu arbeiten.

Die EMK

$$- i \frac{dL}{dt}$$

tritt bei konstantem Strom, aber variabler Selbstinduktion auf. Sie ist mit der in Abschnitt 2b beschriebenen identisch: das rotierende Polrad ist mit Gleichstrom erregt, infolge der Ankernutung ändert sich der Selbstinduktionskoeffizient.

Die EMK

$$- L \frac{di}{dt}$$

tritt bei konstanter Selbstinduktion L, aber variablem Strom auf. Sie ist mit der in 1a beschriebenen identisch.

Für den Fall, daß der Strom, der den Spulenfluß in unserer betrachteten Spule erzeugt, in einer induzierenden Nachbarspule fließt, setzt man

$$\Psi_t = M\,i\,. \tag{27}$$

M wird Koeffizient der gegenseitigen Induktion genannt. Aus (27) folgt

$$- \frac{d\Psi_t}{dt} = - i\frac{dM}{dt} - M\frac{di}{dt}\,. \tag{28}$$

Die EMK

$$- i\frac{dM}{dt}$$

tritt bei konstantem Strom in der Nachbarspule, aber variabler Gegeninduktivität auf. Die Veränderlichkeit der Gegeninduktivität kann zwei Ursachen haben:

α) Die induzierende Nachbarspule bewegt sich, die EMK in der betrachteten Spule ist dann eine EMK der Ruhe und mit der in 1c beschriebenen identisch.

β) Die induzierte betrachtete Spule bewegt sich. Die EMK ist eine EMK der Bewegung und mit der in 2a beschriebenen identisch.

Die EMK

$$- M\frac{di}{dt}$$

tritt bei konstanter Gegeninduktivität, aber variablem Strom in der induzierenden Spule auf. Sie ist identisch mit der in 1b beschriebenen.

Für die EMKK in ruhenden Spulen[1] läßt sich allgemein gültig ableiten:

Ändert sich der Spulenfluß zeitlich nach einem Sinusgesetz

$$\Psi_t = \Psi_0 \sin \omega t, \tag{29}$$

---

[1] Hierunter fallen auch solche räumlich bewegte Spulen, die relativ zum Pfad des magnetischen Flusses in Ruhe sind (siehe 2b).

so ist wegen (19)

$$e = -\omega\Psi_0\cos\omega t,$$

$$e = -\omega\Psi_0\sin(90^0 - \omega t),$$

$$e = \omega\Psi_0\sin(\omega t - 90^0). \tag{30}$$

Aus (30) und (29) folgt durch Vergleich, daß e seine positiven oder negativen Höchstwerte und seine Nulldurchgänge um 90 elektrische Grade später erreicht als Ψ_t. e eilt um 90 Grad hinter Ψ_t nach. Abb. 23a und b veranschaulichen das Gesagte kurvenmäßig und vektordiagrammatisch. In 23a sind die Augenblickswerte von Ψ_t und e über ωt aufgetragen. Geht man längs der ωt-Achse in Richtung wachsender Zeiten, d. i. in Richtung von $+\omega t$, so kommt man

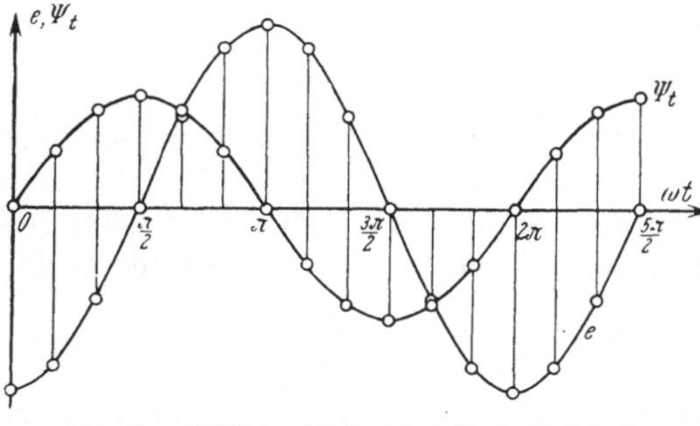

Abb. 23a. Zeitlicher Verlauf von Spulenfluß und EMK der Ruhe.

erst an das $+$-Maximum von Ψ_t, dann, um 90 elektrische Grade später, an das von e. In 23b sind, wie bei Vektordiagrammen allgemein üblich, die Effektivwerte gezeichnet. Die in dem angegebenen Sinn umlaufende Zeitlinie kommt zunächst mit Ψ zur Deckung, und erst 90 elektrische Grade später mit $\mathfrak{E}$. In verändertem Maßstab können die Effektivwerte Ψ und $\mathfrak{E}$ auch als Amplituden Ψ_0 und $\mathfrak{E}_0$ angesehen werden. Ihre Projektionen auf die Zeitlinie geben dann die Augenblickswerte an. Abb. 23b gestattet nämlich ohne weiteres abzulesen

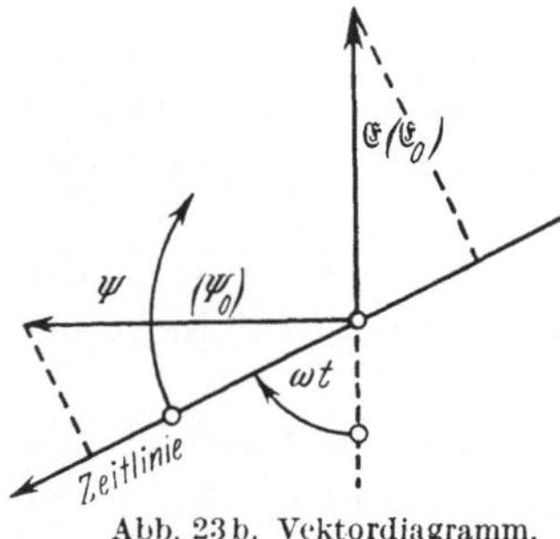

Abb. 23b. Vektordiagramm. zu Abb. 23a.

$$\Psi_t = \Psi_0\sin\omega t,$$

$$e = -E_0\cos\omega t.$$

Die Verschiedenheit der Vorzeichen ergibt sich dadurch, daß die Zeitlinie ebenfalls eine $+$- und $-$-Richtung hat.

Die EMKK der Bewegung werden an anderer Stelle ausführlich zu behandeln sein.

E. Zeitvektoren und ihre komplexe Darstellung.

Die in Abb. 23b gezeichneten Vektoren nennt man Zeitvektoren, weil sie in Verbindung mit der Zeitlinie einen Aufschluß über den zeitlichen Verlauf der Wechselgrößen geben. Durch Zeitvektoren werden somit darzustellen sein alle sinusförmig verlaufenden

Klemmenspannungen $\mathfrak{U}$,
Elektromotorischen Kräfte $\mathfrak{E}$,
Windungsflüsse Φ,
Spulenflüsse Ψ,
Ströme $\mathfrak{J}$,
Durchflutungen $\varDelta = w\mathfrak{J}$

und andere mehr.

Statt nun in einem Vektordiagramm eine rotierende Zeitlinie einzuführen, kann man die Zeitlinie festhalten und dafür die Vektoren in entgegengesetztem Sinn rotieren lassen. Abb. 24 zeigt die Äquivalenz beider Methoden für einen Zeitvektor $\mathfrak{U}$. Die Einführung rotierender Vektoren gestattet nämlich den Gebrauch komplexer Ausdrücke. Um dies zu zeigen, kehren wir zu den komplexen Zahlen zurück, schreiben (4)

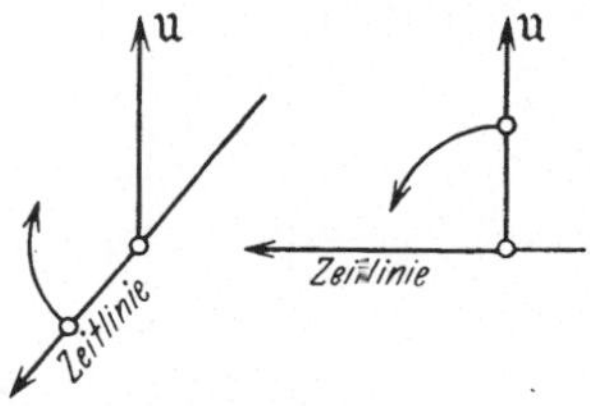

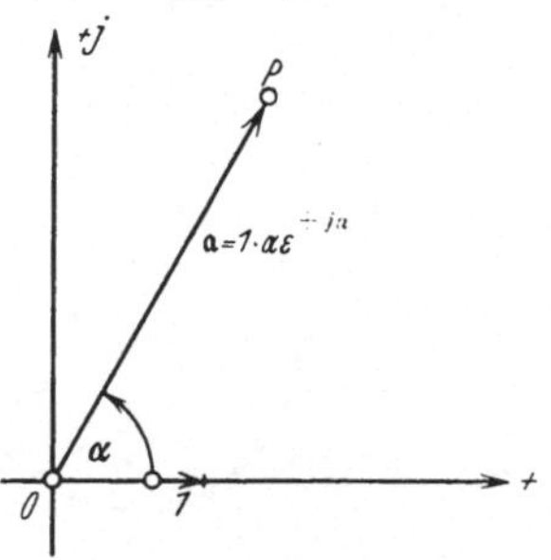

Abb. 24. Rotierende Zeitlinie und fester Zeitvektor oder feste Zeitlinie und rotierender Zeitvektor.

$$\mathfrak{a} = a\,\varepsilon^{\pm\,j\alpha} \qquad (4)$$

in der Form

$$\mathfrak{a} = 1 \cdot a\,\varepsilon^{\pm\,j\alpha} \qquad (31)$$

und geben dieser Gleichung mit Rücksicht auf Abb. 25 folgende Bedeutung: Der Ortsvektor $\mathfrak{a}$, der nach dem Punkt P der Gaußschen Zahlenebene führt, ist aus dem Einheitsvektor 1 hervorgegangen durch Multiplikation dieses Einheitsvektors mit der komplexen Zahl $a\varepsilon^{\pm\,j\alpha}$. Der Einheitsvektor 1 liegt in der positiv reellen Achse. Er kann als Urvektor aufgefaßt werden, aus dem alle übrigen Ortsvektoren nach beliebigen Punkten der Gaußschen Zahlenebene entstehen durch Multiplikation mit komplexen Zahlen. Der Einheitsvektor erfährt hierbei eine Drehung und eine Streckung, man sagt kurz, eine Drehstreckung. Die komplexe Zahl, die diese Drehstreckung besorgt, wird Drehstrecker genannt. Und zwar besorgt der reelle Faktor a die Streckung, der komplexe Faktor $\varepsilon^{\pm\,j\alpha}$, dessen Absolutwert 1 ist, die Drehung. Sonderwerte des Drehers $\varepsilon^{\pm\,j\alpha}$ sind in II C d) unter (6) schon aufgeführt.

Abb. 25. Zur Erläuterung des Drehstreckers.

Die Drehung ist nun eine einmalige, begrenzte, wenn α konstant ist, sie ist eine dauernde, wenn α von der Zeit abhängt, etwa gemäß

$$\alpha = \alpha_0 + \omega t. \qquad (32)$$

Es stellt daher

$$\mathfrak{a} = a\,\varepsilon^{\pm\,j\alpha} = a\,\varepsilon^{\pm\,j(\alpha_0\,+\,\omega t)} \tag{33}$$

in der Gaußschen Zahlenebene einen rotierenden Vektor dar, Abb. 26. (33) gestattet die Umformung

$$\mathfrak{a} = a\,\varepsilon^{\pm\,j\alpha_0}\cdot\varepsilon^{\pm\,j\omega t} = \mathfrak{a}_0\,\varepsilon^{\pm\,j\omega t}. \tag{33'}$$

Hierbei ist

$$\mathfrak{a}_0 = a\,\varepsilon^{\pm\,j\alpha_0}$$

die Lage des rotierenden Ortsvektors zur Zeit $t = 0$. In Abb. 26a bis d sind die 4 rotierenden Ortsvektoren gezeichnet

$$\mathfrak{a}_1 = a\,\varepsilon^{+\,j\alpha_0}\,\varepsilon^{+\,j\,\omega t},$$

$$\mathfrak{a}_2 = a\,\varepsilon^{-\,j\alpha_0}\,\varepsilon^{+\,j\,\omega t},$$

$$\mathfrak{a}_3 = a\,\varepsilon^{-\,j\alpha_0}\,\varepsilon^{-\,j\,\omega t},$$

$$\mathfrak{a}_4 = a\,\varepsilon^{+\,j\alpha_0}\,\varepsilon^{-\,j\,\omega t}.$$

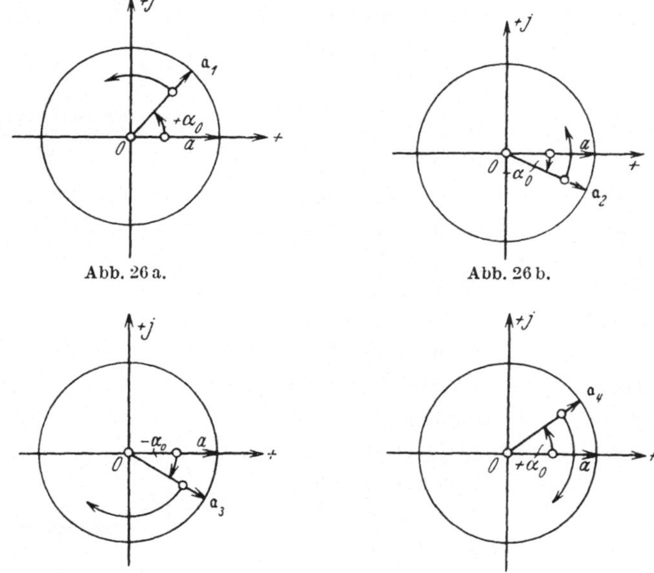

Abb. 26a bis d. Rotierende Ortsvektoren.

Die Winkelgeschwindigkeit der Ortsvektoren ist absolut

$$\frac{d\alpha}{dt} = \omega. \tag{34}$$

Nach diesen Betrachtungen ergeben sich zwanglos die Ansätze

$$\mathfrak{U} = \mathfrak{U}_0\,\varepsilon^{j\omega t} \tag{35}$$

für einen rotierenden Spannungsvektor, dessen Lage zur Zeit $t = 0$

durch $\mathfrak{U}_0$ gekennzeichnet ist. Man nennt $\mathfrak{U}_0$ die Phase zur Zeit $t = 0$.

Ferner ergibt sich

$$\mathfrak{J} = \mathfrak{J}_0\, \varepsilon^{j\omega t} \tag{36}$$

für einen rotierenden Stromvektor mit der Phase $\mathfrak{J}_0$ zur Zeit $t = 0$.

Im allgemeinen werden sich (Abb. 27) $\mathfrak{U}_0$ und $\mathfrak{J}_0$ nicht decken, sie werden nicht „in Phase" miteinander sein. Man kann offenbar die Ansätze machen

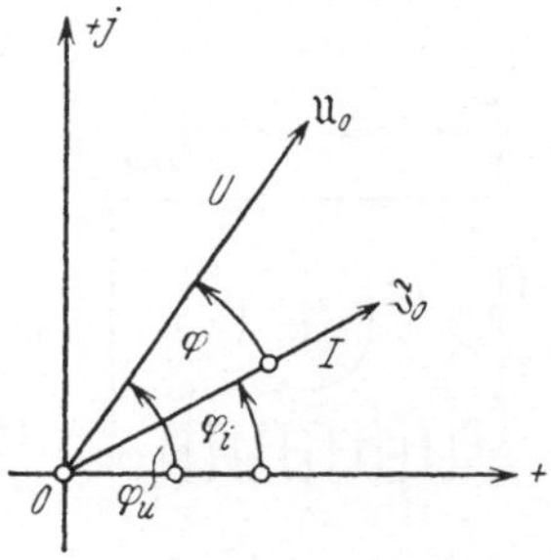

$$\left.\begin{aligned} \mathfrak{U}_0 &= U\,\varepsilon^{j\varphi_u}, \\ \mathfrak{J}_0 &= J\,\varepsilon^{j\varphi_i}, \end{aligned}\right\} \tag{37}$$

und findet aus den Gesetzen der Division

$$\frac{\mathfrak{U}_0}{\mathfrak{J}_0} = \frac{U}{J}\cdot\varepsilon^{j(\varphi_u - \varphi_i)} = \frac{U}{J}\cdot\varepsilon^{j\varphi}. \tag{38}$$

Hierin ist

$$\varphi = \varphi_u - \varphi_i$$

Abb. 27. Zeitvektoren.

die Phasenverschiebung zwischen $\mathfrak{U}_0$ und $\mathfrak{J}_0$. Sie hat sich sehr einfach durch Division der Zeitvektoren in komplexer Schreibweise ergeben. Setzt man (37) in (35) und (36) ein, so wird auch

$$\frac{\mathfrak{U}}{\mathfrak{J}} = \frac{U}{J}\,\varepsilon^{j\varphi}. \tag{38'}$$

Man sieht:

für $\varphi = \varphi_u - \varphi_i > 0$ eilt $\mathfrak{U}$ vor $\mathfrak{J}$ vor, oder $\mathfrak{J}$ hinter $\mathfrak{U}$ her,

für $\varphi = \varphi_u - \varphi_i < 0$ eilt $\mathfrak{U}$ hinter $\mathfrak{J}$ her, oder $\mathfrak{J}$ vor $\mathfrak{U}$ vor.

Liegt nun die effektive Spannung U an einem Verbraucher und erzeugt in ihm den Gesamtstrom vom Effektivwert J, so nennt man

$$\frac{U}{J} = Z \tag{39}$$

den Richtwiderstand des Verbrauchers. Hiermit schreibt sich (38')

$$\frac{\mathfrak{U}}{\mathfrak{J}} = Z\,\varepsilon^{j\varphi}. \tag{38''}$$

Es ist üblich, zu setzen

$$Z\,\varepsilon^{j\varphi} = \mathfrak{Z}. \tag{40}$$

$\mathfrak{Z}$ heißt der Widerstandsoperator des Verbrauchers. Unsere nächste Aufgabe wird also darin bestehen, die Widerstandsoperatoren zu besprechen.

F. Widerstandsoperatoren.

Alle Wechselstromwiderstände, soweit sie nicht stromabhängig sind, lassen sich aus drei Grundwiderständen aufgebaut denken. Diese sind

1. der rein Ohmsche Widerstand,
2. der rein induktive Widerstand,
3. der rein kapazitive Widerstand.

1. Wir behandeln zunächst den rein Ohmschen Widerstand, Abb. 28a. In dieser Schaltung liegt der Widerstand R am Netz der Spannung u. Für den Ansatz des Faradayschen Induktionsgesetzes ist zu bedenken, daß EMKK nicht vorhanden sind, so daß $\sum e = 0$.

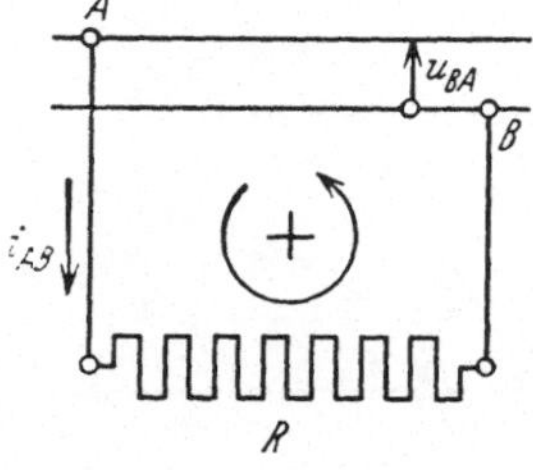

Abb. 28a. Der rein Ohmsche Widerstand.

An Ohmschen Spannungsabfällen existiert nur

$$\sum i\,R = i_{AB}\,R\,,$$

an überdies meßbaren Spannungen

$$\sum u = u_{BA}\,.$$

Der Umlaufssinn der Schaltung stimmt mit dem des Stromes i_{AB} überein. (11) ergibt

$$0 = i_{AB}\,R + u_{BA} \tag{41$'$}$$

oder

$$u_{AB} = i_{AB}\,R\,. \tag{41}$$

Befolgt u_{AB} ein Sinusgesetz, so gilt gleiches von i_{AB}, man kann also setzen

$$u_{AB} = \mathfrak{U}_{AB} = \mathfrak{U}_{AB_0}\,\varepsilon^{j\omega t}\,,$$
$$i_{AB} = \mathfrak{J}_{AB} = \mathfrak{J}_{AB_0}\,\varepsilon^{j\omega t}\,,$$

und findet hiermit

$$\mathfrak{U}_{AB} = \mathfrak{J}_{AB}\,R\,. \tag{42}$$

$$\frac{\mathfrak{U}_{AB}}{\mathfrak{J}_{AB}} = R$$

wird der Widerstandsoperator des rein Ohmschen Widerstandes genannt. Da er rein reell ist, sind $\mathfrak{U}_{AB}$ und $\mathfrak{J}_{AB}$ in Phase, $\mathfrak{U}_{AB}$ geht aus $\mathfrak{J}_{AB}$ durch reine Streckung hervor (Abb. 28b).

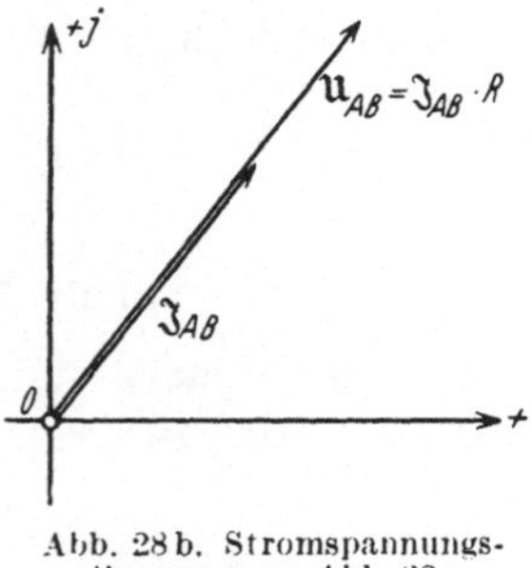

2. Als nächstes untersuchen wir die verlustfreie ideale Drosselspule (Abb. 29a). In dieser Schaltung sind an elektromotorischen Kräften wirksam lediglich die EMK der Selbstinduktion

$$\sum e = -L\frac{di_{AB}}{dt}\,.$$

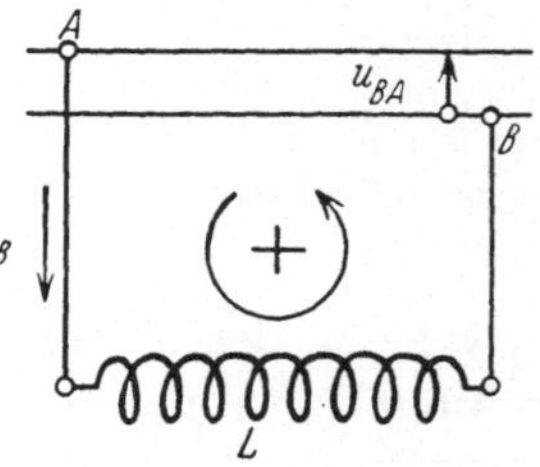

Abb. 29a. Die ideale Drosselspule.

Abb. 28b. Stromspannungsdiagramm zu Abb. 28a.

Ohmsche Spannungsabfälle sind nicht vorhanden, da wir verlustfreie Drossel voraussetzen, also

$$\sum i R = 0.$$

An überdies meßbaren Spannungen wirken

$$\sum u = u_{BA}.$$

(11) liefert dann

$$-L \frac{d i_{AB}}{dt} = u_{BA}$$

oder, wenn man mit -1 multipliziert,

$$L \frac{d i_{AB}}{dt} = u_{AB}. \tag{43}$$

Bei sinusförmiger Veränderung von i_{AB} ist der Ansatz

$$i_{AB} = \mathfrak{J}_{AB} = \mathfrak{J}_{AB_0} \, \varepsilon^{j\omega t}$$

zulässig. Er ergibt

$$\frac{d i_{AB}}{dt} = \mathfrak{J}_{AB_0} \, \varepsilon^{j\omega t} j\omega = j\omega \mathfrak{J}_{AB}$$

und mit (43)

$$j\omega L \mathfrak{J}_{AB} = u_{AB}.$$

Da in dieser Gleichung die linke Seite zeitlich sinusförmig veränderlich ist, dürfen wir schreiben

$$u_{AB} = \mathfrak{U}_{AB} = \mathfrak{U}_{AB_0} \, \varepsilon^{j\omega t},$$

und erhalten endgültig

$$j\omega L \mathfrak{J}_{AB} = \mathfrak{U}_{AB}, \tag{44}$$

oder

$$\frac{\mathfrak{U}_{AB}}{\mathfrak{J}_{AB}} = j\omega L. \tag{45}$$

Da U_{AB} der Effektivwert der treibenden Spannung, J_{AB} der Effektivwert des getriebenen Stromes ist, bezeichnet man ωL als den Richtwiderstand der idealen Drossel und $j\omega L$ als den Widerstandsoperator der idealen Drossel.

(44) läßt erkennen, daß $\mathfrak{U}_{AB}$ aus $\mathfrak{J}_{AB}$ durch eine Drehstreckung hervorgeht. Die Drehung beträgt wegen

$$j = \varepsilon^{+j90^0}$$

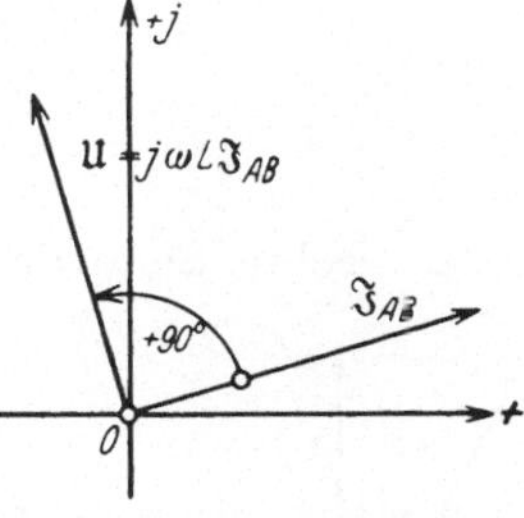

Abb. 29 b. Stromspannungs-
diagramm zu Abb. 29 a.

$+$ 90 Grad (Abb. 29 b). Die treibende Spannung an einer idealen Drossel eilt dem getriebenen Strome um 90 Grad vor.

3. beschäftigen wir uns mit dem verlustfreien Kondensator (Abb. 30 a). Für diese Schaltung gilt

$$\sum e = 0, \quad \sum i R = 0, \quad \sum u = u_{AB} + u_{BA},$$

(11) liefert also

$$0 = u_{AB} + u_{BA}. \tag{45'}$$

Einen Zusammenhang zwischen u_{AB} und i_{AB} ergibt die Betrachtung der Ladung auf dem Kondensator. Sie ist

$$q = C\, u_{AB}.$$

Ändert sie sich mit der Zeit, so fließt ein Strom

$$i = \frac{dq}{dt} = C\,\frac{d u_{AB}}{dt}.$$

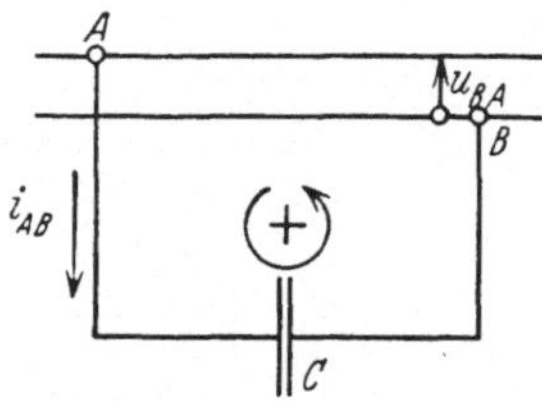

Abb. 30a. Der verlustfreie Kondensator.

Ist $d u_{AB} > 0$, so fließt i dem Kondensatorbeleg A zu, es kommt ihm also der Index AB zu, so daß die Beziehung zwischen der Spannung am Kondensator und dem Strom durch den Kondensator lautet

$$i_{AB} = C\,\frac{d u_{AB}}{dt}, \tag{47}$$

oder

$$u_{AB} = \frac{1}{C}\int i_{AB}\,dt. \tag{47'}$$

Setzt man dies in (46') ein, so wird

$$0 = \frac{1}{C}\int i_{AB}\,dt + u_{BA}, \tag{46''}$$

oder

$$u_{AB} = \frac{1}{C}\int i_{AB}\,dt. \tag{46'''}$$

Bei sinusförmigem Verlauf von i_{AB} ist der Ansatz

$$i_{AB} = \mathfrak{J}_{AB} = \mathfrak{J}_{AB_0}\,\varepsilon^{j\omega t}$$

berechtigt. Er ergibt

$$\int i_{AB}\,dt = \frac{1}{j\omega}\int \mathfrak{J}_{AB_0}\,\varepsilon^{j\omega t}\,d(j\omega t) = \frac{1}{j\omega}\mathfrak{J}_{AB_0}\,\varepsilon^{j\omega t} = \frac{1}{j\omega}\mathfrak{J}_{AB},$$

und

$$u_{AB} = \frac{1}{j\omega C}\mathfrak{J}_{AB}. \tag{46''''}$$

Die rechte Seite der Gleichung ist zeitlich sinusförmig veränderlich, daher auch die linke, und wir dürfen schreiben

$$u_{AB} = \mathfrak{U}_{AB} = \mathfrak{U}_{AB_0}\,\varepsilon^{j\omega t},$$

womit (46'''') übergeht in

$$\mathfrak{U}_{AB} = \frac{1}{j\omega C}\mathfrak{J}_{AB}. \tag{46}$$

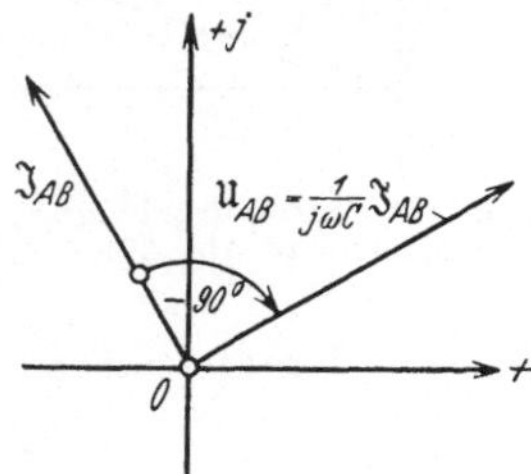

Abb. 30b. Stromspannungs-diagramm zu Abb. 30a.

Man nennt

$$\frac{\mathfrak{U}_{AB}}{\mathfrak{J}_{AB}} = \frac{1}{j\omega C}$$

den Widerstandsoperator des verlustfreien Kondensators. (46) läßt erkennen, daß $\mathfrak{U}_{AB}$ aus $\mathfrak{J}_{AB}$ durch Drehstreckung hervorgeht, und zwar beträgt die Drehung wegen

$$\frac{1}{j} = \frac{j}{j^2} = -j = \varepsilon^{-j\,90^0}$$

-90 Grad (Abb. 30b).

Die treibende Spannung an einem verlustfreien Kondensator eilt dem getriebenen Strom um 90 Grad nach.

Wir stellen zusammen

$$1. \qquad \mathfrak{U}_{AB} = \mathfrak{J}_{AB}R, \tag{42}$$

$$2. \qquad \mathfrak{U}_{AB} = j\omega L\,\mathfrak{J}_{AB}, \tag{44}$$

$$3. \qquad \mathfrak{U}_{AB} = \frac{1}{j\omega C}\,\mathfrak{J}_{AB}. \tag{46}$$

Allgemein läßt sich also schreiben

$$\mathfrak{U}_{AB} = \mathfrak{Z}\,\mathfrak{J}_{AB}. \tag{47}$$

Diese Beziehung liefert in einfachster Form den Zusammenhang zwischen der Spannung an einem Strang $A—B$, dem Strom durch diesen und dem Widerstand in ihm.

G. Anwendungsbeispiel.

Um die in III A bis F besprochenen Gesetze anwenden zu lernen, stellen wir die Gleichungen auf, die den Gesamtstrom $\mathfrak{J}$ der Schaltung Abb. 31 in Abhängigkeit der Richtwiderstände und der Klemmenspannung errechnen lassen. An dieser Schaltung seien bekannt

die Klemmenspannung $\mathfrak{U}_{AB}$;

die fünf Richtwiderstände $Z_1 \div Z_5$ und ihre Widerstandsoperatoren $\mathfrak{Z}_1 \div \mathfrak{Z}_5$.

Unbekannt sind die sechs Ströme $\mathfrak{J}, \mathfrak{J}_1 \div \mathfrak{J}_5$.

Wir müssen also sechs voneinander unabhängige Gleichungen aufstellen. Zunächst haben wir drei einfache Maschen I, II und III*, für die die willkürlich eingezeichneten Pfeile $\oplus$ den Umlaufssinn bestimmen. Die drei Maschengleichungen lauten

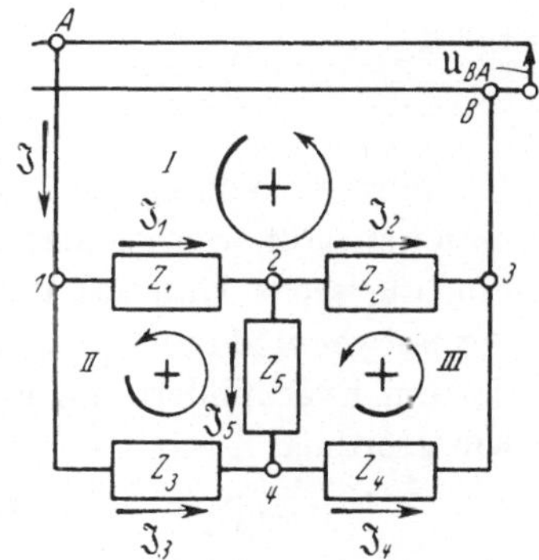

Abb. 31. Zur Anwendung der Gesetze III A bis F.

für I $\qquad\qquad \mathfrak{U}_{12} + \mathfrak{U}_{23} + \mathfrak{U}_{BA} = 0,$ $\qquad$ (1')

für II $\qquad\qquad \mathfrak{U}_{14} + \mathfrak{U}_{42} + \mathfrak{U}_{21} = 0,$ $\qquad$ (2')

für III $\qquad\qquad \mathfrak{U}_{24} + \mathfrak{U}_{43} + \mathfrak{U}_{32} = 0.$ $\qquad$ (3')

---

* Beispielsweise bilden I und II wieder eine Masche $A1423BA$. I und III eine Masche $A1243BA$, II und III eine Masche 12341, die wir nicht mehr als einfache Maschen bezeichnen.

Führen wir die Strangströme $\mathfrak{J}_1 \div \mathfrak{J}_5$* ein, und die Widerstandsoperatoren $\mathfrak{Z}_1 \div \mathfrak{Z}_5$, setzen also

$$\mathfrak{U}_{12} = \mathfrak{J}_1\,\mathfrak{Z}_1 = -\,\mathfrak{U}_{21},$$
$$\mathfrak{U}_{23} = \mathfrak{J}_2\,\mathfrak{Z}_2 = -\,\mathfrak{U}_{32},$$
$$\mathfrak{U}_{14} = \mathfrak{J}_3\,\mathfrak{Z}_3 = -\,\mathfrak{U}_{41},$$
$$\mathfrak{U}_{42} = -\,\mathfrak{J}_5\,\mathfrak{Z}_5 = -\,\mathfrak{U}_{24},$$
$$\mathfrak{U}_{43} = \mathfrak{J}_4\,\mathfrak{Z}_4 = -\,\mathfrak{U}_{34},$$

so gehen die Gleichungen (1′) bis (3′) über in

$$\mathfrak{J}_1\,\mathfrak{Z}_1 + \mathfrak{J}_2\,\mathfrak{Z}_2 + \mathfrak{U}_{BA} = 0, \tag{1}$$
$$\mathfrak{J}_3\,\mathfrak{Z}_3 - \mathfrak{J}_5\,\mathfrak{Z}_5 - \mathfrak{J}_1\,\mathfrak{Z}_1 = 0, \tag{2}$$
$$\mathfrak{J}_5\,\mathfrak{Z}_5 + \mathfrak{J}_4\,\mathfrak{Z}_4 - \mathfrak{J}_2\,\mathfrak{Z}_2 = 0. \tag{3}$$

Alle weiteren Maschengleichungen würden aus (1) bis (3) herleitbar sein und somit zur Lösung der Aufgabe nicht beitragen. Die Zahl der notwendigen und hinreichenden Maschengleichungen ist also gleich der Zahl der einfachen Maschen.

Weiter haben wir vier Knotenpunkte 1, 2, 3 und 4. Sie liefern mit Rücksicht auf die eingezeichneten Stromrichtungen folgende vier Gleichungen:

für 1 $$\mathfrak{J} = \mathfrak{J}_1 + \mathfrak{J}_3, \tag{4}$$
für 2 $$\mathfrak{J}_1 = \mathfrak{J}_2 + \mathfrak{J}_5, \tag{5}$$
für 3 $$\mathfrak{J} = \mathfrak{J}_2 + \mathfrak{J}_4, \tag{6}$$
für 4 $$\mathfrak{J}_4 = \mathfrak{J}_3 + \mathfrak{J}_5. \tag{7}$$

Die letzte Gleichung (7) besagt nichts Neues, da sie sich aus (4) bis (6) herleiten läßt. Sie ist also überflüssig; zudem langen (1) bis (6) schon hin, die sechs Unbekannten zu errechnen. Wir finden also: Die Zahl der notwendigen und hinreichenden Knotenpunktsgleichungen ist gleich der um 1 verminderten Knotenzahl. Die Gleichungen (1) bis (6) schreiben wir geordnet

$$0 + \mathfrak{J}_1\,\mathfrak{Z}_1 + \mathfrak{J}_2\,\mathfrak{Z}_2 + 0 + 0 + 0 = \mathfrak{U}_{AB}, \tag{1}$$
$$0 - \mathfrak{J}_1\,\mathfrak{Z}_1 + 0 + \mathfrak{J}_3\,\mathfrak{Z}_3 + 0 - \mathfrak{J}_5\,\mathfrak{Z}_5 = 0, \tag{2}$$
$$0 + 0 - \mathfrak{J}_2\,\mathfrak{Z}_2 + 0 + \mathfrak{J}_4\,\mathfrak{Z}_4 + \mathfrak{J}_5\,\mathfrak{Z}_5 = 0, \tag{3}$$
$$\mathfrak{J} - \mathfrak{J}_1 + 0 - \mathfrak{J}_3 + 0 + 0 = 0, \tag{4}$$
$$0 + \mathfrak{J}_1 - \mathfrak{J}_2 + 0 + 0 - \mathfrak{J}_5 = 0, \tag{5}$$
$$\mathfrak{J} + 0 - \mathfrak{J}_2 + 0 - \mathfrak{J}_4 + 0 = 0 \tag{6}$$

---

* Ihre Richtung ist in Abb. 31 völlig beliebig festgesetzt worden.

und erhalten ohne weiteres mit der Determinantenrechnung

$$\mathfrak{J} = \frac{\begin{vmatrix} \mathfrak{U}_{AB} & \mathfrak{Z}_1 & \mathfrak{Z}_2 & 0 & 0 & 0 \\ 0 & -\mathfrak{Z}_1 & 0 & \mathfrak{Z}_3 & 0 & -\mathfrak{Z}_5 \\ 0 & 0 & -\mathfrak{Z}_2 & 0 & \mathfrak{Z}_4 & \mathfrak{Z}_5 \\ 0 & -1 & 0 & -1 & 0 & 0 \\ 0 & 1 & -1 & 0 & 0 & -1 \\ 0 & 0 & -1 & 0 & -1 & 0 \end{vmatrix}}{\begin{vmatrix} 0 & \mathfrak{Z}_1 & \mathfrak{Z}_2 & 0 & 0 & 0 \\ 0 & -\mathfrak{Z}_1 & 0 & \mathfrak{Z}_3 & 0 & -\mathfrak{Z}_5 \\ 0 & 0 & -\mathfrak{Z}_2 & 0 & \mathfrak{Z}_4 & \mathfrak{Z}_5 \\ 1 & -1 & 0 & -1 & 0 & 0 \\ 0 & 1 & -1 & 0 & 0 & -1 \\ 1 & 0 & -1 & 0 & -1 & 0 \end{vmatrix}} .$$

Hiermit betrachten wir unsere Aufgabe als gelöst. Man übersieht, daß die Entwicklung der Determinanten liefert

$$\mathfrak{J} = \mathfrak{U}_{AB} \cdot \mathfrak{F}(\mathfrak{Z}_1, \mathfrak{Z}_2, \mathfrak{Z}_3, \mathfrak{Z}_4, \mathfrak{Z}_5)$$

oder

$$\mathfrak{J} = \mathfrak{U}_{AB} \cdot A ,$$

wenn die im allgemeinen komplexe Funktion

$$\mathfrak{F}(\mathfrak{Z}_1, \mathfrak{Z}_2, \mathfrak{Z}_3, \mathfrak{Z}_4, \mathfrak{Z}_5) = A$$

gesetzt wird. Wir sind jetzt in der Lage, Ortskurvengleichungen aufzustellen, können also zu ihrer Diskussion übergehen.

IV. Ortskurven der Starkstromtechnik.

A. Die Ortskurven des Schwingungskreises.

In Abb. 32a ist ein Schwingungskreis gezeichnet, bestehend aus der Reihenschaltung einer Drosselspule mit der Induktivität L und dem Kupferwiderstand R und einem Kondensator der Kapazität C. Er legt an der Wechselspannung $\mathfrak{U}_{BA}$. Man kann sich den Schwingungskreis ersetzt denken durch eine Reihenschaltung der idealen Drossel L, des rein Ohmschen Widerstandes R und der Kapazität C. Der resultierende Widerstandsoperator dieser Schaltung ist gleich der Summe der einzelnen Widerstandsoperatoren:

$$\mathfrak{Z} = R + j\,\omega\,L + \frac{1}{j\,\omega\,C} .$$

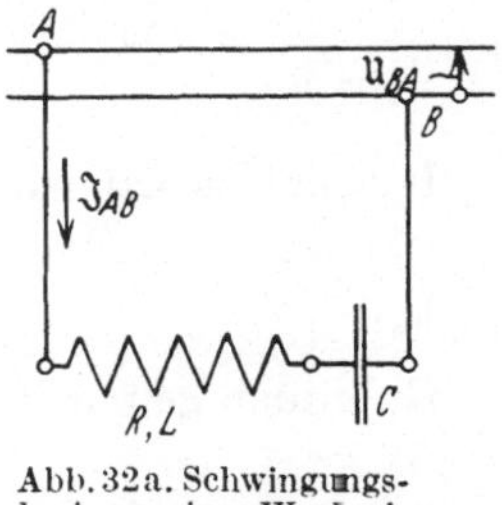

Und daher gemäß (47)

Abb. 32a. Schwingungskreis an einer Wechselspannung.

$$\mathfrak{U}_{AB} = \mathfrak{J}_{AB}\,\mathfrak{Z} = \mathfrak{J}_{AB}\left(R + j\,\omega\,L + \frac{1}{j\,\omega\,C}\right). \tag{48}$$

In der Starkstromtechnik bleibt meist die Spannung konstant, das Verhalten des Stromes wird gesucht. Wir formen also um

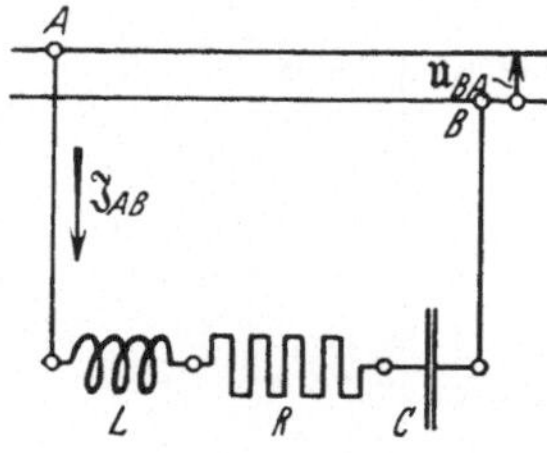

Abb. 32b. Ersatzschaltung für Abb. 32a.

$$\mathfrak{J} = \frac{\mathfrak{u}}{R + j\,\omega\,L + \dfrac{1}{j\,\omega\,C}} \,. \tag{49}$$

Dabei haben wir in (49) zur Vereinfachung der Schreibweise den Index AB fortgelassen. Wir fragen uns zunächst, welche Ortskurve der Strom beschreibt, wenn in der Schaltung der Abb. 32b der Ohmsche Widerstand R verändert wird.

a) Ortskurve des Stromes bei variablem Widerstand R.

Offenbar erleiden unsere Betrachtungen keine Beschränkungen, wenn wir

$$\mathfrak{u} = U \tag{50}$$

setzen. Das heißt ja nur, daß in dem allgemeinen Ansatz

$$\mathfrak{u} = \mathfrak{u}_0\, \varepsilon^{j\omega t} = U\, \varepsilon^{j\varphi_u}\, \varepsilon^{j\omega t} \tag{35}, (37)$$

der Faktor

$$\varepsilon^{j\varphi_u}\, \varepsilon^{j\omega t} = 1$$

gesetzt ist. Eine sehr einfache mögliche Lösung dieser Gleichung ist

$$\varphi_u = 0, \qquad \omega t = 0\,.$$

Wir betrachten also die Verhältnisse zur Zeit $t = 0$ und setzen fest, daß in diesem Zeitpunkt die Phase von $\mathfrak{u}$ auch Null sei. $\mathfrak{u} = U$ ist also ein Vektor in der positiven, reellen Achse. Von der Ortskurve

$$\mathfrak{J} = \frac{U}{R + j\,\omega\,L + \dfrac{1}{j\,\omega\,C}} \tag{51}$$

lassen sich zwei Sonderwerte rasch bestimmen:

1. Für $R = 0$ ist nämlich

$$\mathfrak{J}_0 = \frac{U}{j\,\omega\,L + \dfrac{1}{j\,\omega\,C}} = \frac{U}{j\left(\omega\,L - \dfrac{1}{\omega\,C}\right)} = \frac{-\,j\,U}{\omega\,L - \dfrac{1}{\omega\,C}}$$

Hierbei haben wir zweimal von der Beziehung

$$\frac{1}{j} = \frac{j}{j^2} = \frac{j}{-\,1} = -\,j$$

Gebrauch gemacht. $\mathfrak{J}_0$ liegt also auf alle Fälle senkrecht zu U, und zwar

α) in Nacheilung für $\quad \omega\,L - \dfrac{1}{\omega\,C} > 0\,,$

β) in Voreilung für $\quad \omega\,L - \dfrac{1}{\omega\,C} < 0$

(Abb. 33). Physikalisch heißt das, daß im Fall α) der Einfluß der Induktivität, im Fall β) der der Kapazität überwiegt.

2. für $R = \infty$ wird

$$\mathfrak{J}_\infty = 0 \,.$$

Der Ursprung 0 ist also ein weiterer Punkt der zu erwartenden Ortskurve. Physikalisch bedeutet $R = \infty$ eine völlige Unterbrechung des Schwingungskreises.

Die weiteren Untersuchungen werden zunächst dadurch vereinfacht, daß man (51) umformt in

$$\mathfrak{J} = \frac{1}{\dfrac{R}{U} + \dfrac{j}{U}\left(\omega L - \dfrac{1}{\omega C}\right)} \,. \tag{51'}$$

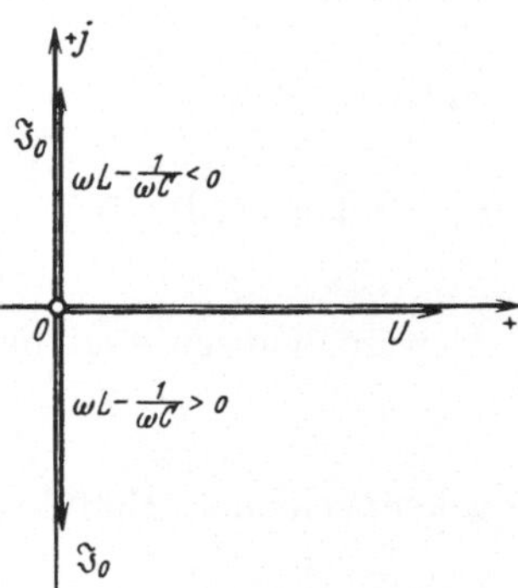

Abb. 33. Strom im Schwingungskreis bei Abwesenheit Ohmschen Widerstandes.

Setzt man

$$\mathfrak{J} \equiv \mathfrak{V}, \quad \frac{R_0}{U} \equiv \mathfrak{d}, \quad \frac{j}{U}\left(\omega L - \frac{1}{\omega C}\right) \equiv \mathfrak{c}, \quad R = R_0\, p,$$

so kann man sagen, daß die Gleichung der erhaltenen Ortskurve formal lautet

$$\mathfrak{V} = \frac{1}{\mathfrak{c} + \mathfrak{d}\, p} \,. \tag{52}$$

In vielen Fällen ist es dann einfacher, erst einmal die Inversion der Ortskurve zu untersuchen. Nach II D f) ist

$$\frac{1}{\mathfrak{V}_k} \quad \text{zu} \quad \mathfrak{V}$$

invers und nach II D e)

$$\mathfrak{V}_k = \frac{1}{\mathfrak{c}_k + \mathfrak{d}_k\, p} \,.$$

Daher ist

$$\mathfrak{V}' = \frac{1}{\mathfrak{V}_k} = \mathfrak{c}_k + \mathfrak{d}_k\, p \tag{53}$$

die Inversion von (52). Die Gleichung (53) ist in II D e) als Gleichung einer Geraden in der Form

$$\mathfrak{g} = \mathfrak{a} + \mathfrak{b}\, p \tag{8}$$

bereits entwickelt worden. Wir erkennen also, daß (52) die Inversion einer Geraden ist. Diese ist im allgemeinen ein Kreis, im besonderen eine Gerade durch das Inversionszentrum.

(Zum Beweis dieser Aussage transformieren wir die Gleichung einer Geraden

$$y = a\,x + b \qquad\qquad (1)$$

mittels

$$x = r\cos\varphi, \qquad y = r\sin\varphi$$

auf Polarkoordinaten

$$r\sin\varphi = a\,r\cos\varphi + b. \qquad\qquad (1')$$

Inverse Kurven sind nun durch

$$\varphi = \varphi', \qquad r\cdot r' = c^2$$

gekennzeichnet. Einführung von φ' und $\mathfrak{r}'$ liefert

$$c^2\,r'\sin\varphi' = a\,c^2\,r'\cos\varphi' + b\,r'^2. \qquad\qquad (2')$$

Rücktransformation auf kartesische Koordinaten mittels

$$r'\cos\varphi' = x, \quad r'\sin\varphi' = y, \quad r'^2 = x^2 + y^2$$

ergibt

$$c^2\,y = a\,c^2\,x + b\,(x^2 + y^2). \qquad\qquad (2)$$

Das ist die Gleichung eines Kreises, wenn $b \neq 0$, d. h., wenn die Gerade (1) nicht durch den Ursprung geht. Es ist jedoch die Gleichung einer Geraden durch den Ursprung, wenn $b = 0$, d. h., wenn (1) durch den Ursprung geht.)

Wir haben also nunmehr zunächst zu entscheiden, ob

$$\mathfrak{B}' = \mathfrak{c}_k + \mathfrak{d}_k\,p \qquad\qquad (53)$$

durch den Ursprung geht oder nicht. In ersterem Fall wäre für irgendeinen reellen Wert p_0 von p

$$\mathfrak{B}' = \mathfrak{c}_k + \mathfrak{d}_k\,p_0 = 0.$$

Aus diesem Ansatz ergibt sich allgemein

$$p_0 = -\,\frac{\mathfrak{c}_k}{\mathfrak{d}_k}.$$

Soll dieser Wert reell sein, so muß nach II C e) α)

$$\gamma = \delta$$

sein. Es war aber

$$\mathfrak{c} \equiv \frac{j}{U}\left(\omega L - \frac{1}{\omega C}\right), \quad \mathfrak{d} \equiv \frac{R_0}{U},$$

folglich

$$\mathfrak{c}_k = -\,\frac{j}{U}\left(\omega L - \frac{1}{\omega C}\right) = \frac{1}{U}\left(\omega L - \frac{1}{\omega C}\right)\varepsilon^{-j\,90^0},$$

$$\mathfrak{d}_k = \frac{R_0}{U} = \frac{R_0}{U}\,\varepsilon^{j\,0^0}.$$

Die Gerade (53) geht daher wegen $\gamma \neq \delta$ nicht durch den Ursprung O, ihre Inversion in bezug auf diesen muß also ein Kreis sein.

Bei dieser Gelegenheit heben wir das soeben gefundene Resultat hervor, daß eine Gerade

$$\mathfrak{B}' = \mathfrak{c}_k + \mathfrak{d}_k\, p \tag{53}$$

nur dann durch den Ursprung geht, wenn

$$\gamma = \delta$$

ist.

In diesem Fall läßt sich (53) schreiben

$$\mathfrak{B} = \varepsilon^{-j\gamma}\,(c + d\,p),$$

woraus ersichtlich, daß $\mathfrak{B} = 0$ wird für den reellen Parameterwert

$$p_0 = -\frac{c}{d}\,.$$

Nachdem wir erkannt haben, daß die Ortskurve (52) einen Kreis darstellt, befassen wir uns mit dessen Festlegung. Um jedoch zu allgemeinen Ergebnissen zu gelangen, suchen wir die Gleichung eines Kreises allgemeiner Lage herzustellen. In Abb. 34 ist ein neuer Ursprung O' eingeführt. Es ist abzulesen

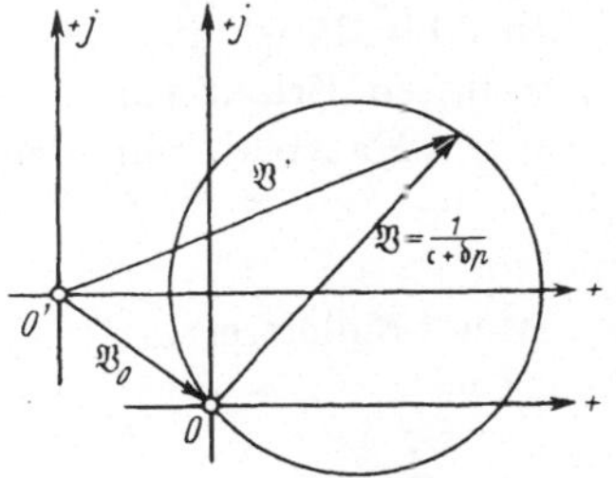

Abb. 34. Zur Ableitung der allgemeinen Kreisgleichung aus der speziellen.

$$\mathfrak{B}' = \mathfrak{B}_0 + \mathfrak{B} = \mathfrak{B}_0 + \frac{1}{c + \mathfrak{d}\,p} = \frac{c\,\mathfrak{B}_0 + \mathfrak{d}\,\mathfrak{B}_0\,p}{c + \mathfrak{d}\,p}\,.$$

Substituiert man

$$c\,\mathfrak{B}_0 = \mathfrak{a}, \qquad \mathfrak{d}\,\mathfrak{B}_0 = \mathfrak{b},$$

so erhält man

$$\mathfrak{B} = \frac{\mathfrak{a} + \mathfrak{b}\,p}{c + \mathfrak{d}\,p} \tag{54}$$

als Gleichung eines Kreises allgemeiner Lage. Hierbei haben wir statt $\mathfrak{B}'$ wieder nur mehr $\mathfrak{B}$ geschrieben. Es ist ohne Schwierigkeiten einzusehen, daß (52) ein Sonderfall von (54) ist, charakterisiert durch

$$\mathfrak{a} = 1, \qquad \mathfrak{b} = 0. \tag{55}$$

Es gibt eine Reihe von Möglichkeiten, (54) bzw. (52) festzulegen, die hier behandelt werden sollen.

1. Gibt man dem Parameter p drei ausgezeichnete Werte p_1, p_2, p_3, so kann man die drei Ortsvektoren

$$\mathfrak{B}_1 = \frac{\mathfrak{a} + \mathfrak{b}\,p_1}{c + \mathfrak{d}\,p_1} \quad \text{bzw.} \quad \mathfrak{B}_1 = \frac{1}{c + \mathfrak{d}\,p_1},$$

$$\mathfrak{B}_2 = \frac{\mathfrak{a} + \mathfrak{b}\,p_2}{c + \mathfrak{d}\,p_2} \quad \text{bzw.} \quad \mathfrak{B}_2 = \frac{1}{c + \mathfrak{d}\,p_2},$$

$$\mathfrak{B}_3 = \frac{\mathfrak{a} + \mathfrak{b}\,p_3}{c + \mathfrak{d}\,p_3} \quad \text{bzw.} \quad \mathfrak{B}_3 = \frac{1}{c + \mathfrak{d}\,p_3}$$

mit den Werten von $\mathfrak{a}$ bis $\mathfrak{b}$ berechnen und durch die Endpunkte der aufgezeichneten Ortsvektoren den **Kreis** legen. Man wird zweckmäßig wählen

$$p_1 = 0, \qquad p_2 = 1, \qquad p_3 = \infty$$

und erhält

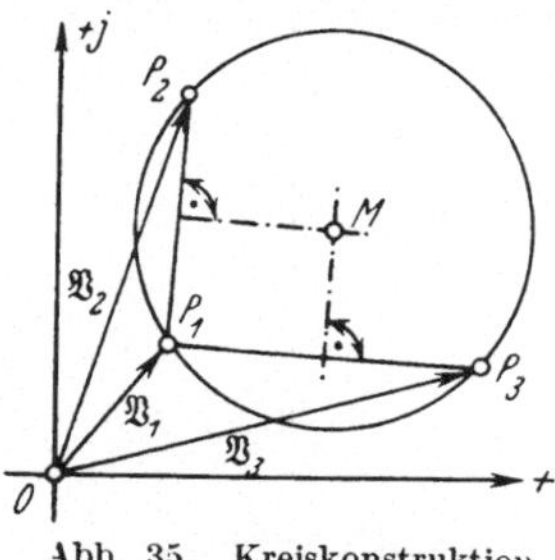

Abb. 35.　Kreiskonstruktion aus 3 Punkten $P_1 \div P_3$.

$$\mathfrak{B}_1 = \frac{\mathfrak{a}}{\mathfrak{c}} \qquad \text{bzw.} \qquad \mathfrak{B}_1 = \frac{1}{\mathfrak{c}},$$

$$\mathfrak{B}_2 = \frac{\mathfrak{a}+\mathfrak{b}}{\mathfrak{c}+\mathfrak{d}} \qquad \text{bzw.} \qquad \mathfrak{B}_2 = \frac{1}{\mathfrak{c}+\mathfrak{d}},$$

$$\mathfrak{B}_3 = \frac{\mathfrak{b}}{\mathfrak{d}} \qquad \text{bzw.} \qquad \mathfrak{B}_3 = 0.$$

In Abb. 35 ist diese Kreiskonstruktion durchgeführt. Sie bedarf keiner weiteren Erläuterung.

2. Hat man von dem Kreis

$$\mathfrak{B} = \frac{\mathfrak{a}+\mathfrak{b}\,p}{\mathfrak{c}+\mathfrak{d}\,p} \tag{54}$$

zwei Sonderwerte

$$\mathfrak{B}_1 = \frac{\mathfrak{a}+\mathfrak{b}\,p_1}{\mathfrak{c}+\mathfrak{d}\,p_1} \quad \text{und} \quad \mathfrak{B}_2 = \frac{\mathfrak{a}+\mathfrak{b}\,p_2}{\mathfrak{c}+\mathfrak{d}\,p_2} \tag{56}$$

bestimmt, so läßt sich der Peripheriewinkel über der durch P_1 und P_2 bestimmten Sehne berechnen. Hierzu führen wir in Abb. 36 noch den laufenden Punkt P ein, für den (54) gilt. Von P_1 weise die Sehne $\mathfrak{S}_1$ nach P, von P die Sehne $\mathfrak{S}_2$ nach P_2. Es ist abzulesen

$$\left.\begin{array}{l} \mathfrak{B}_1 + \mathfrak{S}_1 = \mathfrak{B}, \\ \mathfrak{B} + \mathfrak{S}_2 = \mathfrak{B}_2. \end{array}\right\} \tag{57}$$

Aus (57) folgt

$$\frac{\mathfrak{S}_1}{\mathfrak{S}_2} = \frac{\mathfrak{B}-\mathfrak{B}_1}{\mathfrak{B}_2-\mathfrak{B}}. \tag{58}$$

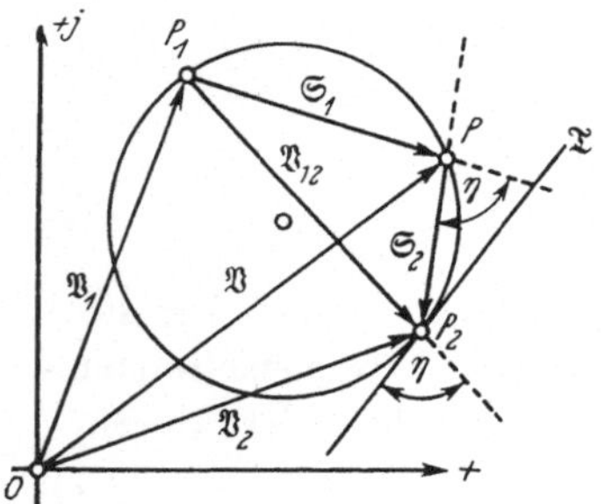

Abb. 36.　Kreiskonstruktion aus 2 Punkten P_1 und P_2 und dem Peripheriewinkel $180° - \eta$.

Das Argument η dieses Quotienten ist nach den Regeln der Division der Winkel zwischen $\mathfrak{S}_1$ und $\mathfrak{S}_2$ und damit Supplementwinkel zu dem gesuchten Peripheriewinkel. Setzt man in (58) die Werte von $\mathfrak{B}$, $\mathfrak{B}_1$ und $\mathfrak{B}_2$ aus (54) und (56) ein, so ergibt sich nach einfachen Zwischenrechnungen

$$\frac{\mathfrak{S}_1}{\mathfrak{S}_2} = \frac{(\mathfrak{c}+\mathfrak{d}\,p_2)(p-p_1)}{(\mathfrak{c}+\mathfrak{d}\,p_1)(p_2-p)}. \tag{59}$$

Dieser Ausdruck gilt gleichzeitig für den Kreis (52) mit, weil er $\mathfrak{a}$ und $\mathfrak{b}$

nicht enthält. Man wählt praktisch $p_1 = 0$, $p_2 = \infty$ und erhält — allerdings nur für diesen Fall —

$$\frac{\mathfrak{S}_1}{\mathfrak{S}_2} = \frac{\mathfrak{d}}{\mathfrak{c}}\, p = \frac{d\,p}{c}\, \varepsilon^{j(\delta-\gamma)}, \tag{60}$$

$$\eta = \delta - \gamma. \tag{61}$$

Der Winkel zwischen den positiven Richtungen der Sehnen $\mathfrak{S}_1$ und $\mathfrak{S}_2$ ist die Differenz der Argumente der Nennerkomplexen! (61) gilt ebenfalls für beide Kreise (52) und (54).

$\delta - \gamma > 0$ bedeutet, wie aus $\mathfrak{S}_1 = \mathfrak{S}_2 \dfrac{d\,p}{c}\, \varepsilon^{j\eta}$ hervorgeht, daß $\mathfrak{S}_1$ vor $\mathfrak{S}_2$ voreilt.

$\delta - \gamma < 0$ bedeutet Nacheilung von $\mathfrak{S}_1$ hinter $\mathfrak{S}_2$.

Nachdem η gefunden ist, läßt sich auf Grund des Sehnentangentensatzes der Kreismittelpunkt finden. Wandert nämlich P nach P_2, so geht $\mathfrak{S}_2$ in die Richtung der Tangente $\mathfrak{T}$ über, $\mathfrak{S}_1$ in $\mathfrak{B}_{12}$.

Der Winkel η erscheint als Sehnentangentenwinkel und ist als solcher gleich dem Peripheriewinkel über der Sehne $P_1 P_2$. Diese Sehne wird für den Kreis (52), wenn $p_1 = 0$, $p_2 = \infty$ gewählt wird, wegen

$$\mathfrak{B}_1 = \frac{1}{c}, \qquad \mathfrak{B}_2 = 0$$

$P_1 P_2 = -\mathfrak{B}_1$! Dies erhellt aus Abb. 36, wenn man O mit P_2 zusammenfallen, $\mathfrak{B}_2$ also Null werden läßt. Die Kreiskonstruktion ist in Abb. 37 ausgeführt. Wir befassen

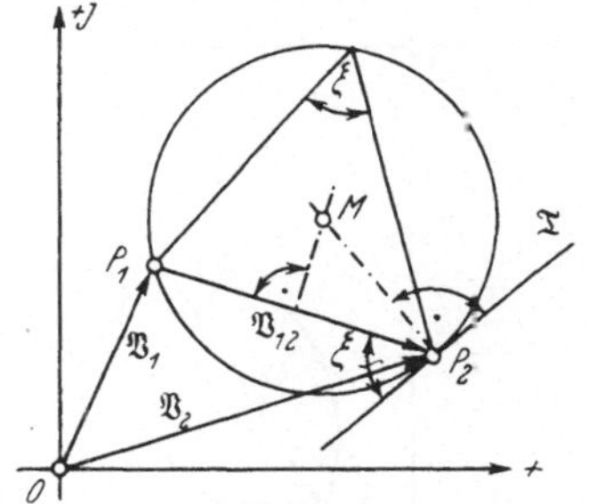

Abb. 37. Kreiskonstruktion aus 2 Punkten P_1 und P_2 und dem Peripheriewinkel ξ.

uns nun mit dem Zusammenhang, der zwischen dem Umlaufssinn eines Kreises für wachsende p-Werte, der Größe und dem Vorzeichen von η und der Lage des Kreiszentrums M in bezug auf die Sehne $P_1 P_2 = \mathfrak{B}_{12}$ besteht. Hierzu betrachten wir die vier Abbildungen 38a bis d. Dort ist für jede eine Sehne $\mathfrak{B}_{12}$ gezeichnet, die zugehörigen Ortsvektoren $\mathfrak{B}_1$ und $\mathfrak{B}_2$*, und die Sehnen $\mathfrak{S}_1$ und $\mathfrak{S}_2$, letztere für zwei verschiedene Umlaufssinne.

Man ersieht aus diesen Abbildungen zwanglos: Stellt man sich als Betrachter in die Winkelscheitel $P_{(+)}$, so liegt P_1 rechts von P_2. Gleichzeitig ist für alle diese Fälle $\eta > 0^0$. Ist ferner $0^0 < \eta < +90^0$, so liegt die Sehne $P_1 P_2 = \mathfrak{B}_{12}$ zwischen dem Betrachter und dem gesuchten Kreiszentrum, ist aber $+90^0 < \eta < +180^0$, so liegt das gesuchte Kreiszentrum zwischen der Sehne $P_1 P_2 = \mathfrak{B}_{12}$ und dem Betrachter.

---

* Es sei $p_2 > p > p_1$ angenommen, $p_1 > 0$.

Stellt man sich als Betrachter in die Winkelscheitel $P_{(-)}$, so liegt P_1 links von P_2. Gleichzeitig ist für alle diese Fälle $\eta < 0^0$. Ist ferner $0^0 > \eta > -90^0$, so liegt die Sehne $P_1 P_2 = \mathfrak{V}_{12}$ zwischen dem Betrachter und dem gesuchten Kreiszentrum, ist aber $-90^0 > \eta > -180^0$, so liegt das gesuchte Kreiszentrum zwischen der Sehne $P_1 P_2 = \mathfrak{V}_{12}$ und dem Betrachter.

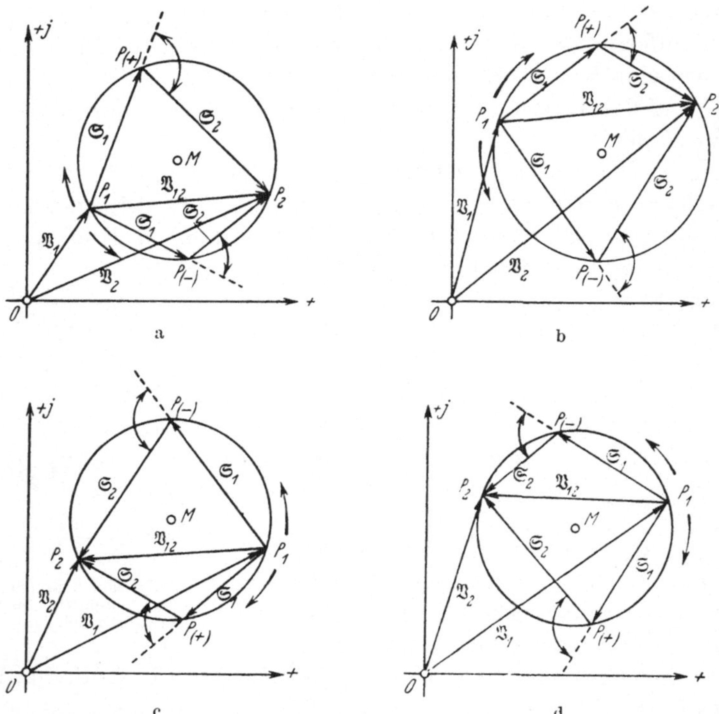

Abb. 38 a bis d. Kreis aus 2 Punkten P_1 und P_2 und dem Winkel zwischen den Sehnen $\mathfrak{S}_1$ und $\mathfrak{S}_2$.

Beschränken wir unsere Betrachtungen auf spitze und stumpfe Winkel η (ein Winkel $\eta = +240^0$ ist nämlich identisch mit einem Winkel $\eta = -120^0$, ein Winkel $\eta = -330^0$ identisch mit $\eta = +30^0$!), so können wir die Regel aufstellen:

Für positives η liegt P_1 rechts von P_2, für negatives η liegt P_1 links von P_2. Für spitzes η liegt die Sehne $P_1 P_2 = \mathfrak{V}_{12}$ zwischen dem Betrachter und dem gesuchten Kreiszentrum, für stumpfes liegt das gesuchte Kreiszentrum zwischen der Sehne $P_1 P_2 = \mathfrak{V}_{12}$ und dem Betrachter.

Es gibt eine Reihe von Methoden, das Argument von

$$\frac{\mathfrak{S}_1}{\mathfrak{S}_2} = \frac{(\mathfrak{c} + \mathfrak{d} p_2)(p - p_1)}{(\mathfrak{c} + \mathfrak{d} p_1)(p_2 - p)} \tag{59}$$

durch geeignete Wahl von p_1 und p_2 so zu beeinflussen, daß die Festlegung des Kreises recht einfach wird. Wir werden bei den behandelten Beispielen darauf zurückkommen und verweisen im übrigen auf die am Schluß des Buches angegebene Literatur.

3. Obgleich nun der Kreis (54)

$$\mathfrak{B} = \frac{\mathfrak{a} + \mathfrak{b}\, p}{\mathfrak{c} + \mathfrak{d}\, p}, \qquad (54)$$

bzw. (52)

$$\mathfrak{B} = \frac{1}{\mathfrak{c} + \mathfrak{d}\, p} \qquad (52)$$

mit hinreichender Genauigkeit festgelegt zu sein scheint, ist es in vielen Fällen wünschenswert, den Ortsvektor nach dem Kreismittelpunkt, und den Kreisradius aus den komplexen Konstanten $\mathfrak{a}$ bis $\mathfrak{d}$ zu errechnen.

Man kann den Durchmesser des Kreises

$$\mathfrak{B} = \frac{1}{\mathfrak{c} + \mathfrak{d}\, p}$$

finden, indem man den Wert p sucht, für den der Absolutwert von $\mathfrak{B}$ ein Maximum ist. Die Aufgabe ist mit der Differentialrechnung lösbar. Setzt man den errechneten Wert von p in (52) ein, so ergibt sich der Durchmesser $\mathfrak{B}_{\max}$. Auf seiner Mitte liegt das Kreiszentrum.

Radius und Kreiszentrum der Kreise (54) und (52)

$$\mathfrak{B} = \frac{\mathfrak{a} + \mathfrak{b}\, p}{\mathfrak{c} + \mathfrak{d}\, p}, \qquad (54)$$

$$\mathfrak{B} = \frac{1}{\mathfrak{c} + \mathfrak{d}\, p} \qquad (52)$$

sind auch auffindbar, wenn man mit Hilfe von

$$\mathfrak{B} = x + j\, y$$

auf kartesische Koordinaten übergeht. Die Spaltung in Real- und Imaginärteil ergibt zunächst eine Darstellung von x und y durch den Parameter p, seine Elimination endlich die Kreisgleichung in der Form

$$f(x, y) = 0,$$

aus der in bekannter Weise die Koordinaten des Kreiszentrums und der Radius abgelesen werden können.

Beide soeben skizzierten Wege sind von verschiedenen Autoren beschritten worden. Sie verlassen den Boden der komplexen Rechnung. Wir bringen hier eine andere Entwicklung: Betrachtet man den Kreis

$$\mathfrak{B} = \frac{\mathfrak{c}_k + \mathfrak{d}_k\, p}{\mathfrak{c} + \mathfrak{d}\, p}, \qquad (62)$$

so ergibt die ausführliche Schreibweise

$$\mathfrak{B} = \frac{c_1 - j\, c_2 + d_1\, p - j\, d_2\, p}{c_1 + j\, c_2 + d_1\, p + j\, d_2\, p},$$

und die naheliegende Substitution

$$c_1 + j\,c_2 + d_1\,p + j\,d_2\,p = l\,\varepsilon^{+j\omega}, \left.\right\}$$
$$c_1 - j\,c_2 + d_1\,p - j\,d_2\,p = l\,\varepsilon^{-j\omega}, \tag{63}$$

wobei

$$l = \sqrt{(c_1 + d_1\,p)^2 + (c_2 + d_2\,p)^2}\,, \left.\right\}$$
$$\mathrm{tg}\,\omega = \frac{c_2 + d_2\,p}{c_1 + d_1\,p}\,, \tag{64}$$

für (62) sehr einfach

$$\mathfrak{B} = \varepsilon^{-j\,2\,\omega}. \tag{65}$$

ω ist mit $\mathrm{tg}\,\omega$ gemäß (64) von p abhängig. (65) stellt demnach einen Vektor von der absoluten Länge 1 dar, dessen Phase $2\,\omega$ mit der Veränderung von p alle Werte von 0 bis $2\,\pi$ annimmt. M. a. W., (65) stellt den Einheitskreis um den Ursprung dar (Abb. 39).

Multipliziert man daher (62) mit einer beliebigen Komplexen $\mathfrak{r}$, so stellt

$$\mathfrak{B}' = \mathfrak{r}\,\frac{\mathfrak{c}_k + \mathfrak{d}_k\,p}{\mathfrak{c} + \mathfrak{d}\,p} = \mathfrak{r}\,\varepsilon^{-j\,2\,\omega} \tag{66}$$

einen Kreis mit Radius $\mathfrak{r}$ um den Ursprung O dar. Dieser Kreis wird zu einem solchen allgemeiner Lage, wenn wir zu (66) die beliebige Verschiebung $\mathfrak{m}$ addieren. Diese Verschiebung $\mathfrak{m}$ ist dann gleichzeitig der Ortsvektor aus dem neuen Ursprung O' nach dem Kreiszentrum (Abb. 39)

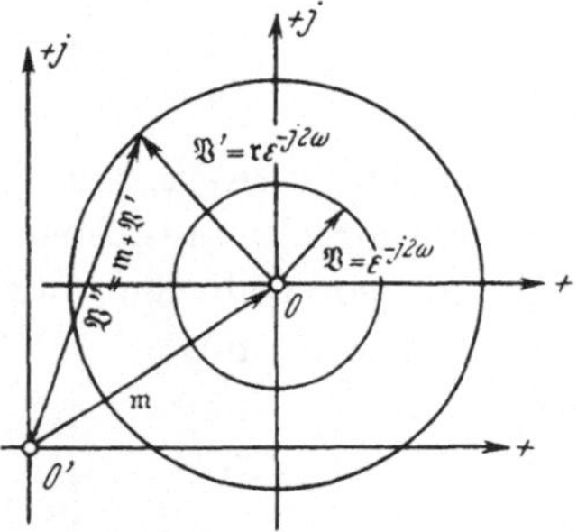

Abb. 39. Einheitskreis $\mathfrak{B}$ um O, Kreis $\mathfrak{B}'$ mit Radius r um O, Kreis $\mathfrak{B}'' = \mathfrak{m} + \mathfrak{B}'$ in allgemeiner Lage, neuer Ursprung O'.

$$\mathfrak{B}'' = \mathfrak{m} + \mathfrak{B}' = \mathfrak{m} + \mathfrak{r}\,\frac{\mathfrak{c}_k + \mathfrak{d}_k\,p}{\mathfrak{c} + \mathfrak{d}\,p} = \mathfrak{m} + \mathfrak{r}\,\varepsilon^{-j\,2\,\omega}. \tag{67}$$

Die Umformung

$$\mathfrak{B}'' = \frac{\mathfrak{m}\,\mathfrak{c} + \mathfrak{r}\,\mathfrak{c}_k + (\mathfrak{m}\,\mathfrak{d} + \mathfrak{r}\,\mathfrak{d}_k)\,p}{\mathfrak{c} + \mathfrak{d}\,p}$$

und die Substitutionen

$$\mathfrak{a} = \mathfrak{m}\,\mathfrak{c} + \mathfrak{r}\,\mathfrak{c}_k, \left.\right\}$$
$$\mathfrak{b} = \mathfrak{m}\,\mathfrak{d} + \mathfrak{r}\,\mathfrak{d}_k \tag{68}$$

ergeben die altbekannte Form der Kreisgleichung (54)

$$\mathfrak{B} = \frac{\mathfrak{a} + \mathfrak{b}\,p}{\mathfrak{c} + \mathfrak{d}\,p}, \tag{54}$$

wobei wieder $\mathfrak{B}$ statt $\mathfrak{B}''$ geschrieben ist.

Die Substitutionsgleichungen (68) sind aber für uns von besonderer Wichtigkeit, da sie einen Zusammenhang geben zwischen den Komplexen $\mathfrak{a}$ bis $\mathfrak{b}$, dem Radius $\mathfrak{r}$ und dem Ortsvektor $\mathfrak{m}$ nach dem Zentrum M. (68) liefert nach $\mathfrak{m}$ bzw. $\mathfrak{r}$ aufgelöst

$$\mathfrak{m} = \frac{\mathfrak{a}\,\mathfrak{b}_k - \mathfrak{b}\,\mathfrak{c}_k}{\mathfrak{c}\,\mathfrak{b}_k - \mathfrak{c}_k\,\mathfrak{b}}, \tag{69}$$

$$\mathfrak{r} = \frac{\mathfrak{a}\,\mathfrak{b} - \mathfrak{b}\,\mathfrak{c}}{\mathfrak{c}_k\,\mathfrak{b} - \mathfrak{c}\,\mathfrak{b}_k}. \tag{70}$$

Der Absolutwert von (70) ist der Radius r. Zu (69) und (70) ist zu bemerken, daß der Nenner als Differenz zweier konjugiert Komplexen rein imaginär ist. Die Ausdrücke (69) und (70) liefern für den Kreis

$$\mathfrak{B} = \frac{1}{\mathfrak{c} + \mathfrak{d}\,p}, \tag{52}$$

für den $\mathfrak{a} = 1$, $\mathfrak{b} = 0$ war,

$$\mathfrak{m} = \frac{\mathfrak{b}_k}{\mathfrak{c}\,\mathfrak{b}_k - \mathfrak{c}_k\,\mathfrak{b}}, \tag{69'}$$

$$\mathfrak{r} = \frac{\mathfrak{b}}{\mathfrak{c}_k\,\mathfrak{b} - \mathfrak{c}\,\mathfrak{b}_k}. \tag{70'}$$

4. Es verbleibt als letzte Aufgabe die Festlegung der p-Skala auf den Kreisen (54) bzw. (52). Führt man an (54) die geforderte Division aus, so ergibt sich

$$(\mathfrak{b}\,p + \mathfrak{a}) : (\mathfrak{d}\,p + \mathfrak{c}) = \frac{\mathfrak{b}}{\mathfrak{d}} + \frac{\mathfrak{a} - \dfrac{\mathfrak{b}\,\mathfrak{c}}{\mathfrak{d}}}{\mathfrak{c} + \mathfrak{d}\,p}. \tag{71}$$

Hierin ist

$$\frac{\mathfrak{b}}{\mathfrak{d}} = \mathfrak{B}_\infty = \left(\frac{\mathfrak{a} + \mathfrak{b}\,p}{\mathfrak{c} + \mathfrak{d}\,p}\right)_{p=\infty}.$$

Substituiert man noch

$$\frac{\mathfrak{c}}{\mathfrak{a} - \dfrac{\mathfrak{b}\,\mathfrak{c}}{\mathfrak{d}}} = \mathfrak{C}, \qquad \frac{\mathfrak{d}}{\mathfrak{a} = \dfrac{\mathfrak{b}\,\mathfrak{c}}{\mathfrak{d}}} = \mathfrak{D}, \tag{72}$$

so wird

$$\mathfrak{B} = \mathfrak{B}_\infty + \frac{1}{\mathfrak{C} + \mathfrak{D}\,p}, \tag{54'}$$

d. h. der Kreis

$$\mathfrak{B} = \frac{\mathfrak{a} + \mathfrak{b}\,p}{\mathfrak{c} + \mathfrak{d}\,p} \tag{54}$$

verhält sich in bezug auf den Punkt P_∞ als neuen Ursprung so, wie der Kreis (52)

$$\mathfrak{B} = \frac{1}{\mathfrak{c} + \mathfrak{d}\,p} \tag{52}$$

in bezug auf den Ursprung O (Abb. 40a und b). Der Kreis (54)

$$\mathfrak{B} = \frac{\mathfrak{a} + \mathfrak{b}\,p}{\mathfrak{c} + \mathfrak{d}\,p} = \mathfrak{B}_\infty + \frac{1}{\mathfrak{C} + \mathfrak{D}\,p} \tag{54}, \tag{54'}$$

ist die Inversion der Geraden

$$\mathfrak{g} = \mathfrak{C}_k + \mathfrak{D}_k p$$

in bezug auf den Punkt P_∞, ebenso wie der Kreis (52)

$$\mathfrak{V} = \frac{1}{\mathfrak{c} + \mathfrak{d}\,p} \tag{52}$$

die Inversion der Geraden

$$\mathfrak{g} = \mathfrak{c}_k + \mathfrak{d}_k p$$

in bezug auf O ist.

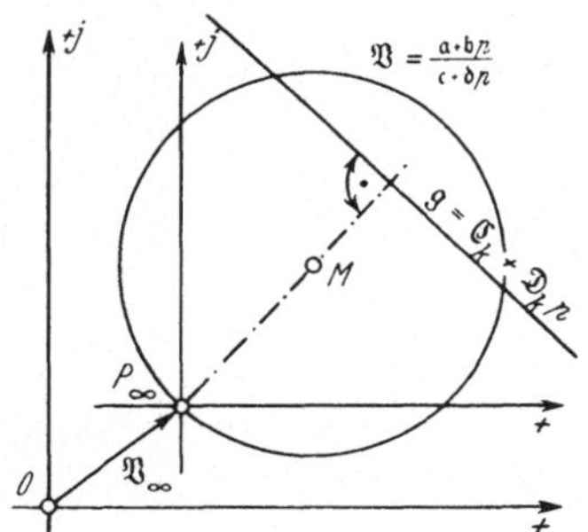

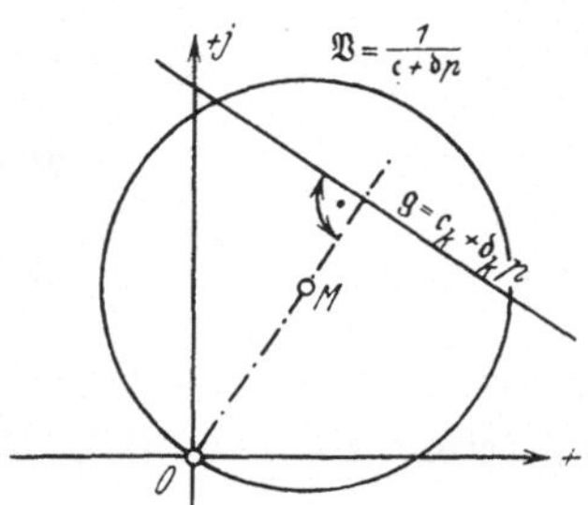

Abb. 40a. Der Kreis $\mathfrak{V} = \dfrac{a + b\,p}{c + d\,p}$ und seine Inversion $\mathfrak{g} = \mathfrak{C}_k + \mathfrak{D}_k p$. · Abb. 40b. Der Kreis $\mathfrak{V} = \dfrac{1}{c + d\,p}$ durch O und seine Inversion $\mathfrak{g} = \mathfrak{c}_k + \mathfrak{d}_k p$.

Es genügt daher, die Skala auf dem Kreis

$$\mathfrak{V} = \frac{1}{\mathfrak{c} + \mathfrak{d}\,p} \tag{52}$$

festzulegen. Hierzu betrachten wir die Inversion von (52), die Gerade

$$\mathfrak{g} = \frac{1}{\mathfrak{V}_k} = \mathfrak{c}_k + \mathfrak{d}_k p \,.$$

Sie ist in Abb. 41 für beliebige Werte von $\mathfrak{c}_k$ und $\mathfrak{d}_k$ (Spiegelbilder von $\mathfrak{c}$ und $\mathfrak{d}$ gemäß II D) gezeichnet und einige p-Werte sind auf ihr markiert. Die p-Skala ist linear. Der Grundkreis der Inversion [II E h) 2, Abb. 14], dessen Radius c gleich der Wurzel aus der Inversionspotenz c^2 ist, schneidet $\mathfrak{g}$ in den beiden Punkten Q_1 und Q_2. Da diese, wie früher schon hervorgehoben, als Punkte des Grundkreises zu sich selbst invers sind, sind sie auch Punkte des gesuchten Kreises. Dessen Zentrum liegt nun auf der Mittelsenkrechten auf $Q_1 Q_2$. Da nun

$$O\,Q_1 = O\,Q_2\,,$$

so geht diese Mittelsenkrechte durch O hindurch. Wir finden also den wichtigen Satz:

Das Zentrum eines Kreises liegt auf der Senkrechten, die aus dem Inversionszentrum auf die zu dem Kreis inverse Gerade zu fällen ist. Außerdem liegt M auf der Mittelsenkrechten auf OQ_1 (und auch auf der Mittelsenkrechten auf OQ_2).

Den zu dem Punkt $p = +1$ auf der Geraden $\mathfrak{g}$ inversen Punkt $p = +1$ auf dem Kreise $\mathfrak{P}$ findet man, indem man O mit $+1$ auf $\mathfrak{g}$ verbindet und diese Linie nötigenfalls bis zum Schnitt P_1 mit dem Kreis $\mathfrak{P}$ verlängert. Diese Konstruktion ist in Abb. 41 lediglich am Punkte $p = +1$ gezeigt, um die Abbildung nicht zu überlasten.

Wir bezeichnen die Gerade $\mathfrak{g}$, die die Inversion von $\mathfrak{P}$ ist, schlechthin als Parameterskala. Die Umkehrung des soeben ausgesprochenen Satzes liefert:

Die Parameterskala liegt senkrecht zu der Verbindungslinie Inversionszentrum—Kreiszentrum.

Die von O nach den Punkten $p = 0, \pm 1, \pm 2, \ldots$, der Geraden $\mathfrak{g}$ gezogenen Strahlen schneiden nach geometrischen Gesetzen auf jeder zu $\mathfrak{g}$ parallelen Geraden ebenfalls gleiche Stücke

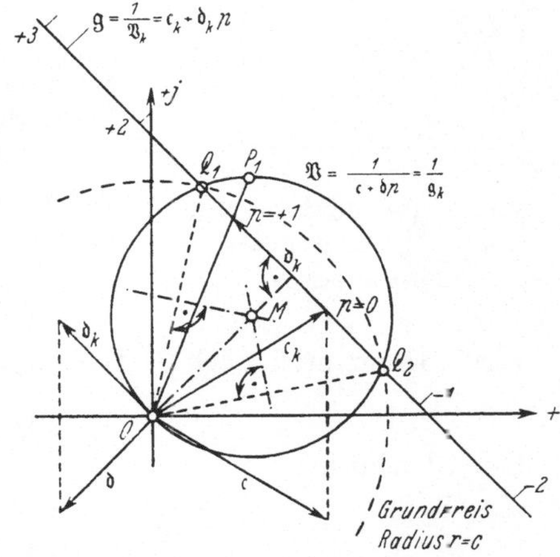

Abb. 41. Der Kreis $\mathfrak{P} = \dfrac{1}{c + bp}$ und seine Inversion $\mathfrak{g} = c_k + b_k\,p$.

ab. Ihre Länge kann dadurch bestimmt werden, daß man aus dem Inversionszentrum die Strahlen $\mathfrak{P}_\mu$ und $\mathfrak{P}_{\mu+}$ zieht. Zweckmäßig wird man $\mu = 0$ wählen.

Das soeben Dargelegte erläutert Abb. 42 nochmals, und zwar gleich an dem Kreise

$$\mathfrak{P} = \frac{\mathfrak{a} + \mathfrak{b}\,p}{c + \mathfrak{b}\,p}. \tag{54}$$

Wir hatten nachgewiesen, daß er die Inversion einer Geraden in bezug auf den Punkt P_∞ war, der zu

$$\mathfrak{P}_\infty = \frac{\mathfrak{b}}{\mathfrak{b}}$$

gehört. Er ist in Abb. 42 eingezeichnet. Zieht man $P_\infty M$, so weiß man von dieser Linie, daß sie senkrecht zu unserer gesuchten Parameterskala liegt. Wir können daher als Parameterskala die Gerade $\mathfrak{g}_1$ oder $\mathfrak{g}_2$ wählen. Der Maßstab für p ist auf beiden Geraden verschieden. Zeichnet man $\mathfrak{P}_0$ und $\mathfrak{P}_1$ ein, so liefern die Geraden $P_\infty P_0$ und $P_\infty P_1$ den gesuchten Maßstab für p. Die Skalen auf $\mathfrak{g}_1$ und $\mathfrak{g}_2$ können nun vervollständigt und rückwärts die Kreispunkte P_α, P_β, P_γ, ... gefunden werden. In Abb. 42 ist der Kreispunkt P_γ konstruiert.

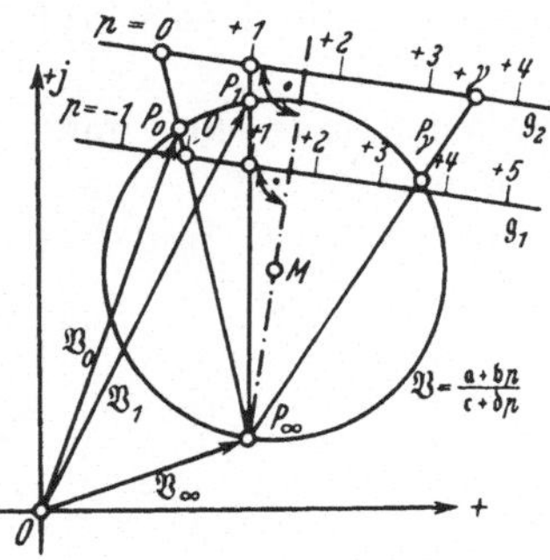

Abb. 42. Der allgemeine Kreis $\mathfrak{B} = \dfrac{\mathfrak{a} + \mathfrak{b}p}{\mathfrak{c} + \mathfrak{b}p}$ und 2 Parameterskalen $\mathfrak{g}_1$ bzw. $\mathfrak{g}_2$.

5. Um zu einem gewissen Abschluß der Betrachtungen über die Kreise (54) und (52)

$$\mathfrak{B} = \frac{\mathfrak{a} + \mathfrak{b}\,p}{\mathfrak{c} + \mathfrak{b}p}\,, \tag{54}$$

$$\mathfrak{B} = \frac{1}{\mathfrak{c} + \mathfrak{b}p} \tag{52}$$

zu kommen, besprechen wir noch einige Sonderlagen:

α) Der Kreis (54) schneidet die reelle Achse, wenn Parameterwerte p existieren, für die

$$\mathfrak{B} = \frac{\mathfrak{a} + \mathfrak{b}\,p}{\mathfrak{c} + \mathfrak{b}p} = \text{rein reell}$$

wird. Dann muß nach II D e) gelten

$$\mathfrak{B} - \mathfrak{B}_k = 0\,.$$

Die Gleichung

$$\mathfrak{B} - \mathfrak{B}_k = \frac{\mathfrak{a} + \mathfrak{b}\,p}{\mathfrak{c} + \mathfrak{b}p} - \frac{\mathfrak{a}_k + \mathfrak{b}_k\,p}{\mathfrak{c}_k + \mathfrak{b}_k\,p} = 0$$

ergibt nun 2, 1 oder gar keinen reellen Wert für p, je nachdem der Kreis die reelle Achse schneidet, berührt oder meidet. Für Kreis (52) liefern die gleichen Betrachtungen entweder 2 oder 1 reellen Wert von p. Hiervon ist der eine bestimmt $p = \infty$, da dem Ursprung O, dem Schnittpunkt der Achsen, $p = \infty$ zukommt.

β) Der Kreis (54) schneidet die imaginäre Achse, wenn Parameterwerte p existieren, für die

$$\mathfrak{B} = \frac{\mathfrak{a} + \mathfrak{b}\,p}{\mathfrak{c} + \mathfrak{b}p} = \text{rein imaginär}$$

wird. Dann muß nach II D e) gelten

$$\mathfrak{B} + \mathfrak{B}_k = 0\,.$$

Die Gleichung

$$\mathfrak{B} + \mathfrak{B}_k = \frac{\mathfrak{a} + \mathfrak{b}\,p}{\mathfrak{c} + \mathfrak{b}p} + \frac{\mathfrak{a}_r + \mathfrak{b}_k\,p}{\mathfrak{c}_k + \mathfrak{b}_k p} = 0$$

ergibt nun 2, 1 oder gar keinen reellen Wert für p, je nachdem der Kreis die imaginäre Achse schneidet, berührt oder meidet. Für Kreis (52) liefern die gleichen Betrachtungen entweder 2 oder 1 reellen Wert von p. Hiervon ist der eine bestimmt $p = \infty$.

γ) Der Kreis (52)

$$\mathfrak{V} = \frac{1}{c + \mathfrak{d}\,p} \tag{52}$$

stellt insofern einen Sonderfall dar, als für ihn

$$\mathfrak{V} = 0 \quad \text{bei} \quad p = \infty\,.$$

Er geht also bei $p = \infty$ durch den Ursprung. Für den Kreis (54)

$$\mathfrak{V} = \frac{\mathfrak{a} + \mathfrak{b}\,p}{c + \mathfrak{d}\,p} \tag{54}$$

war

$$\mathfrak{V}_0 = \frac{\mathfrak{a}}{c}\,.$$

Er geht also für den Parameter $p = 0$ durch den Ursprung, wenn $\mathfrak{a} = 0$.

$$\mathfrak{V} = \frac{\mathfrak{b}\,p}{c + \mathfrak{d}\,p}$$

stellt somit einen Kreis dar, der für $p = 0$ durch den Ursprung geht.

δ) Der Kreis (54)

$$\mathfrak{V} = \frac{\mathfrak{a} + \mathfrak{b}\,p}{c + \mathfrak{d}\,p} \tag{54}$$

geht allgemein durch den Ursprung, wenn für einen reellen Wert $p = p_0$

$$\mathfrak{a} + \mathfrak{b}\,p_0 = 0$$

erfüllt ist. (73) zerfällt in die beiden Gleichungen

$$a_1 + b_1 p_0 = 0\,,$$
$$a_2 + b_2 p_0 = 0\,,$$

deren gleichzeitige Existenz an die Bedingung

$$p_0 = -\frac{a_1}{b_1} = -\frac{a_2}{b_2} \tag{74}$$

oder an das Verschwinden der Determinante

$$D = \begin{vmatrix} a_1 & b_1 \\ a_2 & b_2 \end{vmatrix} \tag{74'}$$

geknüpft ist. (74) bzw. (74') liefern

$$\frac{a_2}{a_1} = \frac{b_2}{b_1}\,,$$
$$\alpha = \beta\,.$$

Der Kreis (54) geht also durch den Ursprung, wenn die Zählerkomplexen gleiches Argument besitzen. Man kann dann schreiben

$$\mathfrak{V} = \frac{\varepsilon^{j\alpha}(a + b\,p)}{c + \mathfrak{d}\,p}$$

und findet $\mathfrak{V} = 0$ für $p = -\frac{a}{b}$.

6. Die Gleichung der Kreistangente entwickeln wir auf Grund einer allgemeinen Betrachtung, die wir an der Ortskurve

$$\mathfrak{V} = \mathfrak{F}(p)$$

(Abb. 43) anstellen. Dort ist

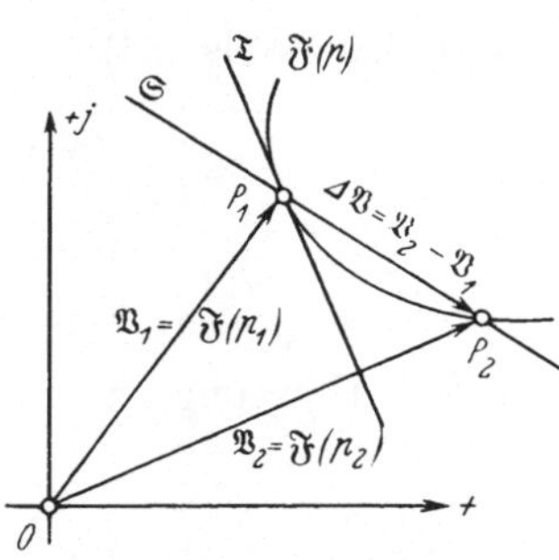

Abb. 43. Zum Tangentenproblem.

$$\mathfrak{V}_1 = \mathfrak{F}(p_1) \quad \text{und} \quad \mathfrak{V}_2 = \mathfrak{F}(p_2)$$

gezeichnet. Ferner ist abzulesen, daß

$$\mathfrak{V}_1 + \varDelta\mathfrak{V} = \mathfrak{V}_2 .$$

$\varDelta\mathfrak{V}$ gibt die Richtung der durch P_1 und P_2 gelegten Sekante $\mathfrak{S}$ an. Nähert sich P_2 dem Punkte P_1, so geht $\varDelta\mathfrak{V}$ über in $d\mathfrak{V}$ und gibt nunmehr die Richtung der Tangente $\mathfrak{T}$ in P_1 an. Hiermit hat, da dp rein reell ist, auch $\dfrac{d\mathfrak{V}}{dp}$ gleiche Richtung. Ist also ϱ ein veränderlicher reeller Parameter, so gibt

$$\mathfrak{T} = \mathfrak{V}_1 + \left(\frac{d\mathfrak{V}}{dp}\right)_{p=p_1} \cdot \varrho \tag{75}$$

die Gleichung der Tangente an. Für $\varrho = 0$ wird nämlich $\mathfrak{T}_0 = \mathfrak{V}_1$. Die Tangente geht also durch den Kurvenpunkt P_1 hindurch.

Die Richtung der Kreistangente ergibt sich hiernach aus (54)

$$\mathfrak{V} = \frac{\mathfrak{a} + \mathfrak{b}p}{\mathfrak{c} + \mathfrak{d}p} \tag{54}$$

als Richtung von

$$\frac{d\mathfrak{V}}{dp} = \frac{\mathfrak{b}(\mathfrak{c} + \mathfrak{d}p) - \mathfrak{d}(\mathfrak{a} + \mathfrak{b}p)}{(\mathfrak{c} + \mathfrak{d}p)^2} = \frac{\mathfrak{b}\mathfrak{c} - \mathfrak{a}\mathfrak{d}}{(\mathfrak{c} + \mathfrak{d}p)^2} . \tag{76}$$

Spezielle Werte hiervon sind

a)
$$\left(\frac{d\mathfrak{V}}{dp}\right)_{p=0} = \frac{\mathfrak{b}\mathfrak{c} - \mathfrak{a}\mathfrak{d}}{\mathfrak{c}^2} .$$

b) An der Stelle $p = \infty$ ergibt sich die Richtung der Tangente nach einer kleinen Umformung der rechten Seite von (76) in

$$\left(\frac{d\mathfrak{V}}{dp}\right)_{p=\infty} = -\frac{\mathfrak{b}\mathfrak{c} - \mathfrak{a}\mathfrak{d}}{p^2\left(\dfrac{\mathfrak{c}}{p} + \mathfrak{d}\right)^2} .$$

Es haben aber $\dfrac{d\mathfrak{V}}{dp}$ und $p^2 \dfrac{d\mathfrak{V}}{dp}$ das gleiche Argument. Somit ist

$$\left(p^2 \frac{d\mathfrak{V}}{dp}\right)_{p=\infty} = \frac{\mathfrak{b}\mathfrak{c} - \mathfrak{a}\mathfrak{d}}{\mathfrak{d}^2} .$$

Wir kehren jetzt zu unserem Schwingungskreis (Abb. 32) zurück. Die Gleichung des Stromes war

$$\mathfrak{J} = \frac{U}{R + j\,\omega\,L + \dfrac{1}{j\,\omega\,C}} \qquad (51)$$

bzw.

$$\mathfrak{B} = \frac{1}{\mathfrak{c} + \mathfrak{d}\,p} \qquad (52)$$

mit

$$\mathfrak{J} \equiv \mathfrak{B}, \quad \frac{R_0}{U} \equiv \mathfrak{d}, \quad \frac{j}{U}\left(\omega L - \frac{1}{\omega C}\right) \equiv \mathfrak{c}, \quad R = R_0\,p\,.$$

Zwei Werte dieses Kreises durch den Ursprung bei veränderlichem Kupferwiderstand R waren schon festgelegt

$$\mathfrak{J}_0 = \frac{-j\,U}{\omega\,L - \dfrac{1}{\omega\,C}} \quad \text{und} \quad \mathfrak{J}_\infty = 0\,.$$

Der Sehnentangentenwinkel ergibt sich aus (60)

$$\frac{\mathfrak{S}_1}{\mathfrak{S}_2} = \frac{\mathfrak{d}\,p}{\mathfrak{c}} = \frac{-j\,R_0}{\omega\,L - \dfrac{1}{\omega\,C}}\,.$$

Dieser Ausdruck ist rein imaginär, er kann für $\omega L - \dfrac{1}{\omega C} > 0$ geschrieben werden

$$\frac{\mathfrak{d}\,p}{\mathfrak{c}} = \frac{R}{\omega\,L - \dfrac{1}{\omega\,C}}\,\varepsilon^{-j\,90^0}\,.$$

Für $\omega L - \dfrac{1}{\omega C} < 0$ schreiben wir

$$\frac{\mathfrak{d}\,p}{\mathfrak{c}} = \frac{R}{\dfrac{1}{\omega\,C} - \omega\,L}\,\varepsilon^{+j\,90^0}$$

und finden mit Rücksicht auf die Ergebnisse der S. 41 ff.:

Im Falle $\omega L - \dfrac{1}{\omega C} > 0$ ist der Winkel $\eta = -90^0$, der Punkt P_1, dem der niedere Parameterwert 0 zukommt, liegt links von dem Punkt P_2 mit dem höheren Parameterwert ∞.

Im Falle $\omega L - \dfrac{1}{\omega C} < 0$ ist der Winkel $\eta = +90^0$, der Punkt P_1, dem der niedere Parameterwert 0 zukommt, liegt rechts von dem Punkt P_2 mit dem höheren Parameterwert ∞.

Die Kreise haben also, da absolut genommen η beide Male 90 Grad beträgt, die durch $R = 0$ und $R = \infty$ bestimmte Sehne zum Durchmesser. Da

$$\mathfrak{J}_0 = \frac{-j\,U}{\omega\,L - \dfrac{1}{\omega\,C}} \quad \text{und} \quad \mathfrak{J}_\infty = 0\,,$$

wird $\mathfrak{J}_0$ selbst zu dieser Sehne bzw. zu diesem Durchmesser. Somit ergibt sich Abb. 44 als Vervollständigung von Abb. 33. Es bedarf noch der Ergänzung, zu untersuchen, was bei $\omega L - \dfrac{1}{\omega C} = 0$, also $\mathfrak{c} = 0$, eintritt. Induktiver und kapazitiver Widerstand heben sich dann gegenseitig auf, wir arbeiten bei Resonanz, es wird

$$\mathfrak{J} = \frac{U}{p\,R_0}.$$

Der Strom ist stets in Phase mit der Spannung U, Sonderwerte sind

$$\mathfrak{J}_0 = \infty, \qquad \mathfrak{J}_\infty = 0,$$

(Abb. 44).

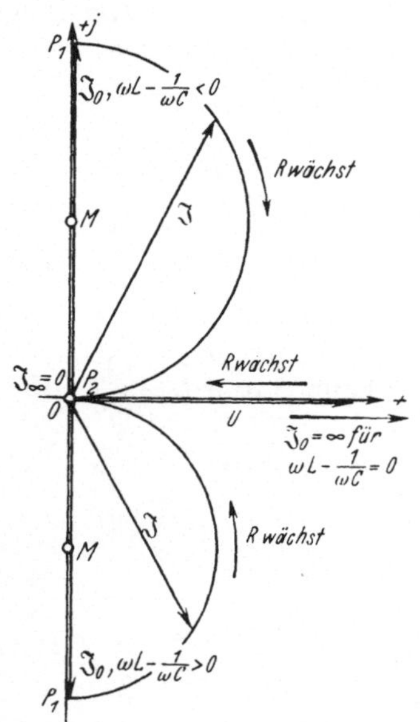

Abb. 44. Ortskurven des Stromes eines Schwingungskreises bei variablem Wirkwiderstand R.

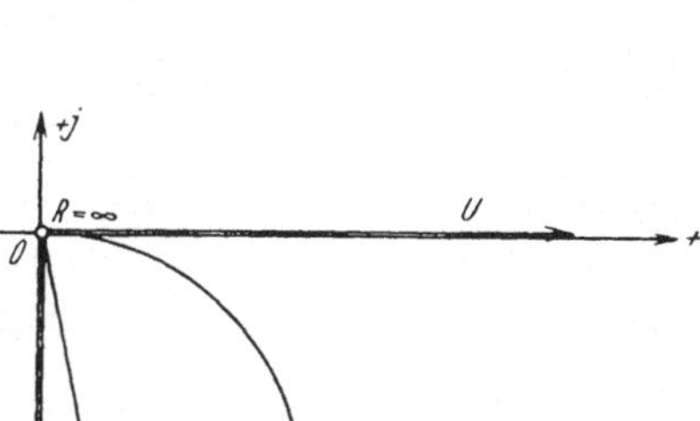

Abb. 45. Ortskurve des Stromes eines Schwingungskreises bei variablem Wirkwiderstand R.

Den Entwurf einer Parameterskala zeigen wir an einem Zahlenbeispiel:

Es sei $U = 100\,\text{Volt}$, $f = 50\,\text{Per/Sek}$, $\omega = 2\pi f = 314\,\text{Per}/2\pi\,\text{Sek}$,

$R = $ variabel, $L = 0{,}0191\,\text{H}$, $\omega L = 6\,\text{Ohm}$,

$C = 0{,}00319\,\text{F}$, $1/\omega C = 1\,\text{Ohm}$.

Dann wird für $R = 0$

$$\mathfrak{J}_0 = \frac{-j\,U}{\omega L - \dfrac{1}{\omega C}} = \frac{-j\,100}{6-1} = -j\,20\,\text{A}.$$

für $R = \infty$

$$\mathfrak{J}_\infty = 0\,\mathrm{A}\,,$$

und für $R = 1\,\mathrm{Ohm}$

$$\mathfrak{J}_1 = \frac{U}{R + j\left(\omega L - \dfrac{1}{\omega C}\right)} = \frac{100}{1 + j\,(6 - 1)} = \frac{100}{1 + j\,5}$$

$$= \frac{100\,(1 - j\,5)}{1^2 + 5^2} = 3{,}85 - j\,19{,}25\,\mathrm{A}\,.$$

In Abb. 45 ist der Spannungsvektor $U = 100$ Volt in der reellen Achse liegend gezeichnet. Der Strom $\mathfrak{J}_0 = - j\,20\,\mathrm{A}$ liegt 90 Grad nacheilend, er fällt also mit der negativen imaginären Achse zusammen. Der Strom $\mathfrak{J}_1 = 3{,}85 - j\,19{,}25\,\mathrm{A}$ hat eine Komponente $3{,}85\,\mathrm{A}$ in Richtung von U und eine Komponente $- j\,19{,}25\,\mathrm{A}$ in Richtung von $\mathfrak{J}_0$. Dem Ursprung des U- und der $\mathfrak{J}$-Vektoren kommt der Wert $R = \infty$ zu. Die gesuchte Ortskurve ist der Kreis durch die Punkte 0, 1 und ∞, der aus den oben besprochenen Gründen $\mathfrak{J}_0$ zum Durchmesser hat. Zieht man in beliebigem Abstand von M eine Senkrechte S zur Verbindungslinie $\infty - M$, so schneiden die Vektoren $\mathfrak{J}_0$ und $\mathfrak{J}_1$ auf ihr die Punkte 0 und 1 ein, die zur weiteren Vervollständigung der Parameterskala S dienen. Man verbindet nun rückwärts die Punkte 2, 3, ... mit dem Kreispunkt ∞ und findet die Kreispunkte 2, 3, ...

b) Ortskurve des Stromes bei variabler Induktivität L, Kapazität C oder Kreisfrequenz ω.

Diese drei Ortskurven lassen sich gemeinsam behandeln. Setzt man nämlich in (51)

$$\mathfrak{J} = \frac{U}{R + j\,\omega L + \dfrac{1}{j\,\omega C}}\,, \tag{51}$$

$$\omega L - \frac{1}{\omega C} = X\,, \tag{77}$$

so ist in

$$\mathfrak{J} = \frac{U}{R + j\,X} \tag{78}$$

wieder der Kreis durch den Ursprung zu erkennen. Eine Veränderung von X kann durch Änderung von L oder C oder ω bewirkt sein, der Kreis bleibt immer derselbe, nur die Parameterskala auf ihm ändert sich. Es erscheint zweckmäßig, alle drei Ortskurven tabellarisch zu erledigen. Wir stellen zunächst für die drei möglichen Fälle die Sonderwerte von X auf:

Konstante Größen	Kapazität C Kreisfrequenz ω	Induktivität L Kreisfrequenz ω	Induktivität L Kapazität C
Veränderliche Größen	Induktivität L	Kapazität C	Kreisfrequenz ω
Wert der Veränderlichen bei $X = 0$	$\dfrac{1}{\omega^2 C}$	$\dfrac{1}{\omega^2 L}$	$\dfrac{1}{\sqrt{LC}}$
Physikalischer Sinn	—	—	Resonanz
	Strom $\mathfrak{J}_0 = \dfrac{U}{R}$ ist in Phase mit der Spannung U		
Wert der Veränderlichen bei $X = \infty$	$+\infty$	0	0 und ∞
Physikalischer Sinn	Unterbrechung	Unterbrechung Strom $\mathfrak{J}_\infty = 0$	Gleichstrom Höchstfrequenz

Bildet man

$$\frac{\mathfrak{S}_1}{\mathfrak{S}_2} = \frac{S_1}{S_2}\,\varepsilon^{j\,\eta} = \frac{\mathfrak{d}\,p}{\mathfrak{c}} = \frac{jX}{R}\,,$$

so sieht man, daß η absolut genommen 90 Grad beträgt. Die gesuchte Ortskurve ist also ein Kreis über $\mathfrak{J}_0 = \dfrac{U}{R}$ als Durchmesser. Dem Strom $\mathfrak{J}_0$ kommt in allen drei Fällen eine physikalische Realität zu. Um einigen Anhalt über die Parameterverteilung zu gewinnen, stellen wir eine zweite Tabelle auf:

Konstante Größen	Kapazität C Kreisfrequenz ω	Induktivität L Kreisfrequenz ω	Induktivität L Kapazität C
Variable Größen	Induktivität L	Kapazität C	Kreisfrequenz ω
Strom $\mathfrak{J}_0$ bei verschwindender Variablen	$\dfrac{U}{R - j\dfrac{1}{\omega C}}$	0	0
Physikalischer Sinn	Kapazitiver Kreis	Unterbrechung	Kapazität C für Gleichstrom wie Unterbrechung wirkend
Strom $\mathfrak{J}_\infty$ bei unendlicher Variablen	0	$\dfrac{U}{R + j\omega L}$	0
Physikalischer Sinn	Unterbrechung	Induktiver Kreis Die unendlich große Kapazität wirkt wie ein Kurzschluß	Induktivität L wirkt für Hochfrequenz wie Unterbrechung

Aus beiden Tabellen ergibt sich zwanglos die Abb. 46. In ihr ist der kapazitive Strom

$$\frac{U}{R - j\dfrac{1}{\omega C}} = \frac{U}{z\,\varepsilon^{-j\varphi}} = \frac{U}{z}\,\varepsilon^{+j\varphi},$$

$$\left[z = \sqrt{R^2 + \frac{1}{\omega^2 C^2}}, \qquad \operatorname{tg}\varphi = \frac{1}{\omega C R}\right]$$

in Voreilung zu U und der induktive Strom

$$\frac{U}{R + j\omega L} = \frac{U}{z\,\varepsilon^{+j\varphi}} = \frac{U}{z}\,\varepsilon^{-j\varphi},$$

$$\left[z = \sqrt{R^2 + \omega^2 L^2}, \qquad \operatorname{tg}\varphi = \frac{\omega L}{R}\right]$$

in Nacheilung gegen U gezeichnet. Da jeder Ortskurve der Strom $\mathfrak{J}_{X=0} = \dfrac{U}{R}$ angehören muß, ist der Umlaufssinn des Kreises bei Zunahme von L bzw. Abnahme von C festgelegt.

Über den Umlaufssinn der Ortskurve bei variabler Kreisfrequenz ω entscheiden physikalische Erwägungen: bei geringen Frequenzen ist der induktive Widerstand ωL vernachlässigbar klein, bei hohen Frequenzen ist es der kapazitive Widerstand $\dfrac{1}{\omega C}$. Der Strom geht also mit steigender Frequenz aus voreilender Lage in die nacheilende über. Somit ist der Umlaufssinn für den Kreis bei steigender Frequenz festgelegt.

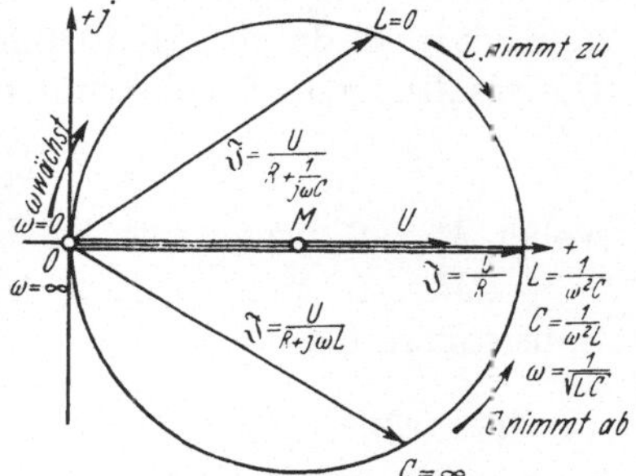

Abb. 46. Ortskurve des Stromes eines Schwingungskreises bei variabler Induktivität L, Kapazität C bzw. Kreisfrequenz ω.

Besonders zu erwähnen ist der Fall $R = 0$. Es ergibt sich

$$\mathfrak{J} = \frac{U}{jX} = -j\frac{U}{X},$$

d. i. eine zu U senkrechte Gerade. Sonderwerte des Stromes sind

$$\mathfrak{J}_{X=\pm 0} = \mp j\infty; \qquad \mathfrak{J}_{X=\infty} = 0.$$

c) Ortskurve der Spannung an der Drossel bei veränderlicher Induktivität L.

Da es praktisch keine Drosseln ohne Wirkwiderstand gibt, übergehen wir die Ortskurve der Spannung an einer idealen Drossel L und betrachten die Spannung an einer Drossel mit der Induktivität L und dem Kupferwiderstand R, d. h. in Anbetracht der Abb. 32b, wir untersuchen das Verhalten der Spannung über R und L. Der Widerstands-operator dieser Reihenschaltung ist

$$\mathfrak{Z}_s = R + j\omega L\,.$$

Wird sie von einem Strom $\mathfrak{J}$ durchflossen, so tritt die Klemmenspannung

$$\mathfrak{U} = \mathfrak{J}\,\mathfrak{Z}_s = \mathfrak{J}(R + j\omega L)$$

an ihr auf. Der Strom selbst war aber

$$\mathfrak{J} = \frac{U}{R + j\omega L + \dfrac{1}{j\omega C}}\,, \tag{51}$$

so daß

$$\mathfrak{U}_s = U\,\frac{R + j\omega L}{R + j\omega L + \dfrac{1}{j\omega C}}\,. \tag{79}$$

Die variable Induktivität L kann man sich durch zwei Spulen der Induktivität L_1 und L_2 verwirklicht denken, deren gegenseitige Induktivität M durch gegenseitige Lagenänderung variiert werden kann. Die resultierende Induktivität einer solchen Anordnung ist

$$L = L_1 + L_2 + 2\,M\,,$$

wobei $M > 0$, wenn sich beide Spulenfelder unterstützen,
        $M < 0$, wenn sich beide Spulenfelder schwächen.
Substituiert man

$$\mathfrak{U}_s \equiv \mathfrak{B}\,, \qquad U\,R \equiv \mathfrak{a}\,, \qquad U\,j\omega L \equiv \mathfrak{b}\,p\,, \qquad R + \frac{1}{j\omega C} \equiv \mathfrak{c}\,,$$

$$j\omega L \equiv \mathfrak{b}\,p\,, \qquad L = p\,L_0\,,$$

so geht (79) über in

$$\mathfrak{B} = \frac{\mathfrak{a} + \mathfrak{b}\,p}{\mathfrak{c} + \mathfrak{b}\,p}\,. \tag{54}$$

Die Ortskurve ist also ein Kreis allgemeiner Lage. Seine allgemeine Diskussion ersparen wir uns, und legen die Ortskurve vielmehr samt Parameterskala für folgende Verhältnisse fest:

$U = 100$ Volt, $f = 50$ Per/Sek, $\omega = 2\pi f = 314$ Per/2π Sek,
$R = 1$ Ohm, L bzw. $\omega L =$ variabel, $C = 0{,}00319$ F, $1/\omega C = 1$ Ohm.

Es wird für $\omega L = 0$, d. h., $L = 0$

$$\mathfrak{U}_{s\,0} = \frac{U\,R}{R - j\dfrac{1}{\omega C}} = \frac{100\cdot 1}{1 - j\,1} = \frac{100(1 + j\,1)}{1^2 + .1^2} = 50 + j\,50\ \text{Volt}\,.$$

Praktisch ist $L = 0$ mit oben skizzierter Anordnung nicht erreichbar. Trotzdem setzt man $\omega L = 0$, da dieser Sonderwert zur Auffindung der Parameterskala bequem ist.

Es wird für $\omega L = \infty$, $L = \infty$

$$\mathfrak{U}_{s\,\infty} = U \,.$$

$L = \infty$ ist ebensowenig mit der genannten Anordnung zu erreichen. Der Punkt für $L = \infty$ ist aber zur Auffindung der Parameterskala unerläßlich.

Es wird endlich für $\omega L = 1\,\mathrm{Ohm}$, $L = 0{,}00319\,\mathrm{H}$

1. $\omega L - \dfrac{1}{\omega C} = 0$, der Stromkreis ist also gerade in Resonanz.

2. $\mathfrak{U}_{s\,1} = \dfrac{U(R + j\,\omega\,L)}{R} = \dfrac{100(1 + j\,1)}{1} = 100 + j\,100\,\mathrm{Volt}\,.$

Der Kreis ist durch die Punkte 0, 1 und ∞ festgelegt (Abb. 47). Zieht man in beliebigem Abstand vom Punkte ∞ eine Senkrechte S zur

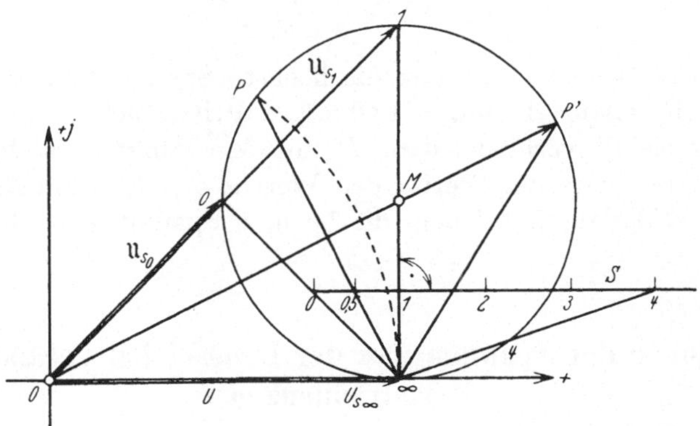

Abb. 47. Ortskurve der Drosselspannung eines Schwingungskreises bei variabler Induktivität L.

Verbindungslinie ∞—M, so schneiden die Strahlen ∞—0 und ∞—1 auf ihr die Punkte 0 und 1 ein, die zur weiteren Vervollständigung der Parameterskala S dienen.

Rückwärts ist beispielsweise der Kreispunkt *4* ($\omega L = 4\,\mathrm{Ohm}$, $L = 0{,}0127\,\mathrm{H}$) gezeichnet.

Zu beachten ist, daß die Spannung U_s an der Drossel die Netzspannung U im allgemeinen überschreitet. Der Kreisbogen mit U um 0 schneidet den U_s-Kreis in einem Punkte P, dessen Verbindungslinie mit dem Punkt ∞ auf der Parameterskala S den Wert $0{,}5$ ($\omega L = 0{,}5\,\mathrm{Ohm}$ $L = 0{,}00159\,\mathrm{H}$) einschneidet. Für $\omega L > 0{,}5\,\mathrm{Ohm}$ wird somit $U_s > U$.

Dieses Ergebnis läßt sich selbstverständlich auch rechnerisch herleiten. Aus

$$\mathfrak{U}_s = U\,\frac{R + j\,\omega L}{R + j\left(\omega L - \dfrac{1}{\omega C}\right)}$$

folgt mit II C e)

$$U_s = U \sqrt{\dfrac{R^2 + \omega^2 L^2}{R^2 + \left(\omega L - \dfrac{1}{\omega C}\right)^2}}$$

und $U_s \gtreqless U$, wenn

$$\sqrt{\dfrac{R^2 + \omega^2 L^2}{R^2 + \left(\omega L - \dfrac{1}{\omega C}\right)^2}} \gtreqless 1 .$$

Dies ist der Fall, wenn

$$\omega^2 L^2 \gtreqless \left(\omega L - \dfrac{1}{\omega C}\right)^2 .$$

Quadriert man aus, so ergibt sich

$$\omega L \gtreqless \dfrac{1}{2} \dfrac{1}{\omega C} .$$

Weiterhin ist sehr wichtig, daß die höchste Spannung an der Drossel nicht im Resonanzfall ($\omega L = 1$ Ohm!) auftritt. Zieht man OM und verlängert bis P', verbindet dann P' mit dem Punkt ∞, so findet man auf der Parameterskala S etwa den Wert $\omega L = 1{,}6$ Ohm für den induktiven Widerstand, bei dem die höchste Spannung an der Drossel auftritt.

d) Ortskurve der Spannung an der Drossel bei veränderlicher Kreisfrequenz ω.

Die Gleichung für $\mathfrak{U}_s$ ist dieselbe, auf S. 56 entwickelte:

$$\mathfrak{U}_s = U \frac{R + j\omega L}{R + j\omega L + \dfrac{1}{j\omega C}} , \tag{79}$$

nur ist jetzt ω als veränderlich zu betrachten. Erweitert man mit $j\omega C$, so wird

$$\mathfrak{U}_s = U \frac{j\omega RC - \omega^2 LC}{j\omega RC - \omega^2 LC + 1} . \tag{80}$$

Zwei Punkte der zu erwartenden Ortskurve liegen sofort fest: $\omega = 0$ bringt $\mathfrak{U}_s = 0$; physikalisch heißt das, bei Gleichstrom wirkt der Kondensator als Unterbrechung und sämtliche verfügbare Netzspannung liegt an diesem:

$\omega = \infty$ bringt $\mathfrak{U}_s = U$; physikalisch heißt das, bei sehr hoher Frequenz wirkt der Kondensator als Kurzschluß, die Drossel als Unterbrechung, sämtliche verfügbare Netzspannung liegt an der Drossel.

Um die Ortskurve (80) aufzeichnen zu können, formen wir um

$$\mathfrak{U}_s = U \; \frac{\omega^2 - j\omega \dfrac{R}{L}}{\omega^2 - j\omega \dfrac{R}{L} - \dfrac{1}{LC}} \; , \tag{81}$$

d. h. wir befreien die im Nenner auftretende höchste Potenz der Variablen ω von ihrem Koeffizienten und lösen die Gleichung

$$\omega^2 - j\omega \frac{R}{L} - \frac{1}{LC} = 0 \, , \tag{82}$$

um (81) in Partialbrüche zerlegen zu können. (82) liefert

$$\left. \begin{aligned} \omega_1 &= + j\frac{R}{2L} + \sqrt{\frac{1}{LC} - \frac{R^2}{4L^2}}, \\ \omega_2 &= + j\frac{R}{2L} - \sqrt{\frac{1}{LC} - \frac{R^2}{4L^2}}. \end{aligned} \right| \tag{83}$$

Je nach dem Vorzeichen der Diskriminante

$$\varDelta = \frac{1}{LC} - \frac{R^2}{4L^2} \tag{84}$$

sind drei Fälle zu unterscheiden:

1. $\varDelta > 0$ ergibt zwei komplexe Wurzeln ω_1 und ω_2, die sich nur durch das Vorzeichen des reellen Teiles unterscheiden.

2. $\varDelta = 0$ ergibt eine rein imaginäre Doppelwurzel

$$\omega_1 = \omega_2 = \omega_0 = + j\frac{R}{2L}, \tag{85}$$

3. $\varDelta < 0$ ergibt zwei verschiedene, rein imaginäre Wurzeln ω_1 und ω_2. Für die Fälle 1 und 3 lautet die Partialbruchzerlegung von (81)

$$\mathfrak{U}_s = U \; \frac{\omega^2 - j\omega \dfrac{R}{L}}{\omega^2 - j\omega \dfrac{R}{L} - \dfrac{1}{LC}} = \mathfrak{D} + \frac{\mathfrak{P}}{\omega - \omega_1} + \frac{\mathfrak{Q}}{\omega - \omega_2} . \tag{86}$$

worin $\mathfrak{D}$ bis $\mathfrak{Q}$ noch zu bestimmende Konstanten sind. Bringt man die rechte Seite von (86) auf den Hauptnenner

$$(\omega - \omega_1)(\omega - \omega_2) = \omega^2 - j\omega \frac{R}{L} - \frac{1}{LC}, \tag{87}$$

so erhält man

$$U\omega^2 - j\omega \frac{R}{L} U = \mathfrak{D}\omega^2 + \omega[\mathfrak{P} + \mathfrak{Q} - \mathfrak{D}(\omega_1 + \omega_2)]$$
$$+ \mathfrak{D}\omega_1\omega_2 - \mathfrak{P}\omega_2 - \mathfrak{Q}\omega_1 . \tag{88}$$

Da die Gleichung für alle Werte von ω erfüllt sein soll, müssen auf beiden Seiten die Koeffizienten gleicher Potenzen von ω übereinstimmen. Das ergibt die drei Bestimmungsgleichungen

$$\left.\begin{aligned} U &= \mathfrak{O}, \\ -j\,\frac{R}{L}\,U &= \mathfrak{P} + \mathfrak{Q} - \mathfrak{O}\,(\omega_1 + \omega_2), \\ 0 &= \mathfrak{O}\,\omega_1\,\omega_2 - \mathfrak{P}\,\omega_2 - \mathfrak{Q}\,\omega_1 \end{aligned}\right\} \tag{89}$$

für die bisher unbekannten Konstanten $\mathfrak{O}$, $\mathfrak{P}$ und $\mathfrak{Q}$. Die Lösung lautet:

$$\mathfrak{O} = U, \quad \mathfrak{P} = \frac{U}{LC\,(\omega_1 - \omega_2)}, \quad \mathfrak{Q} = \frac{-U}{LC\,(\omega_1 - \omega_2)}. \tag{90}$$

Bereits aus (86) läßt sich sehr Wichtiges über die Ortskurve (81) aussagen: Sie kann zusammengesetzt werden aus dem Festvektor

$$\mathfrak{V}_1 = \mathfrak{O}$$

und dem Kreis

$$\mathfrak{V}_2 = \frac{\mathfrak{P}}{\omega - \omega_1}$$

und dem Kreis

$$\mathfrak{V}_3 = \frac{\mathfrak{Q}}{\omega - \omega_2}.$$

Natürlich sind jeweils dem gleichen Parameter ω zugehörige Vektoren $\mathfrak{V}_2$ und $\mathfrak{V}_3$ zu addieren. Die Kurve heißt, da sie aus zwei Kreisen aufgebaut ist, bizirkular. Sie ist, wie im theoretischen Teil auseinanderzusetzen sein wird, vierter Ordnung, also eine Quartik. Die Ortskurve trägt daher die Bezeichnung „bizirkulare Quartik".

Wir verfolgen die Fälle 1 und 3 nicht weiter, sondern wenden uns dem Fall 2 der Doppelwurzel zu. Die Partialbruchzerlegung lautet hierfür

$$\mathfrak{U}_s = U\,\frac{\omega^2 - j\omega\,\dfrac{R}{L}}{\omega^2 - j\omega\,\dfrac{R}{L} - \dfrac{1}{LC}} = \mathfrak{O} + \frac{\mathfrak{P}}{(\omega - \omega_0)^2}. \tag{91}$$

Bringt man auf den Hauptnenner

$$(\omega - \omega_0)^2 = \omega^2 - j\omega\,\frac{R}{L} - \frac{1}{LC}, \tag{92}$$

so ergibt sich

$$U\omega^2 - j\omega\,\frac{R}{L}\,U = \mathfrak{O}\,\omega^2 - 2\,\mathfrak{O}\,\omega\,\omega_0 + \mathfrak{O}\,\omega_0^2 + \mathfrak{P}, \tag{93}$$

$$\left.\begin{aligned} \mathfrak{O} &= U, \\ 0 &= \mathfrak{O}\,\omega_0^2 + \mathfrak{P}. \end{aligned}\right\} \tag{94}$$

Die Lösung der Bestimmungsgleichungen für $\mathfrak{O}$ und $\mathfrak{P}$ ist

$$\mathfrak{O} = U, \quad \mathfrak{P} = -\,\mathfrak{O}\,\omega_0^2 = \left(\frac{R}{2L}\,\sqrt{U}\right)^2. \tag{95}$$

Hiermit geht (91) über in

$$\mathfrak{U}_s = U + \left(\frac{\dfrac{R}{2L}\,\sqrt{U}}{\omega - \omega_0}\right)^2. \tag{96}$$

Die Ortskurve ist demnach aufgebaut aus einem Festvektor

$$\mathfrak{B}_1 = U$$

und einem Vektor

$$\mathfrak{B}_2 = \left(\frac{\dfrac{R}{2L}\,\sqrt{U}}{\omega - \omega_0}\right)^2, \tag{97}$$

der aus dem Kreis

$$\mathfrak{B} = \frac{\dfrac{R}{2L}\,\sqrt{U}}{\omega - \omega_0} \tag{98}$$

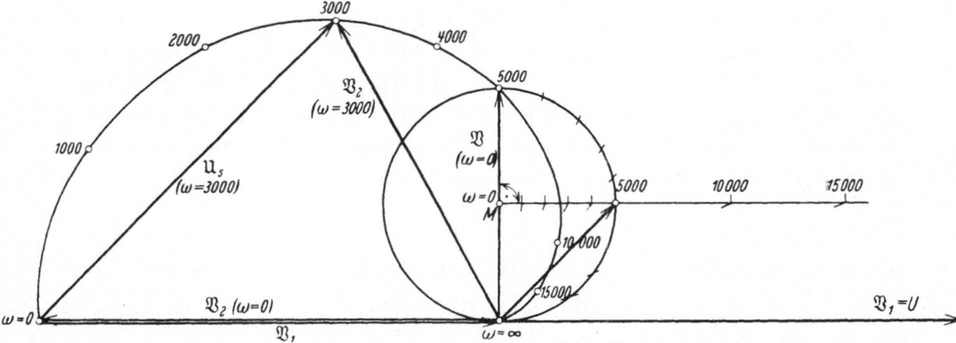

Abb. 48. Ortskurve der Spannung an der Drossel eines Schwingungskreises bei variabler Kreisfrequenz ω.

durch Quadratur der Fahrstrahlen hervorgeht. Wir wählen folgende Verhältnisse:

$$U = 100 \text{ Volt}, \quad R = 10 \text{ Ohm}, \quad L = 0{,}001 \text{ H}, \quad C = 40\,\mu\text{ F}.$$

Dann ist mit Rücksicht auf (84) $\varDelta = 0$ und wegen (85) $\omega_0 = j\dfrac{R}{2L} = j\,5000$.

Den Kreis (98) legen wir zweckmäßig durch folgende Parameterwerte fest:

$$\omega = 0 \quad \text{bringt} \quad \mathfrak{B} = j\,\sqrt{U} = j\,10 \text{ Volt}^{\frac{1}{2}},$$

$$\omega = \infty \quad \text{bringt} \quad \mathfrak{B} = 0,$$

$$\omega = 5000 \quad \text{bringt}$$

$$\mathfrak{B} = \frac{5000\,\sqrt{100}}{5000 - j\,5000} = 5 + j\,5 \text{ Volt}^{\frac{1}{2}}.$$

In Abb. 48 ist der Kreis $\mathfrak{B}$ gezeichnet. Verbindet man den Punkt $\omega = \infty$ mit dem Kreiszentrum M, so steht die Parameterskala senkrecht auf dieser Zentralen. Ihre Teilung bestimmen die Strahlen, die von dem Punkte $\omega = \infty$ nach den Punkten $\omega = 0$ und $\omega = 5000$ gezogen sind. Auf der Skala sind nun die Punkte $\omega = 1000, 2000, 3000, 4000, 10000$ und 15000 abgetragen und auf den Kreis $\mathfrak{V}$ übertragen. Aus $\mathfrak{V}$ entsteht $\mathfrak{V}_2$ durch Quadrierung, d. h. also, der Betrag von $\mathfrak{V}_2$ ist das Quadrat des Betrages von $\mathfrak{V}$, das Argument von $\mathfrak{V}_2$ ist doppelt so groß wie das von $\mathfrak{V}$ [II E c)].

Es ist lediglich den gewählten Maßstäben zuzuschreiben, daß V_2 für $\omega = 5000$ gleich ist V für $\omega = 0$.

Die Figur, die sich für $\mathfrak{V}_2$ ergibt, ist eine Schnecke. In Abb. 48 ist weiterhin noch $\mathfrak{V}_1 = U$ gezeichnet. Wollte man $\mathfrak{U}_s = \mathfrak{V}_1 + \mathfrak{V}_2$ bilden, so hätte man die Schnecke $\mathfrak{V}_2$ nach rechts zu verschieben, um $\mathfrak{U}_s$ zu erhalten. Statt dessen ist es natürlich einfacher, $\mathfrak{V}_1 = U$ nach links zu verschieben, so daß der Punkt $\omega = 0$ der Schnecke als Ursprung der $\mathfrak{U}_s$-Vektoren anzusehen ist. Für $\omega = 3000$ sind die Vektoren $\mathfrak{V}_1 = U$ und $\mathfrak{V}_2$ sowie ihre Summe $\mathfrak{U}_s = \mathfrak{V}_1 + \mathfrak{V}_2$ gezeichnet.

Der Verlauf der Ortskurve zwischen den Punkten $\mathfrak{U}_s = 0$ für $\omega = 0$ und $\mathfrak{U}_s = U$ für $\omega = \infty$ kann vom streng wissenschaftlichen Standpunkt aus nur als gute Annäherung betrachtet werden, da Ohmsche Widerstände mit steigender Frequenz infolge des Skineffektes größer werden, Induktivitäten aber abnehmen.

e) Ortskurve der Spannung am Kondensator bei veränderlicher Kreisfrequenz ω.

Die Kondensatorspannung ist

$$\mathfrak{U}_c = \mathfrak{J}\, \frac{1}{j\omega C}, \tag{99}$$

bzw. mit dem Ausdruck (51) für den Strom

$$\mathfrak{U}_c = U\, \frac{\dfrac{1}{j\omega C}}{R + j\omega L + \dfrac{1}{j\omega C}} \tag{100}$$

Erweiterung mit $j\omega C$ bringt für die zu erwartende Ortskurve

$$\mathfrak{U}_c = U\, \frac{1}{j\omega RC - \omega^2 LC + 1}, \tag{101}$$

von der zwei Punkte sofort bestimmt sind:

$\omega = 0$, Gleichstrom, liefert $\mathfrak{U}_c = U$, der Kondensator wirkt als Unterbrechung, an ihm liegt die gesamte, verfügbare Netzspannung.

$\omega = \infty$, Hochfrequenz, liefert $\mathfrak{U}_c = 0$. Jetzt wirkt der Kondensator als Kurzschluß, die Spannung an ihm ist Null.

Um (101) in Partialbrüche zerlegen zu können, schreiben wir

$$\mathfrak{U}_c = \cfrac{-\cfrac{U}{LC}}{\omega^2 - j\,\omega\,\cfrac{R}{L} - \cfrac{1}{LC}} \tag{102}$$

und errechnen ω_1 und ω_2 aus

$$\omega^2 - j\,\omega\,\frac{R}{L} - \frac{1}{LC} = 0. \tag{82}$$

Von den bereits im vorhergehenden Abschnitt diskutierten Lösungen scheiden wir die Doppelwurzel aus und zerlegen (102)

$$\mathfrak{U}_c = \cfrac{-\cfrac{U}{LC}}{\omega^2 - j\,\omega\,\cfrac{R}{L} - \cfrac{1}{LC}} = \frac{\mathfrak{P}}{\omega - \omega_1} + \frac{\mathfrak{Q}}{\omega - \omega_2}. \tag{103}$$

Bildet man rechts den Hauptnenner und beachtet

$$\omega^2 - j\,\omega\,\frac{R}{L} - \frac{1}{LC} = (\omega - \omega_1)(\omega - \omega_2), \tag{87}$$

so ergeben sich als Bestimmungsgleichungen für $\mathfrak{P}$ und $\mathfrak{Q}$

$$\left.\begin{aligned} \mathfrak{P} + \mathfrak{Q} &= 0, \\ \mathfrak{P}\,\omega_2 + \mathfrak{Q}\,\omega_1 &= \frac{U}{LC} \end{aligned}\right\} \tag{104}$$

und hieraus

$$\mathfrak{P} = -\mathfrak{Q} = \frac{U}{LC\,(\omega_2 - \omega_1)}. \tag{105}$$

Man kann also schreiben

$$\mathfrak{U}_c = \frac{U}{LC\,(\omega_2 - \omega_1)}\left[\frac{1}{\omega - \omega_1} - \frac{1}{\omega - \omega_2}\right]. \tag{106}$$

Liegen festgegebene Verhältnisse vor, so ist

$$\mathfrak{A} = \frac{U}{LC\,(\omega_2 - \omega_1)} \tag{107}$$

ein konstanter Faktor, der negativ reell oder negativ imaginär sein kann, je nachdem

$$\varDelta = \frac{1}{LC} - \frac{R^2}{4\,L^2} \gtrless 0$$

ist. Es erscheint demnach zweckmäßig, die Ortskurve

$$\mathfrak{B} = \frac{1}{\omega - \omega_1} + \frac{1}{\omega_2 - \omega} \tag{108}$$

zu zeichnen und die Multiplikation mit $\mathfrak{A}$ als reine Maßstabsangelegenheit zu behandeln. $\mathfrak{B}$ setzt sich zusammen aus den beiden Kreisen

$$\mathfrak{B}_1 = \frac{1}{\omega - \omega_1} \quad (109) \qquad \text{und} \qquad \mathfrak{B}_2 = \frac{1}{\omega_2 - \omega}. \tag{110}$$

Die Ortskurve ist also wieder eine bizirkulare Quartik. Wir zeichnen sie für folgende Verhältnisse:

$$U = 100 \,\text{Volt}, \quad R = 10 \,\text{Ohm}, \quad L = 0,001 \,\text{H}, \quad C = 20 \,\mu\,\text{F}.$$

Dann wird nach (83)

$$\omega_1 = + j\,5000 + 5000,$$
$$\omega_2 = + j\,5000 - 5000$$

und nach (107)

$$\mathfrak{A} = - 500\,000.$$

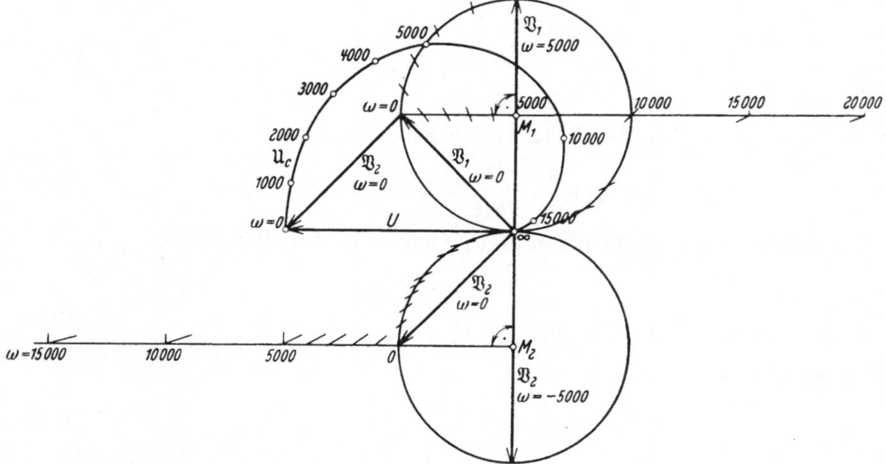

Abb. 49. Ortskurve der Kondensatorspannung in einem Schwingungskreis bei variabler Kreisfrequenz ω.

Den Kreis

$$\mathfrak{B}_1 = \frac{1}{\omega - \omega_1} \qquad\qquad (109)$$

legen wir zweckmäßig folgendermaßen fest:

$$\omega = 0 \qquad \text{ergibt} \quad \mathfrak{B}_1 = -\frac{1}{\omega_1} = -\frac{1}{10\,000} + j\frac{1}{10\,000},$$

$$\omega = \infty \quad \text{ergibt} \quad \mathfrak{B}_1 = 0,$$

$$\omega = 5000 \quad \text{ergibt} \quad \mathfrak{B}_1 = -\frac{1}{j\,5000} = + j\frac{2}{10\,000}.$$

Der Kreis $\mathfrak{B}_1$ kann hiernach gezeichnet werden. Abb. 49. Die Skala für den Parameter ω steht senkrecht auf der Verbindungslinie des Punktes $\omega = \infty$ mit dem Kreiszentrum M_1.

Den Kreis

$$\mathfrak{B}_2 = \frac{1}{\omega_2 - \omega} \qquad\qquad (110)$$

legen wir zweckmäßig so fest:

$$\omega = \quad 0 \qquad \text{ergibt} \quad \mathfrak{B}_2 = \frac{1}{\omega_2} = -\frac{1}{10000} - j\frac{1}{10000}\,,$$

$$\omega = \quad \infty \qquad \text{ergibt} \quad \mathfrak{B}_2 = 0\,,$$

$$\omega = -5000 \quad \text{ergibt} \quad \mathfrak{B}_2 = \frac{1}{j\,5000} = -j\frac{2}{10000}\,.$$

Physikalisch ist $\omega = -5000$ natürlich sinnlos, dagegen ist diese Wahl vom mathematischen Standpunkt aus sehr zweckmäßig. In Abb. 49 ist auch der Kreis $\mathfrak{B}_2$ gezeichnet.

Bildet man $\mathfrak{B}_1 + \mathfrak{B}_2$, so erhält man $\mathfrak{B} = \mathfrak{U}_c/\mathfrak{A}$. Um $\mathfrak{U}_c$ selbst zu erhalten, hätte man $\mathfrak{B}$ mit $\mathfrak{A}$ zu multiplizieren. Da $\mathfrak{A} < 0$ war, käme dies auf eine Drehung um 180^0 hinaus, die man sich sparen kann. Es ist daher für $\omega = 0$ an $\mathfrak{B}_1 + \mathfrak{B}_2$ kurzerhand U angeschrieben, ebenso an die bizirkulare Quartik $\mathfrak{U}_c$ statt $\mathfrak{U}_c/\mathfrak{A}$.

Für negative Kreisfrequenzen (physikalisch sinnlos) ergäbe sich eine zum Vektor U spiegelbildliche Ergänzung der bizirkularen Quartik. Denkt man sich diese gezeichnet, so sieht man, daß der Punkt $\omega = \infty$ eine Spitze der vollständigen Kurve darstellt. Über diesen singulären Punkt wird im theoretischen Teil zu berichten sein.

Praktische Abweichungen von der gezeichneten Ortskurve treten außerhalb der Punkte $\omega = 0$ und $\omega = \infty$ auf, weil die Frequenzabhängigkeit der Ohmschen Widerstände und der Induktivitäten nicht berücksichtigt wurde. Es handelt sich also nur um eine Annäherung an die zu erwartende Ortskurve.

B. Die Ortskurven des Lufttransformators.

Bevor wir in die eigentliche Behandlung des Lufttransformators eintreten, erscheint es angezeigt, einige Streuungsbegriffe zu erläutern. In Abb. 50 sind zwei induktiv gekoppelte Spulen gezeichnet. Ihre Windungszahlen sind w_1 bzw. w_2, die Ströme i_1 bzw. i_2. Weiter sind die mittleren Windungsflüsse gezeichnet:

Φ_{1s} ist mit allen Windungen w_1 allein verkettet,

Φ_{12} ist mit allen Windungen w_1 und w_2 verkettet,

Φ_{2s} ist mit allen Windungen w_2 allein verkettet.

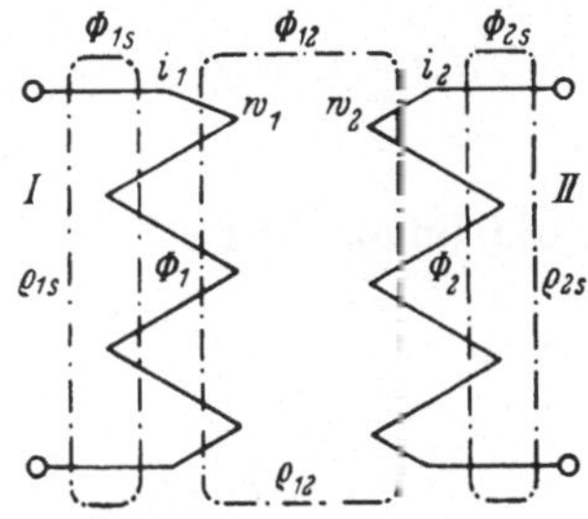

Abb. 50. Prinzipskizze des Lufttransformators.

Die magnetischen Widerstände für die Flüsse sind ϱ_{1s}, ϱ_{12} bzw. ϱ_{2s}. Gibt man dem Ohmschen Gesetz für den Magnetismus die Form

$$\text{Fluß} = \frac{\text{Durchflutung}}{\text{Magnetischer Widerstand}}\,, \tag{111}$$

so gilt, da Φ_{1s} offenbar von i_1 allein erzeugt wird,

$$\Phi_{1s} = \frac{w_1\, i_1}{\varrho_{1s}}. \tag{112}$$

Ferner ergibt sich für den von beiden Durchflutungen erzeugten gemeinsamen mittleren Windungsfluß

$$\Phi_{12} = \frac{w_1\, i_1 + w_2\, i_2}{\varrho_{12}}, \tag{113}$$

und für den von i_2 allein erzeugten Fluß

$$\Phi_{2s} = \frac{w_2\, i_2}{\varrho_{2s}}. \tag{114}$$

Als Spulenfluß war definiert die Größe

$$\Psi = w\, \Phi\, 10^{-8}. \tag{115}$$

Das ergibt für den primären Streuspulenfluß

$$\Psi_{1s} = w_1\, \Phi_{1s}\, 10^{-8} = \frac{w_1^2\, 10^{-8}}{\varrho_{1s}}\, i_1, \tag{116}$$

für den primären Nutzspulenfluß

$$\Psi_{12} = w_1\, \Phi_{12}\, 10^{-8} = \frac{w_1^2\, 10^{-8}}{\varrho_{12}}\, i_1 + \frac{w_1\, w_2\, 10^{-8}}{\varrho_{12}}\, i_2, \tag{117}$$

für den sekundären Nutzspulenfluß

$$\Psi_{21} = w_2\, \Phi_{12}\, 10^{-8} = \frac{w_1\, w_2\, 10^{-8}}{\varrho_{12}}\, i_1 + \frac{w_2^2\, 10^{-8}}{\varrho_{12}}\, i_2, \tag{118}$$

für den sekundären Streuspulenfluß

$$\Psi_{2s} = w_2\, \Phi_{2s}\, 10^{-8} = \frac{w_2^2\, 10^{-8}}{\varrho_{2s}}\, i_2. \tag{119}$$

Andererseits kann man folgende Proportionalitäten ansetzen

$$\Psi_{1s} = L_{1s}\, i_1, \tag{116a}$$

$$\Psi_{12} = L_{12}\, i_1 + M_{21}\, i_2, \tag{117a}$$

$$\Psi_{21} = M_{12}\, i_1 + L_{21}\, i_2, \tag{118a}$$

$$\Psi_{2s} = L_{2s}\, i_2, \tag{119a}$$

und findet durch Vergleich

$$\left.\begin{aligned} L_{1s} &= \frac{w_1^2\, 10^{-8}}{\varrho_{1s}}, \\[2mm] L_{2s} &= \frac{w_2^2\, 10^{-8}}{\varrho_{2s}}, \end{aligned}\right\} \tag{120}$$

$$L_{12} = \frac{w_1^2\, 10^{-8}}{\varrho_{12}}, \tag{121}$$

$$L_{21} = \frac{w_2^2\, 10^{-8}}{\varrho_{12}}, \tag{122}$$

$$M_{21} = M_{12} = \frac{w_1\, w_2\, 10^{-8}}{\varrho_{12}}. \tag{123}$$

Man bezeichnet L_{1s} als primäre Streuinduktivität, ωL_{1s} als primäre Streureaktanz. Analoges gilt für L_{2s} und ωL_{2s}. L_{12} heißt primäre Nutzinduktivität, ωL_{12} primäre Nutzreaktanz. Analoges gilt für L_{21} und ωL_{21}. Schließlich bezeichnet man $M_{12} = M_{21} = M$ als Gegeninduktivität, ωM als Wechselreaktanz.

Aus Abb. 50 ist für die totalen mittleren Windungsflüsse ohne weiteres abzulesen

$$\left.\begin{array}{l} \Phi_1 = \Phi_{1s} + \Phi_{12}, \\ \Phi_2 = \Phi_{2s} + \Phi_{21}. \end{array}\right\} \tag{124}$$

Für die totalen Spulenflüsse erhält man daher

$$\Psi_1 = w_1\,\Phi_1\,10^{-8} = \frac{w_1^2\,10^{-8}}{\varrho_{1s}}\,i_1 + \frac{w_1^2\,10^{-8}}{\varrho_{12}}\,i_1 + \frac{w_1\,w_2\,10^{-8}}{\varrho_{12}}\,i_2, \tag{125}$$

$$\Psi_2 = w_2\,\Phi_2\,10^{-8} = \frac{w_2^2\,10^{-8}}{\varrho_{2s}}\,i_2 + \frac{w_2\,w_1\,10^{-8}}{\varrho_{12}}\,i_1 + \frac{w_2^2\,10^{-8}}{\varrho_{12}}\,i_2, \tag{126}$$

und man kann schreiben

$$\Psi_1 = L_1\,i_1 + M\,i_2, \tag{125a}$$

$$\Psi_2 = M\,i_1 + L_2\,i_2, \tag{126a}$$

wenn man definiert

$$\left.\begin{array}{l} L_1 = L_{1s} + L_{12}, \\ L_2 = L_{2s} + L_{21}. \end{array}\right\} \tag{127}$$

L_1 und L_2 sind die totalen Induktivitäten, ωL_1 und ωL_2 die totalen Reaktanzen.

Folgende wichtige Beziehungen sind ablesbar: aus (121) und (122)

$$\frac{L_{12}}{L_{21}} = \frac{w_1^2}{w_2^2}, \tag{128}$$

aus (121) bis (123)

$$L_{12} \cdot L_{21} = M^2. \tag{129}$$

Mit Rücksicht hierauf folgt aus dem Gleichungspaar (127), daß praktisch stets

$$L_1 L_2 > M^2. \tag{130}$$

Behn-Eschenburg setzte

$$M^2 = L_1 L_2\,(1 - \sigma) \tag{131}$$

und nannte σ den „Koeffizienten der totalen Streuung".

Außerdem existiert die Schreibweise

$$M^2 = k^2 L_1 L_2. \tag{132}$$

k heißt „Kopplungsfaktor". Zwischen k und σ bestehen die Beziehungen

$$k^2 = 1 - \sigma,$$

$$k = \sqrt{1 - \sigma}, \tag{133}$$

$$\sigma = 1 - k^2. \tag{134}$$

In der nachfolgenden Tabelle sind Extremwerte von k und σ und ihr physikalischer Sinn zusammengestellt:

$k =$	0	1
$\sigma =$	1	0
Physikalischer Sinn	Die Spulen beeinflussen sich nicht	Die Spulen sind streuungslos miteinander gekoppelt

Hopkinson definierte als „Streukoeffizienten" den Quotienten

$$v = \frac{\Phi_{gesamt}}{\Phi_{nutzbar}}. \qquad (135)$$

v kann also Werte zwischen 1 und ∞ annehmen. In Verfolgung dieses Gedankens definierte Blondel als „primären Streukoeffizienten" bei stromloser Sekundärspule

$$v_1 = \frac{\Phi_1}{\Phi_{12}}. \qquad (136)$$

Wegen $i_2 = 0$ wird nun auch

$$v_1 = \frac{\Psi_1}{\Psi_{12}}$$

und mit Rücksicht auf (125a) und (117a)

$$v_1 = \frac{L_1}{L_{12}}. \qquad (137)$$

Analog folgt der sekundäre Streukoeffizient

$$v_2 = \frac{L_2}{L_{21}}. \qquad (138)$$

Aus (137) lassen sich noch folgende Beziehungen ableiten

$$L_1 = v_1 L_{12} = v_1 (L_1 - L_{1s}),$$

$$\frac{L_{1s}}{L_1} = \frac{v_1 - 1}{v_1}, \qquad (139)$$

$$\frac{L_{1s}}{L_{12}} = v_1 - 1. \qquad (140)$$

Analog ergeben sich

$$\frac{L_{2s}}{L_2} = \frac{v_2 - 1}{v_2}, \qquad (141)$$

$$\frac{L_{2s}}{L_{21}} = v_2 - 1. \qquad (142)$$

Multipliziert man (137) und (138), so wird

$$v_1 v_2 = \frac{L_1 L_2}{L_{12} L_{21}} = \frac{1}{1 - \sigma},$$

$$\sigma = \frac{v_1 v_2 - 1}{v_1 v_2}, \qquad (143)$$

oder auch

$$\nu_1 \nu_2 = \frac{L_1 L_2}{L_{12} L_{21}} = \frac{1}{k^2}$$

$$k = \frac{1}{\sqrt{\nu_1 \nu_2}}. \tag{144}$$

Heyland setzte den Verlust durch Streuung ins Verhältnis zum Nutzfluß, wobei wieder der Sekundärstrom zu Null angenommen wurde, und erhielt als „primären Streufaktor"

$$\tau_1 = \frac{\Phi_{1s}}{\Phi_{12}}. \tag{145}$$

τ_1 kann also Werte zwischen 0 und ∞ annehmen.

Wegen $i_2 = 0$ folgt auch

$$\tau_1 = \frac{\Psi_{1s}}{\Psi_{12}}$$

und mit (116a) und (117a)

$$\tau_1 = \frac{L_{1s}}{L_{12}}. \tag{146}$$

Der sekundäre Streufaktor wird entsprechend

$$\tau_2 = \frac{L_{2s}}{L_{21}}. \tag{147}$$

Aus (146) läßt sich ableiten

$$\tau_1 L_{12} = L_{1s} = \tau_1 (L_1 - L_{1s}),$$

$$\frac{L_{1s}}{L_1} = \frac{\tau_1}{1 + \tau_1}, \tag{148}$$

$$\frac{L_1}{L_{12}} = 1 + \tau_1. \tag{149}$$

Analog ergeben sich

$$\frac{L_{2s}}{L_2} = \frac{\tau_2}{1 + \tau_2}, \tag{150}$$

$$\frac{L_2}{L_{21}} = 1 + \tau_2. \tag{151}$$

Der Vergleich von (137) mit (149) bringt sofort

$$\left. \begin{aligned} \nu_1 &= 1 + \tau_1, \\ \nu_2 &= 1 + \tau_2, \end{aligned} \right\} \tag{152}$$

$$\left. \begin{aligned} \tau_1 &= \nu_1 - 1, \\ \tau_2 &= \nu_2 - 1. \end{aligned} \right\} \tag{153}$$

(143) liefert dann

$$\sigma = \frac{\nu_1 \nu_2 - 1}{\nu_1 \nu_2} = \frac{(1 + \tau_1)(1 + \tau_2) - 1}{(1 + \tau_1)(1 + \tau_2)} = \frac{\tau_1 + \tau_2 + \tau_1 \tau_2}{1 + \tau_1 + \tau_2 + \tau_1 \tau_2}. \tag{154}$$

Da τ_1 und τ_2 in der Starkstromtechnik meist sehr kleine Zahlen sind, genügt die Näherung

$$\sigma \sim \frac{\tau_1 + \tau_2}{1 + \tau_1 + \tau_2}. \tag{155}$$

(144) bringt

$$k = \frac{1}{\sqrt{\nu_1 \nu_2}} = \frac{1}{\sqrt{(1 + \tau_1)(1 + \tau_2)}} \tag{156}$$

exakt bzw. für die in Frage kommenden Fälle die Näherung

$$k \sim \frac{1}{\sqrt{1 + \tau_1 + \tau_2}}. \tag{157}$$

Meßbar sind unmittelbar die totalen Induktivitäten L_1 und L_2 und die Gegeninduktivität M. Liegt nämlich die Spannung $\mathfrak{U}_1$ an der primären Spule, und ist deren Kupferwiderstand R_1, so ist der aufgenommene Leerlaufstrom wegen

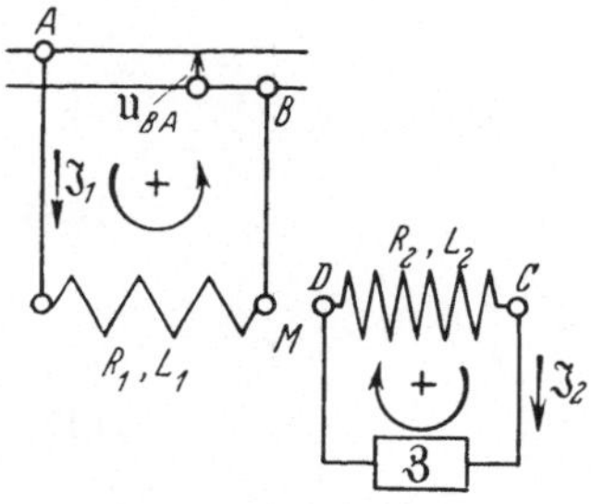

$$\mathfrak{U}_1 = \mathfrak{J}_1 (R_1 + j\omega L_1), \tag{158}$$

$$J_1 = \frac{U_1}{\sqrt{R_1^2 + \omega^2 L_1^2}}. \tag{159}$$

Sind U_1, J_1, R_1 und ω bekannt, so läßt sich L_1 berechnen. In der Sekundärspule entsteht eine meßbare EMK

$$\mathfrak{E}_2 = -j\omega M \mathfrak{J}_1 \tag{160}$$

von der Größe

$$E_2 = \omega M J_1, \tag{161}$$

Abb. 51. Schaltbild des Lufttransformators.

aus der M errechnet werden kann.

Sind die Windungszahlen bekannt, so lassen sich weiterhin errechnen

$$L_{12} = M \frac{w_1}{w_2}, \tag{162}$$

wie aus (121) und (123) durch Division folgt. Dann ist

$$L_{1s} = L_1 - L_{12}$$

usw.

Wir stellen jetzt die Gleichungen für den Lufttransformator (Abb. 51) auf. Primärseitig liegt er am Netz, sekundär ist er mit dem Richtwiderstand

$$\mathfrak{Z} = R + jX = Z\,\varepsilon^{j\varphi} \tag{163}$$

belastet. Es kann allgemein

$$X = \omega L - \frac{1}{\omega C} \tag{164}$$

angenommen werden. Der Richtwiderstand ändere sich gemäß dem Gesetz

$$\mathfrak{Z} = p\,\mathfrak{Z}_0 = pZ_0\,\varepsilon^{j\varphi}. \tag{165}$$

Das Faradaysche Induktionsgesetz (11)

$$\Sigma e = \Sigma i R + \Sigma u \tag{11}$$

erhält für die Zeitvektoren die Fassung

$$\Sigma \mathfrak{E} = \Sigma \mathfrak{J} R + \Sigma \mathfrak{U} \tag{166}$$

und ergibt in Anwendung auf die Primärseite

$$- j \omega L_1 \mathfrak{J}_1 - j \omega M \mathfrak{J}_2 = \mathfrak{J}_1 R_1 + \mathfrak{U}_{BA}, \tag{167a}$$

und in Anwendung auf die Sekundärseite

$$- j \omega L_2 \mathfrak{J}_2 - j \omega M \mathfrak{J}_1 = \mathfrak{J}_2 R_2 + \mathfrak{U}_{CD} = \mathfrak{J}_2 (R_2 + \mathfrak{Z}). \tag{168a}$$

Wir schreiben wie früher (50)

$$\mathfrak{U}_{BA} = - \mathfrak{U}_{AB} = - U$$

und erhalten nach Ordnung der Gleichungen (167a) und (168a)

$$U = \mathfrak{J}_1 (R_1 + j \omega L_1) + j \omega M \mathfrak{J}_2, \tag{167}$$

$$0 = \mathfrak{J}_2 (R_2 + j \omega L_2 + \mathfrak{Z}) + j \omega M \mathfrak{J}_1. \tag{168}$$

a) Die Ortskurve des Primärstromes.

Die Primärspannung U sei konstant, der Richtwiderstand gemäß (165) veränderlich. Wir eliminieren $\mathfrak{J}_2$ mit Hilfe von (168) aus (167) und erhalten

$$\begin{aligned}
U &= \mathfrak{J}_1 \left[(R_1 + j \omega L_1) + \frac{\omega^2 M^2}{R_2 + j \omega L_2 + \mathfrak{Z}} \right] \\
&= \mathfrak{J}_1 \frac{(R_1 + j \omega L_1)(R_2 + j \omega L_2 + \mathfrak{Z}) + \omega^2 M^2}{R_2 + j \omega L_2 + \mathfrak{Z}} \\
&= \mathfrak{J}_1 \frac{(R_1 + j \omega L_1)(R_2 + \mathfrak{Z}) + R_1 j \omega L_2 - \omega^2 L_1 L_2 + \omega^2 M^2}{R_2 + j \omega L_2 + \mathfrak{Z}}.
\end{aligned}$$

Beachtet man (131), so wird

$$U = \mathfrak{J}_1 \frac{(R_1 + j \omega L_1)(R_2 + \mathfrak{Z}) + R_1 j \omega L_2 - \omega^2 L_1 L_2 \sigma}{R_2 + j \omega L_2 + \mathfrak{Z}}$$

bzw. mit

$$- \omega^2 L_1 L_2 \sigma = + j^2 \omega^2 L_1 L_2 \sigma, \tag{169}$$

$$U = \mathfrak{J}_1 \frac{(R_1 + j \omega L_1)(R_2 + \mathfrak{Z}) + (R_1 + j \omega L_1 \sigma) j \omega L_2}{R_2 + j \omega L_2 + \mathfrak{Z}},$$

$$\mathfrak{J}_1 = U \frac{R_2 + j \omega L_2 + p \mathfrak{Z}_0}{(R_1 + j \omega L_1) R_2 + (R_1 + j \omega L_1 \sigma) j \omega L_2 + (R_1 + j \omega L_1) p \mathfrak{Z}_0}. \tag{170}$$

Die Gleichung hat die Form

$$\mathfrak{V} = \frac{\mathfrak{a} + \mathfrak{b} p}{\mathfrak{c} + \mathfrak{d} p}. \tag{54}$$

Der Primärstrom beschreibt also unter dem Einfluß der vorausgesetzten

Änderung von $\mathfrak{Z}$ einen Kreis allgemeiner Lage. Seine Festlegung geschieht folgendermaßen:

$p = \infty$ bedeutet Leerlauf, hierfür wird

$$\mathfrak{J}_{1\lambda} = U\,\frac{1}{R_1 + j\,\omega\,L_1}\,, \tag{171}$$

$p = 0$ bedeutet Kurzschluß, hierfür wird

$$\mathfrak{J}_{1\varkappa} = U\,\frac{R_2 + j\,\omega\,L_2}{(R_1 + j\,\omega\,L_1)\,R_2 + (R_1 + j\,\omega\,L_1\,\sigma)\,j\,\omega\,L_2}\,. \tag{172}$$

$\mathfrak{J}_{1\lambda}$ kann durch Strom-, Spannungs- und Leistungsmessungen beim Leerlaufversuch hinsichtlich Größe und Phase festgelegt werden.

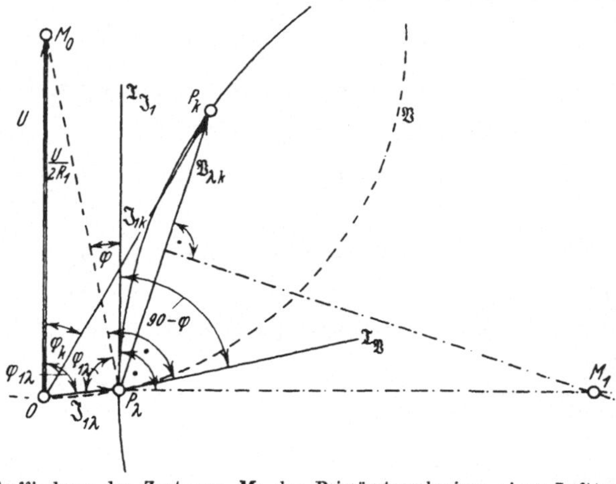

Abb. 52. Zur Auffindung des Zentrums M_1 des Primärstromkreises eines Lufttransformators.

$\mathfrak{J}_{1\varkappa}$ ergibt sich im Kurzschlußversuch auf Grund derselben Messungen und mit Hilfe einer einfachen Extrapolation, da man nicht bei normaler Primärspannung wird kurzschließen können.

Zeichnet man U, $\mathfrak{J}_{1\lambda}$ und $\mathfrak{J}_{1\varkappa}$ auf, so muß das Zentrum M_1 des Primärstromkreises auf der Mittelsenkrechten von $\mathfrak{W}_{\lambda\varkappa}$ liegen (Abb. 52).

Einen weiteren geometrischen Ort für das Kreiszentrum M_1 finden wir durch folgende Überlegungen:

Der Strom $\mathfrak{J}_{1\lambda}$ gehört dem Kreise

$$\mathfrak{W} = U\,\frac{1}{R_1 + j\,\omega\,L_1\,p} \tag{173}$$

an. Für $p = 1$ wird nämlich $\mathfrak{W} \equiv \mathfrak{J}_{1\lambda}$. Für $p = 0$ wird $\mathfrak{W} = \dfrac{U}{R_1}$, der Absolutwert dieses Vektors ist der größtmögliche, der Kreis (173) hat also $\mathfrak{W} = \dfrac{U}{R_1}$ zum Durchmesser und kann gezeichnet werden (Abb. 52). Das Zentrum M_0 findet man nämlich auf U oder dessen Verlängerung, wenn man in P_λ nochmals $\varphi_{1\lambda}$ an $\mathfrak{J}_{1\lambda}$ anträgt. Dieser Kreis $\mathfrak{B}$ hat eine ganz bestimmte Lage zu dem gesuchten Kreis (170) für $\mathfrak{J}_1$. Bestimmt man die Tangentenrichtung für $\mathfrak{B}$, so wird allgemein

$$\frac{d\mathfrak{B}}{dp} = \frac{-\,U\,j\,\omega\,L_1}{(R_1 + j\,\omega\,L_1\,p)^2} \tag{174}$$

und speziell für $p = 1$ in P_λ

$$\left(\frac{d\mathfrak{B}}{dp}\right)_{p=1} = \frac{-\,U\,j\,\omega\,L_1}{(R_1 + j\,\omega\,L_1)^2}. \tag{175}$$

Führt man einige Abkürzungen ein:

$$\left. \begin{aligned} \mathfrak{z}_1 &= R_1 + j\,\omega\,L_1 \text{ für den Richtwiderstand der Primärspule,} \\ \mathfrak{z}_2 &= R_2 + j\,\omega\,L_2 \text{ für den Richtwiderstand der Sekundärspule,} \\ \mathfrak{z}_\varkappa &= \frac{(R_1 + j\,\omega\,L_1)\,R_2 + (R_1 + j\,\omega\,L_1\,\sigma)\,j\,\omega\,L_2}{R_2 + j\,\omega\,L_2} \end{aligned} \right\} \tag{176}$$

für den Richtwiderstand des sekundär kurzgeschlossenen Transformators, so kann man schreiben

$$\left(\frac{d\mathfrak{B}}{dp}\right)_{p=1} = \frac{-\,U\,j\,\omega\,L_1}{\mathfrak{z}_1^2} \tag{175a}$$

und für (170)

$$\mathfrak{J}_1 = U\,\frac{\mathfrak{z}_2 + p\,\mathfrak{Z}_0}{\mathfrak{z}_\varkappa\,\mathfrak{z}_2 + \mathfrak{z}_1\,p\,\mathfrak{Z}_0}. \tag{170a}$$

Dann wird die Tangentenrichtung für (170a) allgemein bestimmt durch

$$\frac{d\mathfrak{J}_1}{dp} = U\,\frac{\mathfrak{Z}_0\,\mathfrak{z}_2(\mathfrak{z}_\varkappa - \mathfrak{z}_1)}{(\mathfrak{z}_\varkappa\,\mathfrak{z}_2 + \mathfrak{z}_1\,p\,\mathfrak{Z}_0)^2} \tag{177}$$

und für den Leerlaufspunkt $p = \infty$ speziell durch

$$p^2\,\frac{d\mathfrak{J}_1}{dp} = U\,\frac{\mathfrak{Z}_0\,\mathfrak{z}_2(\mathfrak{z}_\varkappa - \mathfrak{z}_1)}{\left(\dfrac{\mathfrak{z}_\varkappa\,\mathfrak{z}_2}{p} + \mathfrak{z}_1\,\mathfrak{Z}_0\right)^2}. \tag{178}$$

Man erhält

$$\left(p^2\,\frac{d\mathfrak{J}_1}{dp}\right)_{p=\infty} = U\,\frac{\mathfrak{z}_2(\mathfrak{z}_\varkappa - \mathfrak{z}_1)}{\mathfrak{z}_1^2\,\mathfrak{Z}_0}. \tag{179}$$

Bildet man

$$\left(p^2\,\frac{d\mathfrak{J}_1}{dp}\right)_{p=\infty} : \left(\frac{d\mathfrak{B}}{dp}\right)_{p=1} = \frac{\mathfrak{z}_2(\mathfrak{z}_\varkappa - \mathfrak{z}_1)}{-\,j\,\omega\,L_1\,\mathfrak{Z}_0}, \tag{180}$$

so ergibt die Auswertung mit Hilfe von (176)

$$\left(p^2\,\frac{d\mathfrak{J}_1}{dp}\right)_{p=\infty} : \left(\frac{d\mathfrak{B}}{dp}\right)_{p=1} = \frac{j\,\omega\,L_2(1 - \sigma)}{\mathfrak{Z}_0} = \frac{\omega\,L_2(1 - \sigma)}{Z_0}\,\varepsilon^{j\,(90-\tau)}. \tag{181}$$

Wir setzen

$$\mathfrak{T}_{\mathfrak{J}_1} = \left(p^2\,\frac{d\mathfrak{J}_1}{dp}\right)_{p=\infty}.$$

$\mathfrak{T}_{\mathfrak{J}_1}$ ist ein Vektor, der durch den Punkt P_λ hindurchgeht und die Richtung der Tangente an den Kreis für $\mathfrak{J}_1$ in P_λ hat. Ferner ist

$$\mathfrak{T}_{\mathfrak{B}} = \left(\frac{d\mathfrak{B}}{dp}\right)_{p=1}$$

ein Vektor durch den Punkt P_λ, der die Richtung der Tangente an den Kreis $\mathfrak{B}$ hat. Dann besagt die Gleichung (181)

$$\frac{\mathfrak{T}_{\mathfrak{J}_1}}{\mathfrak{T}_{\mathfrak{B}}} = \frac{\omega L_2(1-\sigma)}{Z_0}\,\varepsilon^{j(90-\varphi)}, \tag{181a}$$

daß beide Tangenten einen Winkel $90^0 - \varphi$ miteinander einschließen. Insbesondere schneiden sich also Kreis (170) und Kreis (173) bei rein Ohmscher Sekundärlast orthogonal.

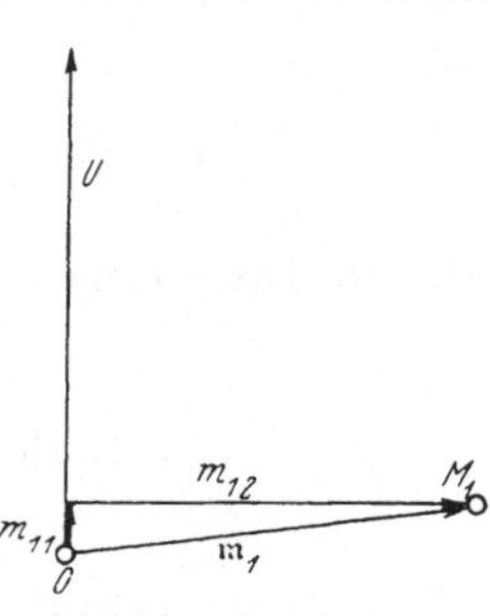

Abb. 53.　Der Ortsvektor und seine Komponenten nach dem Zentrum M_1 des Primärstromkreises eines Lufttransformators.

In Abb. 52 sind gezeichnet
die Primärspannung U,
der primäre Leerlaufstrom $\mathfrak{J}_{1\lambda}$ mit $\varphi_{1\lambda}$ Nacheilung gegen U,
die Tangente $\mathfrak{T}_{\mathfrak{B}}$ an den $\mathfrak{B}$-Kreis in P_λ. Sie steht senkrecht auf dem Kreisradius $P_\lambda M_0$,
die Tangente $\mathfrak{T}_{\mathfrak{J}_1}$ an den $\mathfrak{J}_1$-Kreis in P_λ. Sie hat gemäß (181a) $90^0 - \varphi$ Voreilung vor $\mathfrak{T}_{\mathfrak{B}}$.

Der zweite geometrische Ort für das Zentrum M_1 des $\mathfrak{J}_1$-Kreises ist nun die Senkrechte auf $\mathfrak{T}_{\mathfrak{J}_1}$ in P_λ. Man sieht sofort, daß der Winkel zwischen $P_\lambda M_0$ und $\mathfrak{T}_{\mathfrak{J}_1}$ φ sein muß. Trägt man also in P_λ an $P_\lambda M_0$ den Winkel $90^0 + \varphi$ an, so ist sein freier Schenkel geometrischer Ort für M_1.

Damit liegt der Kreis des Primärstromes fest.

Speziell für rein Ohmsche Sekundärlast wird $P_\lambda M_1 \perp P_\lambda M_0$, M_1 liegt auf $\mathfrak{T}_{\mathfrak{B}}$ (Abb. 52). Für diesen Fall ist es nützlich, den Ortsvektor $\mathfrak{m}_1 = OM_1$ nach dem Kreiszentrum zu berechnen. Wegen Annahme rein Ohmscher Belastung wird aus (163) und (165)

$$\mathfrak{Z} = pR \tag{182}$$

und hiermit aus (170a)

$$\mathfrak{J}_1 = U\frac{\mathfrak{z}_2 + pR}{\mathfrak{z}_\varkappa\,\mathfrak{z}_2 + \mathfrak{z}_1 p R}. \tag{170b}$$

Der Vergleich mit (54) bringt

$$\mathfrak{a} = U\,\mathfrak{z}_2, \qquad \mathfrak{b} = UR,$$

$$\mathfrak{c} = \mathfrak{z}_\varkappa\,\mathfrak{z}_2, \qquad \mathfrak{d} = \mathfrak{z}_1 R,$$

sodann die Benutzung von (69) nach einfachen Zwischenrechnungen

$$\mathfrak{m}_1 = \frac{\mathfrak{a}\,\mathfrak{d}_k - \mathfrak{b}\,\mathfrak{c}_k}{\mathfrak{c}\,\mathfrak{d}_k - \mathfrak{c}_k\,\mathfrak{d}} = U\frac{2R_1 - j\omega L_1(1+\sigma)}{2(R_1^2 + \omega^2 L_1^2\sigma)}. \tag{183}$$

Die Komponente in Richtung von U ist

$$m_{11} = U \frac{2\,R_1}{2\,(R_1^2 + \omega^2 L_1^2 \sigma)}.$$

Die Komponente senkrecht zu U ist

$$m_{12} = U \frac{\omega\,L_1\,(1 + \sigma)}{2\,(R_1^2 + \omega^2 L_1^2 \sigma)},$$

Abb. 53. Hieraus folgt sofort

$$\frac{m_{12}}{m_{11}} = \frac{\omega\,L_1\,(1 + \sigma)}{2\,R_1} = \operatorname{tg}\varphi_{1\lambda}\,\frac{1 + \sigma}{2},$$

oder

$$\sigma = \frac{2\,m_{12}}{m_{11}\,\operatorname{tg}\varphi_{1\lambda}} - 1. \tag{184}$$

Aus der Lage des Kreiszentrums M_1 für rein Ohmsche Last ist also der Koeffizient σ der totalen Streuung bestimmbar.

b) Die Ortskurve des Sekundärstromes.

(168) ergibt

$$\mathfrak{J}_2 = \frac{-j\,\omega\,M}{R_2 + j\,\omega\,L_2 + \mathfrak{Z}}\,\mathfrak{J}_1 \tag{168 b}$$

und mit (170)

$$\mathfrak{J}_2 = U \frac{-j\,\omega\,M}{(R_1 + j\,\omega\,L_1)\,R_2 + (R_1 + j\,\omega\,L_1\sigma)\,j\,\omega\,L_2 + (R_1 + j\,\omega\,L_1)\,p\,\mathfrak{Z}_0}. \tag{185}$$

Mit den Abkürzungen (176) kann man schreiben

$$\mathfrak{J}_2 = U \frac{-j\,\omega\,M}{\mathfrak{z}_\varkappa\,\mathfrak{z}_2 + \mathfrak{z}_1\,p\,\mathfrak{Z}_0}. \tag{186}$$

Die Gleichung hat die Form

$$\mathfrak{V} = \frac{1}{\mathfrak{c} + \mathfrak{d}\,p}. \tag{52}$$

$\mathfrak{J}_2$ beschreibt also einen Kreis durch den Ursprung O. Seine Festlegung geschieht folgendermaßen:

$p = \infty$, Leerlauf, bringt $\mathfrak{J}_2 = 0$,
$p = 0$, Kurzschluß, bringt

$$\mathfrak{J}_{2\varkappa} = U \frac{-j\,\omega\,M}{\mathfrak{z}_\varkappa\,\mathfrak{z}_2}. \tag{187}$$

Praktisch kann man $J_{2\varkappa}$ aus dem Stromübersetzungsverhältnis nach einem Extrapolationsverfahren finden, über die Phase von $\mathfrak{J}_{2\varkappa}$ gibt die folgende Rechnung Aufschluß:

Gemäß Abb. 52 ist

$$\mathfrak{J}_{1\lambda} + \mathfrak{V}_{\lambda\varkappa} = \mathfrak{J}_{1\varkappa},$$

$$\mathfrak{V}_{\lambda\varkappa} = \mathfrak{J}_{1\varkappa} - \mathfrak{J}_{1\lambda} = U \frac{\mathfrak{z}_1 - \mathfrak{z}_\varkappa}{\mathfrak{z}_1\,\mathfrak{z}_\varkappa}. \tag{188}$$

Dividiert man (187) und (188), so wird

$$\frac{\mathfrak{J}_{2\varkappa}}{\mathfrak{B}_{\lambda\varkappa}} = \frac{-j\,\omega\,M\,\mathfrak{z}_1}{\mathfrak{z}_2(\mathfrak{z}_1 - \mathfrak{z}_\varkappa)}$$

und nach einfachen Zwischenrechnungen

$$\frac{\mathfrak{J}_{2\varkappa}}{\mathfrak{B}_{\lambda\varkappa}} = \frac{z_1}{\omega\,M}\,\varepsilon^{j\,(90 + \varphi_1\lambda)}, \tag{189}$$

bzw.

$$\mathfrak{J}_{2\varkappa} = \mathfrak{B}_{\lambda\varkappa}\cdot \text{const}\cdot \varepsilon^{j\,(90 + \varphi_1\lambda)}. \tag{189a}$$

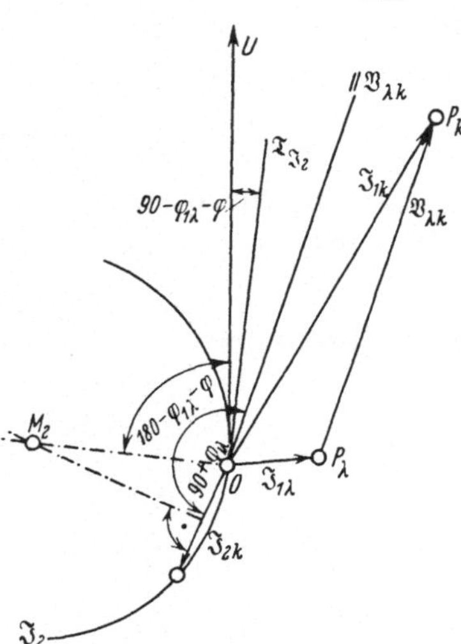

Abb. 54. Ortskurve des Sekundärstromes J_2 des Lufttransformators bei variabler Sekundärlast $\mathfrak{Z} = p\,Z_0\,\varepsilon^{j\,\varphi}$.

$\mathfrak{J}_{2\varkappa}$ eilt demnach um $90 + \varphi_{1\lambda}$ gegen $\mathfrak{B}_{\lambda\varkappa}$ vorauf. Die Mittelsenkrechte auf $\mathfrak{J}_{2\varkappa}$ ist erster geometrischer Ort für das Zentrum M_2 des $\mathfrak{J}_2$-Kreises (Abb. 54).

Einen weiteren geometrischen Ort für M_2 gewinnen wir, wenn wir im Leerlaufspunkt ($p = \infty$) die Tangentenrichtung des $\mathfrak{J}_2$-Kreises berechnen. Aus (186) folgt allgemein

$$\frac{d\,\mathfrak{J}_2}{d\,p} = \frac{j\,\omega\,M\,U\,\mathfrak{z}_1\,\mathfrak{Z}_0}{(\mathfrak{z}_\varkappa\,\mathfrak{z}_2 + \mathfrak{z}_1\,p\,\mathfrak{Z}_0)^2}, \tag{190}$$

bzw.

$$p^2\,\frac{d\,\mathfrak{J}_2}{d\,p} = \frac{j\,\omega\,M\,U\,\mathfrak{z}_1\,\mathfrak{Z}_0}{\left(\dfrac{\mathfrak{z}_\varkappa\,\mathfrak{z}_2}{p} + \mathfrak{z}_1\,\mathfrak{Z}_0\right)^2}, \tag{190a}$$

daher speziell im Punkte $p = \infty$

$$\left(p^2\,\frac{d\,\mathfrak{J}_2}{d\,p}\right)_{p=\infty} = \frac{j\,\omega\,M\,U}{\mathfrak{z}_1\,\mathfrak{Z}_0}$$

$$= \frac{\omega\,M\,U}{z_1\,Z_0}\,\varepsilon^{j\,(90 - \varphi_{1\lambda} - \varphi)}. \tag{191}$$

Die Tangente $\mathfrak{T}_{\mathfrak{J}_2}$ im Punkte O eilt also vor U um den Winkel $90 - \varphi_{1\lambda} - \varphi$ voraus (dieser Winkel wird in den meisten Fällen negativ sein), der zugehörige Berührungsradius des $\mathfrak{J}_2$-Kreises also um den Winkel $180 - \varphi_{1\lambda} - \varphi$ (Abb. 54). Der Kreis des Sekundärstromes $\mathfrak{J}_2$ ist dort vollständig eingezeichnet.

c) Die Ortskurve der Sekundärspannung.

Es ist

$$\mathfrak{U}_{CD} = \mathfrak{U}_2 = \mathfrak{J}_2\,\mathfrak{Z}. \tag{192}$$

Mit (186) wird

$$\mathfrak{U}_2 = U\,\frac{-j\,\omega\,M\,p\,\mathfrak{Z}_0}{\mathfrak{z}_\varkappa\,\mathfrak{z}_2 + \mathfrak{z}_1\,p\,\mathfrak{Z}_0}. \tag{193}$$

(193) hat die Form

$$\mathfrak{V} = \frac{\mathfrak{b}\,p}{\mathfrak{c} + \mathfrak{b}\,p}.$$

$\mathfrak{U}_2$ beschreibt daher einen Kreis, der für $p = 0$ durch den Ursprung O geht. Zu seiner Festlegung dienen die Sonderwerte:

$p = \infty$, Leerlauf

$$\mathfrak{U}_{2\lambda} = U \frac{-j\,\omega\,M}{\mathfrak{z}_1} = U \frac{\omega\,M}{z_1}\,\varepsilon^{-j(90+\varphi_{1\lambda})}. \tag{194}$$

$\mathfrak{U}_{2\lambda}$ eilt also um $90 + \varphi_{1\lambda}$ hinter U nach, $U_{2\lambda}$ kann gemessen werden. Die Mittelsenkrechte auf $\mathfrak{U}_{2\lambda}$ ist erster geometrischer Ort für das Zentrum M_3 des $\mathfrak{U}_2$-Kreises (Abb. 55).

$p = 0$, Kurzschluß, $\mathfrak{U}_{2\varkappa} = 0$.

Um einen weiteren geometrischen Ort für M_3 zu finden, errechnen wir aus (193)

$$\left(\frac{d\,\mathfrak{U}_2}{d\,p}\right)_{p=0} = \frac{-j\,\omega\,M\,U\,\mathfrak{Z}_0}{\mathfrak{z}_\varkappa\,\mathfrak{z}_2}, \tag{195}$$

und finden durch Vergleich mit (187)

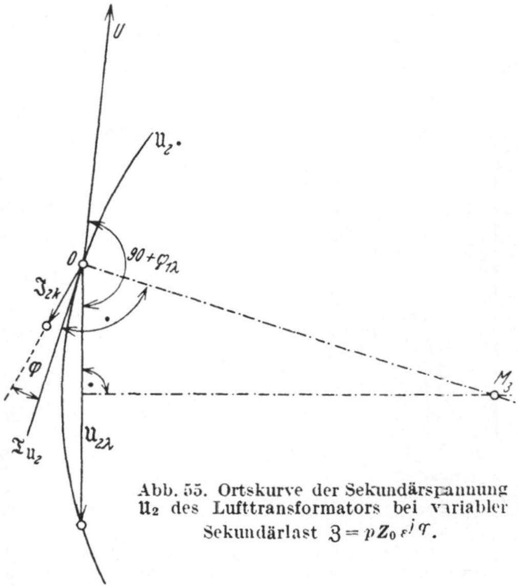

$$\left(\frac{d\,\mathfrak{U}_2}{d\,p}\right)_{p=0} = \mathfrak{J}_{2\varkappa}\,\mathfrak{Z}_0 = \mathfrak{J}_{2\varkappa}\,Z_0\,\varepsilon^{j\tau}. \tag{196}$$

Abb. 55. Ortskurve der Sekundärspannung $\mathfrak{U}_2$ des Lufttransformators bei variabler Sekundärlast $\mathfrak{Z} = p\,Z_0\,\varepsilon^{j\tau}$.

Die Tangente $\mathfrak{T}_{\mathfrak{U}_2}$ im Punkte O ($p = 0$) eilt also um φ vor $\mathfrak{J}_{2\varkappa}$ voraus (Abb. 55). Die Senkrechte auf $\mathfrak{T}_{\mathfrak{U}_2}$ in O ist zweiter geometrischer Ort für M_3. In Abb. 55 ist der Kreis der Sekundärspannung vollständig gezeichnet.

d) Die Übersicht über sämtliche Strom- und Spannungsverhältnisse.

Sie läßt sich erleichtern, wenn man nach Festlegung des Kreises für den Primärstrom $\mathfrak{J}_1$ einige neue Vektoren definiert. In Abb. 56 sind nochmals gezeichnet:

Die Primärspannung U,
der primäre Leerlaufstrom $\mathfrak{J}_{1\lambda}$ mit $\varphi_{1\lambda}$ Nacheilung gegen U,
der primäre Kurzschlußstrom $\mathfrak{J}_{1\varkappa}$ mit $\varphi_{1\varkappa}$ Nacheilung gegen U,
der Kreis $\mathfrak{B}$ [(173)],
der Kreis für $\mathfrak{J}_1$, und zwar diesmal für rein Ohmsche Last, so daß er den $\mathfrak{B}$-Kreis in P_λ orthogonal schneidet.

$$\mathfrak{B}_{\lambda\varkappa} = \overrightarrow{P_\lambda\,P_\varkappa}\,,$$

ein beliebiger Primärstrom $\mathfrak{J}_1 = \overrightarrow{O\,P}$,

die Vektoren $\mathfrak{B}_1 = \overrightarrow{P_\lambda\,P}$ und $\mathfrak{B}_2 = \overrightarrow{P_\varkappa\,P}$.

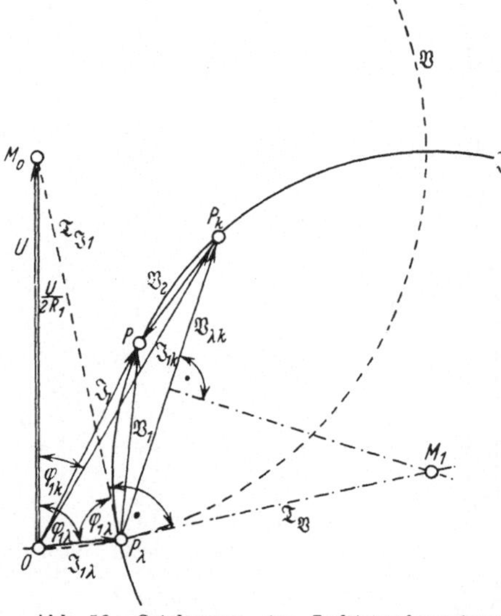

Abb. 56. Ortskurven des Lufttransformators. Primärstrom $\mathfrak{J}_1$ und die neuen Vektoren $\mathfrak{B}_1$ und $\mathfrak{B}_2$.

Der Vektor $\mathfrak{B}_1$ ist definiert durch

$$\mathfrak{J}_1 = \mathfrak{J}_{1\lambda} + \mathfrak{B}_1\,,$$

$$\mathfrak{B}_1 = \mathfrak{J}_1 - \mathfrak{J}_{1\lambda}$$

$$= U\,\frac{\mathfrak{z}_2 + p\,\mathfrak{z}_0}{\mathfrak{z}_\varkappa\,\mathfrak{z}_2 + \mathfrak{z}_1\,p\,\mathfrak{z}_0} - U\,\frac{1}{\mathfrak{z}_1}\,.$$

Nach einiger Umformung erhält man unter Benutzung von (176) und (131)

$$\mathfrak{B}_1 = \frac{-\,\omega^2\,M^2}{\mathfrak{z}_1}\,U\,\frac{1}{\mathfrak{z}_\varkappa\mathfrak{z}_2 + \mathfrak{z}_1\,p\,\mathfrak{z}_0}\,. \qquad (197)$$

Mit Rücksicht auf (186) wird auch

$$\mathfrak{B}_1 = \frac{-\,\omega^2\,M^2}{\mathfrak{z}_1}\,\frac{\mathfrak{J}_2}{-\,j\,\omega\,M}$$

$$= \frac{\omega\,M}{z_1}\,\varepsilon^{-j(90+\varphi_{1\lambda})}\,\mathfrak{J}_2\,. \qquad (198)$$

$\mathfrak{B}_1$ stellt demnach den mit einem konstanten Drehstrecker multiplizierten Sekundärstrom $\mathfrak{J}_2$ dar. Speziell für Kurzschluß wird

$$\mathfrak{B}_{1\varkappa} \equiv \mathfrak{B}_{\lambda\varkappa}$$

und man erhält

$$\mathfrak{B}_{\lambda\varkappa} = \mathrm{const} \cdot \varepsilon^{-j(90+\varphi_{1\lambda})}\,, \qquad (189\,\mathrm{a})$$

ein schon früher gefundenes Resultat.

Der Vektor $\mathfrak{B}_2$ ist definiert durch

$$\mathfrak{J}_1 = \mathfrak{J}_{1\varkappa} + \mathfrak{B}_2\,,$$

$$\mathfrak{B}_2 = \mathfrak{J}_1 - \mathfrak{J}_{1\varkappa}$$

$$= U\,\frac{\mathfrak{z}_2 + p\,\mathfrak{z}_0}{\mathfrak{z}_\varkappa\,\mathfrak{z}_2 + \mathfrak{z}_1\,p\,\mathfrak{z}_0} - U\,\frac{1}{\mathfrak{z}_\varkappa}\,.$$

Die Ausrechnung ergibt

$$\mathfrak{B}_2 = \frac{\omega^2\,M^2}{\mathfrak{z}_2\,\mathfrak{z}_\varkappa}\,U\,\frac{p\,\mathfrak{z}_0}{\mathfrak{z}_\varkappa\,\mathfrak{z}_2 + \mathfrak{z}_1\,p\,\mathfrak{z}_0} \qquad (199)$$

und der Vergleich mit (193)

$$\mathfrak{B}_2 = \frac{\omega^2\,M^2}{\mathfrak{z}_2\,\mathfrak{z}_\varkappa}\,\frac{\mathfrak{U}_2}{-\,j\,\omega\,M} = \frac{\omega\,M}{z_2\,z_\varkappa}\,\varepsilon^{+j(90-\varphi_{2\lambda}-\varphi_{1\varkappa})}\,\mathfrak{U}_2\,. \qquad (200)$$

$\mathfrak{V}_2$ stellt demnach die mit einem konstanten Drehstrecker multiplizierte Sekundärspannung $\mathfrak{U}_2$ dar.

Speziell für Leerlauf wird

$$\mathfrak{V}_2 \equiv - \mathfrak{V}_{\lambda \varkappa} ,$$

und man erhält

$$- \mathfrak{V}_{\lambda \varkappa} = \frac{\omega M}{z_2 z_\varkappa} \varepsilon^{+j(90-\varphi_{2\lambda}-\varphi_{1\varkappa})} \mathfrak{U}_{2\lambda} ,$$

$$\mathfrak{U}_{2\lambda} = \frac{z_2 z_\varkappa}{\omega M} \varepsilon^{+j(90+\varphi_{2\lambda}+\varphi_{1\lambda})} \mathfrak{V}_{\lambda \varkappa} . \quad (201)$$

$\mathfrak{U}_{2\lambda}$ eilt daher um $90 + \varphi_{2\lambda} + \varphi_{1\lambda}$ gegen $\mathfrak{V}_{\lambda \varkappa}$ vor.

Wir haben jetzt den Vorteil gewonnen, daß eine Parameterskala für alle Größen ausreicht. Sie steht senkrecht auf der Zentralen $P_\lambda M_1$.

Kürzen wir die Drehstrecker

$$\left.\begin{aligned} \frac{\omega M}{z_1} \varepsilon^{-j(90+\varphi_{1\lambda})} &= \mathfrak{A} , \\[2mm] \frac{\omega M}{z_2 z_\varkappa} \varepsilon^{+j(90-\varphi_{2\lambda}-\varphi_{1\varkappa})} &= \mathfrak{B} \end{aligned}\right\} \quad (202)$$

ab, so ergibt sich als vollständiges Diagramm die Abb. 57.

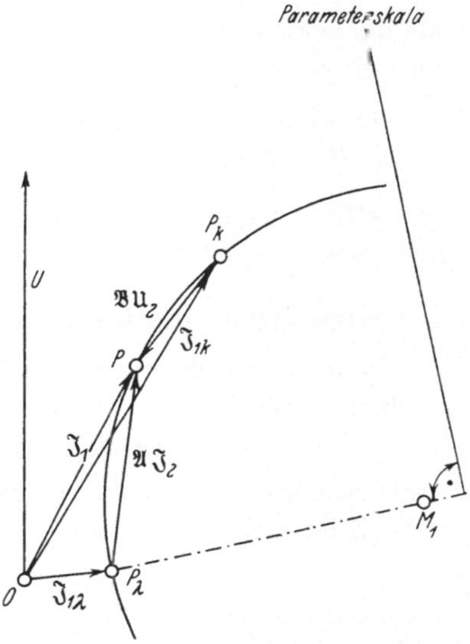

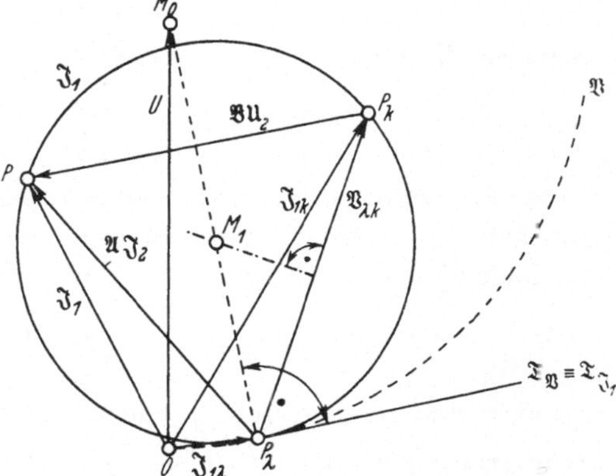

Abb. 57. Ortskurven des Lufttransformators. Primärstrom $\mathfrak{J}_1$, Sekundärstrom $\mathfrak{J}_2$, Sekundärspannung $\mathfrak{U}_2$, Belastung $\mathfrak{Z} = p Z_0 \varepsilon^{j\varphi}$.

e) Der Resonanztransformator.

Für den rein kapazitiv belasteten, sog. Resonanztransformator ergibt die Anwendung der bisherigen Entwicklungen die Abb. 58. Es ist

$$\mathfrak{Z} = p \mathfrak{Z}_0 = \frac{-j}{\omega C} . \quad (203)$$

$p = 0$ entspricht $C = \infty$, $p = \infty$ entspricht $C = 0$, ferner ist

$$\varphi = - 90^0 ,$$

daher fallen die Tangenten an den $\mathfrak{B}$- bzw. $\mathfrak{J}_1$-Kreis in P_λ zusammen, M_1 liegt auf $P_\lambda M_0$.

Der Vektor des maximal möglichen Betriebsstromes

Abb. 58. Ortskurven des Resonanztransformators.

geht durch das Kreiszentrum M_1 und ist größer als der Vektor $\mathfrak{J}_{1\varkappa}$ des Kurzschlußstromes.

Der Sekundärstrom kann durch $\overrightarrow{P_\lambda P} = \mathfrak{A}\mathfrak{J}_2$ gemessen werden. Liegt P auf $P_\lambda M_1$, so ist der Sekundärstrom der maximal mögliche, er ist größer als der sekundäre Kurzschlußstrom, der durch $\mathfrak{V}_{\lambda\varkappa} = \overrightarrow{P_\lambda P_\varkappa} = \mathfrak{A}\mathfrak{J}_{2\varkappa}$ gemessen werden kann.

Die Sekundärspannung kann durch $\overrightarrow{P_\varkappa P} = \mathfrak{B}\mathfrak{U}_2$ gemessen werden. Liegt P auf $P_\varkappa M_1$, so ist die Sekundärspannung die größtmögliche und größer als die Leerlaufspannung, die durch $\overrightarrow{P_\varkappa P_\lambda} = -\mathfrak{V}_{\lambda\varkappa} = \mathfrak{B}\mathfrak{U}_{2\lambda}$ gemessen werden kann.

f) Primärstrom bei Änderung des Phasenwinkels der Belastung.

Bisher war angenommen, daß sich der Richtwiderstand der Belastung nach dem Gesetz

$$\mathfrak{Z} = p\,\mathfrak{Z}_0 = p\,Z_0\,\varepsilon^{j\,\varphi} \tag{165}$$

ändern sollte, daß also bei konstantem Phasenwinkel φ der Absolutwert Z nach der Vorschrift

$$Z = p\,Z_0$$

veränderlich sei. Im Gegensatz hierzu schreiben wir nunmehr eine andere Änderungsmöglichkeit vor, nämlich

$$\mathfrak{Z} = Z\,\varepsilon^{j\,\varphi}. \tag{204}$$

Es soll also der Absolutwert Z konstant bleiben, die Phase φ aber veränderlich sein. Man erhält dann aus (170a)

$$\mathfrak{J}_1 = U\,\frac{\mathfrak{z}_2 + Z\,\varepsilon^{j\,\varphi}}{\mathfrak{z}_\varkappa \mathfrak{z}_2 + \mathfrak{z}_1 Z\,\varepsilon^{j\,\varphi}}. \tag{205}$$

Substituiert man

$$\mathfrak{J}_1 = \mathfrak{V}, \quad U\,\mathfrak{z}_2 = \mathfrak{a}, \quad UZ = \mathfrak{b}, \quad \mathfrak{z}_\varkappa \mathfrak{z}_2 = \mathfrak{c}, \quad \mathfrak{z}_1 Z = \mathfrak{d},$$

so lautet die Gleichung der Ortskurve formal

$$\mathfrak{V} = \frac{\mathfrak{a} + \mathfrak{b}\,\varepsilon^{j\,\varphi}}{\mathfrak{c} + \mathfrak{d}\,\varepsilon^{j\,\varphi}}. \tag{206}$$

Hieran fällt sofort auf, daß statt eines Faktorenparameters p ein Winkelparameter φ auftritt. (206) läßt sich jedoch transformieren mit Hilfe der folgenden Substitution: Man kann setzen

$$1 + j\,p = r\,\varepsilon^{j\,\frac{\varphi}{2}} = r\cos\frac{\varphi}{2} + j\,r\sin\frac{\varphi}{2}. \tag{207}$$

p und r sind dann durch $\dfrac{\varphi}{2}$ vollständig bestimmt. Die Spaltung der komplexen Gleichung bringt nämlich

$$1 = r\cos\frac{\varphi}{2},$$

$$p = r\sin\frac{\varphi}{2},$$

woraus
$$p = \operatorname{tg}\frac{\varphi}{2} \quad \text{und} \quad r = \sqrt{1 + p^2}$$

folgen. Weiterhin ist notwendig
$$1 - jp = r\,\varepsilon^{-j\frac{\varphi}{2}}, \tag{208}$$
so daß
$$\frac{1 + jp}{1 - jp} = \varepsilon^{j\varphi}. \tag{209}$$

In der nachfolgenden Tabelle sind einige leicht nachzurechnende zusammengehörige Werte von φ und p zusammengestellt:

p	0	$+\,1$	$\pm\infty$	$-\,1$	0
φ	0^0	$+\,90^0$	$+\,180^0$ $(\equiv -\,180^0)$	$+\,270^0$ $(\equiv -\,90^0)$	$+\,360^0$

Führt man (209) in (206) ein, so wird nach einfacher Zwischenrechnung
$$\mathfrak{V} = \frac{(\mathfrak{a} + \mathfrak{b}) + j(\mathfrak{b} - \mathfrak{a})\,p}{(\mathfrak{c} + \mathfrak{b}) + j(\mathfrak{b} - \mathfrak{c})\,p}. \tag{210}$$

Man erkennt hierin die Form (54), die Ortskurve des Stromes ist also wieder ein Kreis.

Diese Tatsache ist aus der Gleichung
$$\mathfrak{J}_1 = U\,\frac{\mathfrak{z}_2 + \mathfrak{Z}}{\mathfrak{z}_x\mathfrak{z}_2 + \mathfrak{z}_1\mathfrak{Z}} \tag{170a}$$

auf Grund der Theorie der Abbildungen ohne weiteres einzusehen: In einer $\mathfrak{Z}$-Ebene mit R- und X-Achse ist
$$\mathfrak{Z} = Z\,\varepsilon^{j\varphi} \tag{204}$$

bei konstantem Z, aber variablem φ ein Kreis.

Nun ist $\mathfrak{J}_1$ eine komplexe Funktion $\mathfrak{F}$ von $\mathfrak{Z}$, wir schreiben
$$\mathfrak{J}_1 = \mathfrak{F}(\mathfrak{Z})$$

und stellen $\mathfrak{J}_1$ in einer $\mathfrak{J}_1$-Ebene mit Wirk- und Blindstromachse dar. Jedem Punkt der $\mathfrak{Z}$-Kurve entspricht dann ein Punkt der $\mathfrak{J}_1$-Kurve, die Ortskurve von $\mathfrak{J}_1$ ist eine durch die Funktion $\mathfrak{F}(\mathfrak{Z})$ vermittelte Abbildung der $\mathfrak{Z}$-Kurve. Diese Funktion $\mathfrak{F}(\mathfrak{Z})$ ist aber in dem vorliegenden Fall eine lineare gebrochene und hat als solche die Eigenschaft, daß sie eine konforme Abbildung bewirkt, d. h. Kreise wieder in Kreise überführt.

Ändert sich $\mathfrak{Z}$ gemäß dem Ansatz
$$\mathfrak{z} = p\,\mathfrak{z}_0, \tag{165}$$

so ist die Darstellung von $\mathfrak{Z}$ in der $\mathfrak{Z}$-Ebene eine Gerade, in weiterem Sinne also ein Kreis vom Radius ∞.

Die Festlegung des Kreises (210) geschieht zweckmäßig durch die Werte

$$p = \quad 0, \quad \varphi = \quad\quad 0^0, \quad \mathfrak{Z} \text{ ist rein ohmisch,}$$
$$p = \quad 1, \quad \varphi = +\,90^0, \quad \mathfrak{Z} \text{ ist rein induktiv,}$$
$$p = -\,1, \quad \varphi = -\,90^0, \quad \mathfrak{Z} \text{ ist rein kapazitiv.}$$

Statt des letzten Punktes kann man auch den physikalisch zwar sinnlosen, rechnerisch aber bequemen Wert $p = \infty$, $\varphi = +\,180^0$ wählen.

Zu beachten ist, daß der Kreis (210) Leerlauf- und Kurzschlußpunkt selbstverständlich nicht enthält.

C. Die Ortskurven der synchronen Wechselstrommaschine.

Die Bauart des synchronen Wechselstromgenerators setzen wir als bekannt voraus. Der rotierende Teil ist meist das gleichstromerregte Polrad, in dem somit meist feststehenden Anker ist die Wechselstromwicklung untergebracht. Ist an diese kein Verbraucher angeschlossen, so liegt Leerlauf vor, und es entsteht, wenn sich das erregte Polrad bewegt, die als Klemmenspannung $\mathfrak{U}_\lambda$ meßbare Leerlaufs-EMK $\mathfrak{E}_\lambda$. Sie ist eine EMK der Ruhe, in ruhender Wicklung dadurch erzeugt, daß gleichstromerregte Spulen ihre räumliche Lage zu ihr ändern (s. a. S. 23, III D 1.c)). Weiterhin hat sie als EMK der Ruhe 90^0 Nacheilung gegen den erzeugenden Fluß Φ (s. a. S. 25). In ihrer Größe ist sie von Drehzahl und Erregung abhängig, bleibt also konstant, solange sich diese beiden Größen nicht ändern.

Schließt man einen Verbraucher

$$\mathfrak{Z} = Z\,\varepsilon^{j\,\varphi} \tag{211}$$

an die Wechselstromwicklung, so bildet sich ein Strom $\mathfrak{J}$ aus, und es entsteht in dem induktiven Widerstand $x = \omega l$ der Ankerwicklung ein induktiver Spannungsabfall

$$j\,\omega\,l\,\mathfrak{J} = j\,x\,\mathfrak{J},$$

in dem Kupferwiderstand r ein Ohmscher Spannungsabfall $\mathfrak{J}r$ und endlich im Verbraucher der Spannungsabfall $\mathfrak{J}\mathfrak{Z}$. Alle diese Spannungsabfälle hat die Leerlauf-EMK $\mathfrak{E}_\lambda$ zu decken, so daß gilt

$$\mathfrak{E}_\lambda = \mathfrak{J}\,(r + j\,x + \mathfrak{Z})\,. \tag{212}$$

Die Induktivität l der Ankerwicklung hängt davon ab, wie stark sich das Eigenfeld des Ankerstromes ausbilden kann. Der magnetische Widerstand hierfür ist praktisch konstant, wenn das Polrad als zylindrischer Induktor mit verteilter Erregerwicklung ausgeführt ist. Er ist aber mit der Phasenverschiebung φ des Verbrauchers $\mathfrak{Z}$ veränderlich, wenn das Polrad als Schenkelpolläufer ausgebildet ist. Um dies einzusehen, be-

trachten wir in Abb. 59 eine Windung, welche durch einen vorbei-
bewegten Nordpol induziert werde. Steht der Nordpol direkt unter der
Windung, so ist der umfaßte Fluß

$$\Phi_t = \Phi_{max},$$

und der sog. Spulenfluß, da die Windungszahl 1 ist,

$$\Psi_t = \Psi_{max} = \Phi_{max} \cdot 10^{-8},$$

und daher

$$e = -\frac{d\Psi_t}{dt} = 0.$$

Sind Strom und Spannung in Phase, so ist
auch

$$i = 0.$$

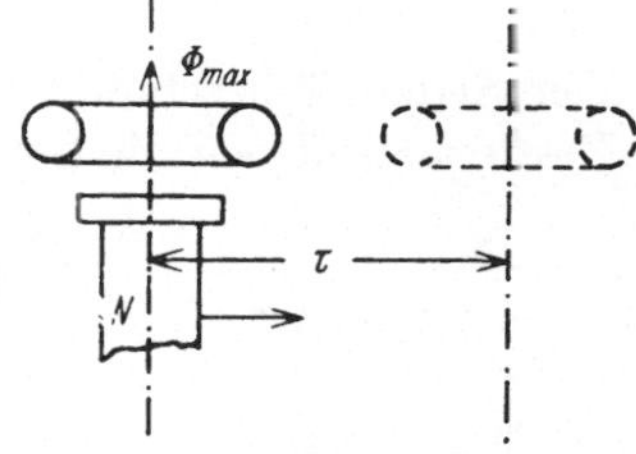

Abb. 59. Zur Erläuterung des veränderlichen magnetischen Widerstandes für das Ankerfeld des
Schenkelpolläufers.

Hat sich der Nordpol um eine Polteilung
weiterbewegt, so steht der Südpol gerade
unter der Windung und es ist $e = 0$ und
$i = 0$. In den Zwischenstellungen des Nordpols ist $e > 0$ und $i > 0$.
Das Eigenfeld des Stromes kann sich aber nicht sehr stark ausbilden,
da unserer betrachteten Windung vornehmlich die Pollücke gegenüber-
steht. Ist der Verbraucher $\mathfrak{Z}$ ein induktiver, so eilt i hinter e nach. In
der in Abb. 59 gezeichneten Stellung un-
seres Polrades ist also in der betrachteten Windung $e = 0$, $i < 0$, d. h. der Strom
ist noch negativ und wird erst kurze Zeit
später Null und dann positiv. In Abb. 60
sind Windung, Pol und Eigenfeld gezeichnet. Man sieht, daß das Ankerfeld das
Erregerfeld schwächt. Ist der Verbraucher
insbesondere nahezu rein induktiv, so ist
in Abb. 60 i im negativen Maximum, das
schwächende Ankerfeld ist stark wirksam,
da der Windung der magnetisch gutleitende
Pol gegenübersteht.

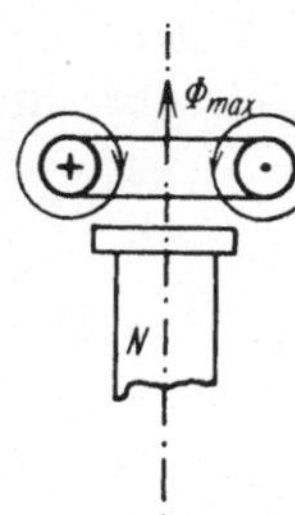

Abb. 60. Die das
Erregerfeld schwä-
chende Wirkung
rein induktiver
Ankerströme beim
Schenkelpolgene-
rator.

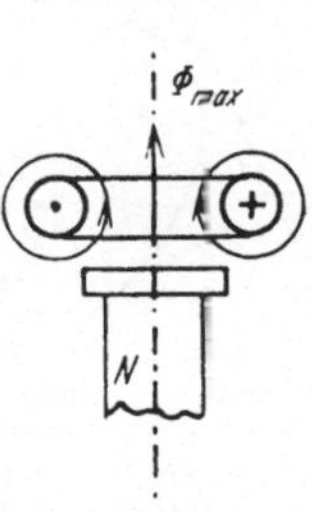

Abb. 61. Die das
Erregerfeld stär-
kende Wirkung
rein kapazitiver
Ankerströme beim
Schenkelpolgene-
rator.

Ist der Verbraucher ein kapazitiver, so eilt i vor e vor. In der in
Abb. 59 gezeichneten Stellung des Polrades ist für die betrachtete
Windung $e = 0$, $i > 0$, d. h. der Strom hat bereits vor e positive Werte
angenommen. Aus Abb. 61 ist ersichtlich, daß das Eigenfeld des Ankerstromes das Erregerfeld verstärkt. Für rein kapazitiven Verbraucher
ist i im positiven Maximum, wenn der Nordpol unter der Windung
steht, der magnetische Widerstand für die feldstärkende Wirkung des
Ankerstromes ist klein.

Vorläufig nehmen wir eine Maschine mit Zylinderinduktor an, so
daß $x = \omega l$ praktisch konstant bleibt.

6*

a) Ortskurve des Stromes bei variabler Last.

Die Belastung ändere sich nach dem Gesetz

$$\mathfrak{Z} = p\,\mathfrak{Z}_0 = p Z_0\,\varepsilon^{j\,\tau}.\tag{165}$$

Aus (212) folgt

$$\mathfrak{J} = \frac{\mathfrak{E}_\lambda}{r + jx + p\,\mathfrak{Z}_0}.\tag{213}$$

Der Strom $\mathfrak{J}$ beschreibt also einen Kreis durch den Ursprung. Seiner Festlegung dienen die Sonderwerte

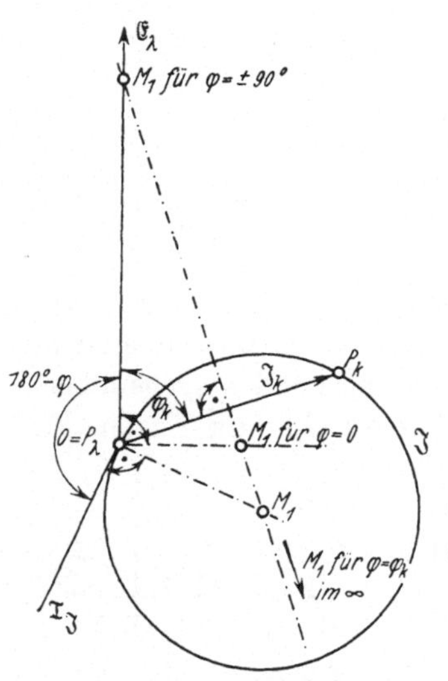

Abb. 62. Ortskurve des Stromes einer Wechselstrommaschine bei variabler Last $\mathfrak{Z} = p Z_0\,\varepsilon^{j\,\tau}$.

$p = \infty$,   Leerlauf, $\mathfrak{J} = 0$,

$p = 0$,   Kurzschluß, $\mathfrak{J}_\varkappa = \dfrac{\mathfrak{E}_\lambda}{r + jx}$.

Es ist

$$r + jx = \mathfrak{z} = z\,\varepsilon^{j\,\varphi_\varkappa}$$

der Richtwiderstand (die Impedanz) der Ankerwicklung. Hiermit kann man auch schreiben

$$\mathfrak{J}_\varkappa = \frac{\mathfrak{E}_\lambda}{z}\,\varepsilon^{-j\,\varphi_\varkappa}.\tag{214}$$

Der Kurzschlußstrom eilt hinter $\mathfrak{E}_\lambda$ um $\varphi_\varkappa$ nach. 1. geometrischer Ort des Zentrums M_1 des Stromkreises ist also die Mittelsenkrechte auf $\mathfrak{J}_\varkappa$ (Abb. 62).

Bildet man allgemein

$$\frac{d\mathfrak{J}}{dp} = \frac{-\,\mathfrak{E}_\lambda\,\mathfrak{Z}_0}{(r + jx + p\,\mathfrak{Z}_0)^2},\tag{215}$$

bzw.

$$p^2\,\frac{d\mathfrak{J}}{dp} = \frac{-\,\mathfrak{E}_\lambda\,\mathfrak{Z}_0}{\left(\dfrac{r + jx}{p} + \mathfrak{Z}_0\right)^2},\tag{215a}$$

so wird für den Leerlaufspunkt $p = \infty$ speziell

$$\left(p^2\,\frac{d\mathfrak{J}}{dp}\right)_{p=\infty} = -\,\frac{\mathfrak{E}_\lambda}{\mathfrak{Z}_0} = \frac{\mathfrak{E}_\lambda}{Z_0}\,\varepsilon^{j\,(180-\tau)}.\tag{216}$$

Die Tangente an den $\mathfrak{J}$-Kreis hat also $180^\circ - \varphi$ Voreilung vor $\mathfrak{E}_\lambda$ (Abb. 62). Auf der Senkrechten zu ihr in O muß M_1 ebenfalls liegen. Ohne weiteres lassen sich nun folgende Sonderlagen des Kreiszentrums M_1 einsehen:

1. $\varphi = 0^\circ$, induktionsfreie Last, M_1 liegt auf der Senkrechten zu $\mathfrak{E}_\lambda$ in O.

2. $\varphi = \varphi_\varkappa$, der Phasenwinkel der Belastung ist gleich dem Phasenwinkel der Ankerwicklung, M_1 liegt auf der Mittelsenkrechten auf $\mathfrak{J}_\varkappa$ im Unendlichen, der $\mathfrak{J}$-Kreis degeneriert zur Geraden $O\,P_\varkappa$.

3. $\varphi = + 90^\circ$, die Belastung ist rein induktiv, M_1 liegt auf $\mathfrak{E}_\lambda$.

4. $\varphi = -90^0$, die Belastung ist rein kapazitiv, M_1 liegt ebenfalls auf $\mathfrak{E}_\lambda$.

Die Fälle 3 und 4 sind in Abb. 63 gesondert dargestellt: Im Kurzschlußfall ist

$C = \infty$ bei kapazitiver Last,
$L = 0$ bei induktiver Last.

Mit steigender Entlastung muß der Leerlauf erreicht werden

mit voreilendem Strom bei kapazitiver Last,

mit nacheilendem Strom bei induktiver Last.

Es ergibt sich somit, daß ein und derselbe Kreis Ortskurve des Stromes ist

im oberen Teil für rein kapazitiven Betrieb,

im unteren Teil für rein induktiven Betrieb.

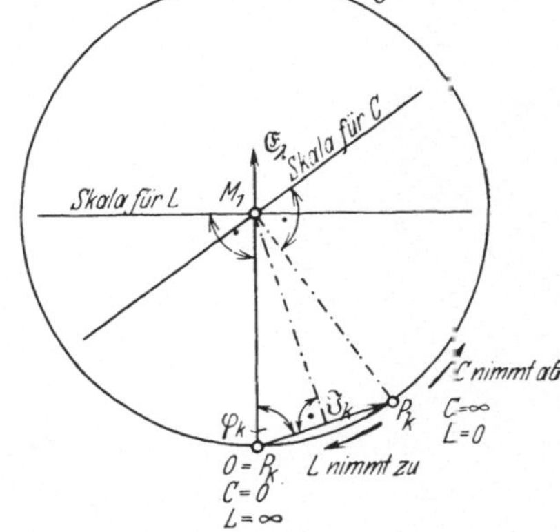

Abb. 63. Wechselstrommaschine mit reiner Blindlast. Ortskurve des Stromes.

Die Parameterskalen sind in Abb. 63 eingetragen. Die Skala für C ist senkrecht auf $P_\varkappa M_1$, die Skala für L senkrecht auf $P_\lambda M_1$. Die Abbildung zeigt, daß bei kapazitiver Last Ströme erreicht werden können, die den Kurzschlußstrom wesentlich an Größe übertreffen.

b) Ortskurve der Klemmenspannung bei variabler Last.

Die Klemmenspannung ist

$$\mathfrak{U} = \mathfrak{J}\mathfrak{Z} = \mathfrak{J}\, p\, \mathfrak{Z}_0, \tag{217}$$

bzw. mit (213)

$$\mathfrak{U} = \frac{\mathfrak{E}_\lambda\, p\, \mathfrak{Z}_0}{r + jx + p\, \mathfrak{Z}_0}. \tag{218}$$

Sie beschreibt in Abhängigkeit der Belastung einen Kreis, der für $p = 0$, Kurzschluß, durch den Ursprung geht. Sonderwerte dieses Kreises sind

$p = 0$, Kurzschluß, $\mathfrak{U} = 0$,
$p = \infty$, Leerlauf, $\mathfrak{U} = \mathfrak{E}_\lambda$.

Das Zentrum M_2 des $\mathfrak{U}$-Kreises liegt also auf der Mittelsenkrechten von $\mathfrak{E}_\lambda$ (Abb. 64).

Bildet man allgemein

$$\frac{d\mathfrak{U}}{dp} = \frac{\mathfrak{E}_\lambda\, \mathfrak{Z}_0\, (r + jx)}{(r + jx + p\, \mathfrak{Z}_0)^2}, \tag{219}$$

so ist speziell im Kurzschlußpunkt, $p = 0$,

$$\left(\frac{d\mathfrak{U}}{dp}\right)_{p=0} = \frac{\mathfrak{E}_\lambda \mathfrak{Z}_0}{r + jx} = \mathfrak{E}_\lambda \frac{Z_0}{z}\, \varepsilon^{j(\eta - \eta\varkappa)}. \tag{220}$$

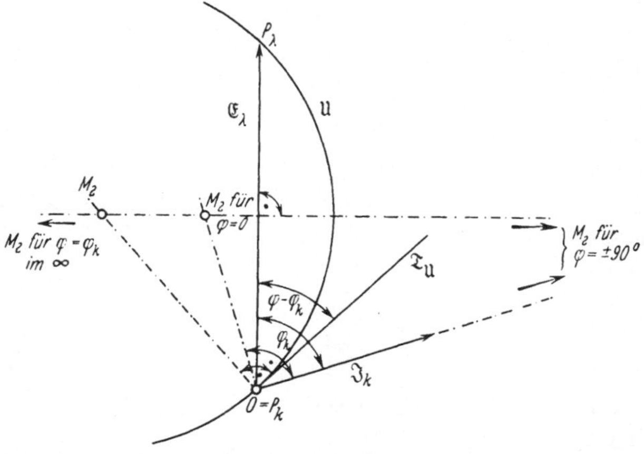

Abb. 64. Ortskurve der Klemmenspannung einer Wechselstrommaschine bei variabler Last
$$\mathfrak{Z} = p\,Z_0\,\varepsilon^{j\,\varphi}.$$

Die Tangente an den $\mathfrak{U}$-Kreis hat also im Punkte $O = P_\varkappa$ $\varphi - \varphi_\varkappa$ Voreilung vor $\mathfrak{E}_\lambda$. In den meisten Fällen dürfte dieser Winkel negativ sein, so daß sich praktisch Nacheilung ergibt (Abb. 64). Die Senkrechte auf der Tangente in O ist 2. geometrischer Ort für M_2. Folgende Sonderlagen von M_2 sind leicht zu erkennen.

1. $\varphi = 0^0$, induktionsfreie Last, M_2 liegt auf der Senkrechten zu $\mathfrak{J}_\varkappa$.

2. $\varphi = \varphi_\varkappa$, M_2 liegt auf der Mittelsenkrechten auf $\mathfrak{E}_\lambda$ im Unendlichen, links von $\mathfrak{E}_\lambda$. Der Kreis degeneriert zur Geraden $P_\lambda\,P_\varkappa$.

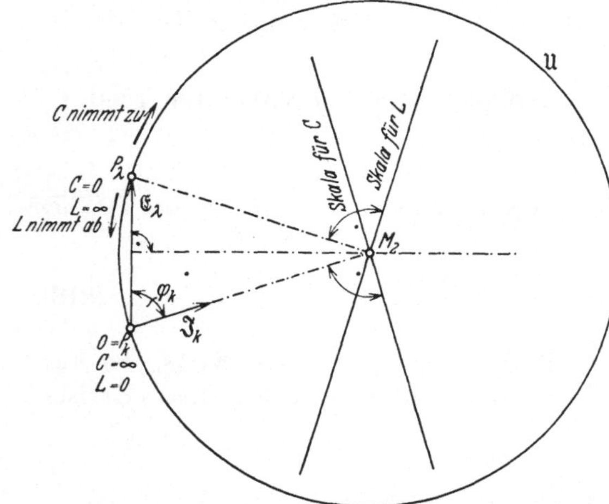

Abb. 65. Wechselstrommaschine mit reiner Blindlast. Ortskurve der Klemmenspannung.

3. $\varphi = + 90^0$, die Belastung ist rein induktiv. M_2 liegt auf $\mathfrak{J}_\varkappa$ bzw. seiner Verlängerung.

4. $\varphi = - 90^0$, die Belastung ist rein kapazitiv, M_2 liegt ebenfalls auf $\mathfrak{J}_\varkappa$ bzw. der Verlängerung.

Für die Fälle 3 und 4 ist in Abb. 65 der $\mathfrak{U}$-Kreis nochmals gezeichnet. Der Teil links von $\mathfrak{E}_\lambda$ gilt für rein induktiven Betrieb. Zeichnet man nämlich gemäß (212)

$$\mathfrak{E}_\lambda = \mathfrak{J}(r + jx) + \mathfrak{U} \qquad (212\,a)$$

das Diagramm (Abb. 66), für rein induktiven Betrieb, so findet man stets $\mathfrak{U}$ voreilend zu $\mathfrak{E}_\lambda$. Der Teil rechts von $\mathfrak{E}_\lambda$ gilt für rein kapazitiven Betrieb. Es sind in diesem Falle Klemmenspannungen möglich, die die Leerlaufspannung an Größe weit übertreffen.

c) Die Ortskurve der Anker-*EMK* bei veränderlicher Last.

Man definiert gelegentlich als im Anker wirksame EMK die Größe

$$\mathfrak{E}_a = \mathfrak{U} + \mathfrak{J}\,r. \qquad (221)$$

Wäre der Kupferwiderstand r der Ankerwicklung Null, so wäre $\mathfrak{E}_a$ mit der Klemmenspannung identisch. Praktisch ist jedoch

$$\mathfrak{E}_a = \mathfrak{J}(\mathfrak{Z} + r),$$

bzw. mit dem Wert (213) von $\mathfrak{J}$

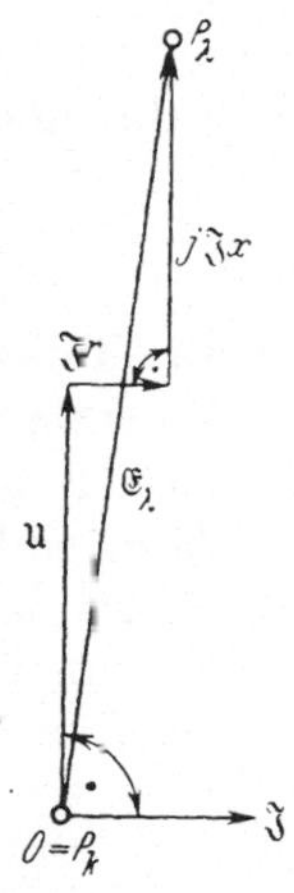

Abb. 66. Diagramm der Wechselstrommaschine mit Zylinderläufer.

$$\mathfrak{E}_a = \mathfrak{E}_\lambda \frac{r + p\,\mathfrak{Z}_0}{r + jx + p\,\mathfrak{Z}_0}. \qquad (222)$$

$\mathfrak{E}_a$ beschreibt also im allgemeinen einen Kreis allgemeiner Lage, wenn p sich ändert. Nur für den Sonderfall, daß $\mathfrak{Z}_0$ rein ohmisch ist, verschwindet $\mathfrak{E}_a$ bei einem Parameterwert

$$p = -\frac{r}{Z_0}, \qquad (223)$$

der allerdings eines physikalischen Sinnes entbehrt. Kreis (222) wird festgelegt durch

$$p = \infty, \text{ Leerlauf}, \; \mathfrak{E}_a = \mathfrak{E}_\lambda,$$

$$p = 0, \text{ Kurzschluß},$$

$$\mathfrak{E}_a = \mathfrak{E}_\lambda \frac{r}{r + jx} = \mathfrak{J}_\varkappa r, \quad \Bigg\} \qquad (224)$$

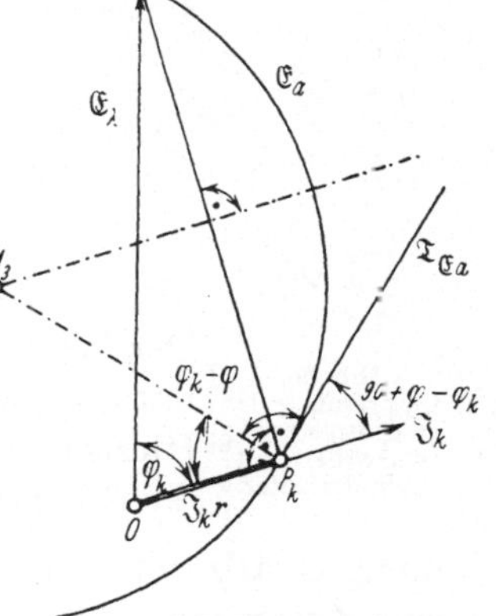

Abb. 67. Ortskurve der Anker-EMK einer Wechselstrommaschine bei variabler Last $\mathfrak{Z} = p\,Z_0\,\varepsilon^{j\,\tau}$.

das Zentrum M_3 des $\mathfrak{E}_a$-Kreises liegt also stets auf der Mittelsenkrechten auf $P_\lambda\,P_\varkappa$ (Abb. 67). Berechnet man allgemein

$$\frac{d\,\mathfrak{E}_a}{d\,p} = \mathfrak{E}_\lambda \frac{\mathfrak{Z}_0\,j\,x}{(r + jx + p\,\mathfrak{Z}_0)^2}, \qquad (225)$$

so ergibt sich für den Kurzschlußpunkt, $p = 0$,

$$\left(\frac{d\,\mathfrak{E}_a}{d\,p}\right)_{p=0} = \mathfrak{E}_\lambda \frac{\mathfrak{Z}_0\,j\,x}{(r+j\,x)^2}\;; \tag{226}$$

dafür können wir schreiben

$$\left(\frac{d\,\mathfrak{E}_a}{d\,p}\right)_{p=0} = \mathfrak{J}_\varkappa \frac{j\,\mathfrak{Z}_0\,x}{r+j\,x} = \mathfrak{J}_\varkappa \frac{Z_0\,x}{z}\,\varepsilon^{j\,(90+\varphi-\varphi_\varkappa)}\,. \tag{227}$$

Die Tangente an den $\mathfrak{E}_a$-Kreis im Punkte $P_\varkappa$ hat also $(90 + \varphi - \varphi_\varkappa)$ Voreilung vor $\mathfrak{J}_\varkappa$. Errichtet man auf ihr in $P_\varkappa$ die Senkrechte, so ist diese 2. geometrischer Ort für M_3 (Abb. 67). Der Winkel $O\,P_\varkappa\,M_3$ wird dann einfach $\varphi_\varkappa - \varphi$.

Da der Kreis für $\mathfrak{E}_a$ im allgemeinen weniger interessiert, begnügen wir uns mit diesen Andeutungen und wenden uns dem Parallelbetrieb der Synchronmaschinen zu.

d) Ortskurve des Stromes bei Parallelbetrieb.

Zeichnet man für beliebige Phasenverschiebung φ des Verbrauchers gemäß (212a) das Diagramm der Maschine auf (Abb. 68), so findet man für den Winkel α zwischen $\mathfrak{E}_\lambda$ und $\mathfrak{U}$

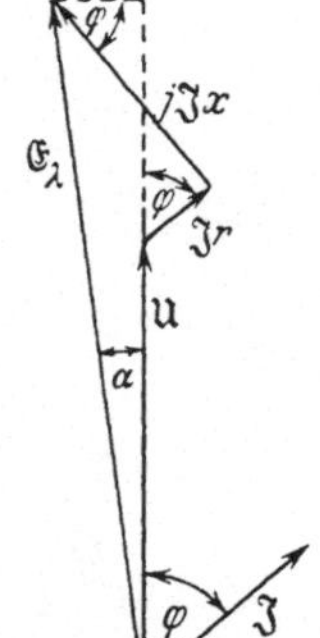

$$\sin\alpha = \frac{J\,x\cos\varphi - J\,r\sin\varphi}{E_\lambda}\,. \tag{228}$$

Da praktisch $r \ll x$, kann man im Bereich mäßiger Phasenverschiebungen φ die Näherung setzen

$$\sin\alpha \approx \frac{J\,x\cos\varphi}{E_\lambda}\,. \tag{228a}$$

Nun ist aber

$$\frac{J\,x\cos\varphi}{E_\lambda} = \frac{U\,J\,x\cos\varphi}{U\,E_\lambda} = \frac{x}{U\,E_\lambda}\,N_w\,. \tag{229}$$

Abb. 68.
Diagramm der Wechselstrommaschine mit Zylinderläufer.

Der Winkel α, die Voreilung von $\mathfrak{E}_\lambda$ gegenüber $\mathfrak{U}$, ist somit der Wirklast $N_w = U\,J\cos\varphi$ direkt proportional. Hierbei ist angenommen, daß die Maschine mit konstanter Erregung (E_λ = const) auf ein Netz konstanter Spannung U arbeitet, denn nur dann ist der Proportionalitätsfaktor $\dfrac{x}{U\,E_\lambda}$ eine Konstante.

Es stehen also $\mathfrak{E}_\lambda$ und $\mathfrak{U}$ in einem komplexen Verhältnis, für das man ansetzen kann

$$\mathfrak{E}_\lambda = q\,\mathfrak{U}\,\varepsilon^{j\,\alpha}\,. \tag{230}$$

Hierin ist α variabel. Setzt man (230) in

$$\mathfrak{E}_\lambda = \mathfrak{J}(r+j\,x) + \mathfrak{U} \tag{212a}$$

ein, so wird

$$\mathfrak{U}(q\,\varepsilon^{j\alpha} - 1) = \mathfrak{J}(r + jx) = \mathfrak{J}\mathfrak{z},$$

$$\mathfrak{J} = \frac{\mathfrak{U}}{\mathfrak{z}}(q\,\varepsilon^{j\alpha} - 1). \tag{231}$$

Man könnte in (231) den Winkelparameter α durch den Faktorenparameter p ersetzen, wenn man die Substitution

$$\frac{1 + jp}{1 - jp} = \varepsilon^{j\alpha} \tag{209}$$

(IV Bf) S. 81) einführt. Indessen ist aus (231) sofort abzulesen, daß die Ortskurve des Stromes ein Kreis ist, dessen Ortsvektor nach dem Zentrum durch

$$\mathfrak{m} = -\frac{\mathfrak{U}}{\mathfrak{z}} \tag{232}$$

gegeben ist und dessen Radius die Größe

$$r = \frac{U}{z}\,q = \frac{E_\lambda}{z} \tag{233}$$

hat (Abb. 69). Auf den physikalischen Sinn der Größe $m = \dfrac{U}{z}$ werden wir im Abschnitt f ein-

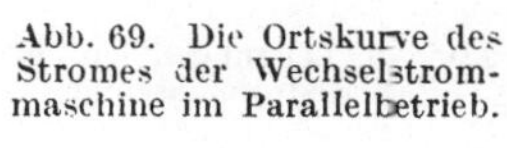

Abb. 69. Die Ortskurve des Stromes der Wechselstrommaschine im Parallelbetrieb.

gehen. E_λ/z ist der Kurzschlußstrom des Synchrongenerators bei betriebsmäßiger Erregung.

e) Leistungslinien.

In

$$\mathfrak{E}_\lambda = \mathfrak{J}(r + jx) + \mathfrak{U} \tag{212a}$$

kann man für den Strom schreiben

$$\mathfrak{J} = \mathfrak{J}_w + \mathfrak{J}_b = \mathfrak{U}(a + jb). \tag{234}$$

Hiernach ist

$$\mathfrak{J}_w = a\,\mathfrak{U} \tag{235}$$

in Phase mit der Klemmenspannung $\mathfrak{U}$, also der Wirkstrom. Er bleibt für eine parallel arbeitende Maschine konstant, solange ihr Antrieb konstant bleibt. Ferner ist

$$\mathfrak{J}_b = jb\,\mathfrak{U} \tag{236}$$

der Blindstrom, der je nach dem Vorzeichen von b um 90^0 gegen $\mathfrak{U}$ vor- oder nacheilt. b ändert seine Größe mit der Erregung, denn bekanntlich wird bei einer Synchronmaschine im Parallelbetrieb mit einem Netz konstanter Spannung nur der Blindstrom durch Variation der Erregung beeinflußt.

(234) in (212a) eingesetzt, ergibt

$$\mathfrak{E}_{\lambda} = \mathfrak{U}[1 + (r + jx)(a + jb)] = \mathfrak{U}(1 + a_{\mathfrak{z}} + jb_{\mathfrak{z}}). \qquad (237)$$

Die Ortskurve für $\mathfrak{E}_{\lambda}$ in Abhängigkeit von b ist eine Gerade, die Leistungslinie für die Leistung $N = N_1$. Sie kann sofort gezeichnet werden, wenn man für (237) schreibt

$$\mathfrak{E}_{\lambda} = \mathfrak{U} + az\mathfrak{U}\varepsilon^{j\eta_{\varkappa}} + bz\mathfrak{U}\varepsilon^{j(90+\varphi_{\varkappa})}, \qquad (237a)$$

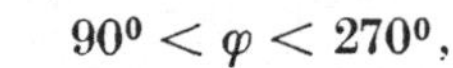

Abb. 70. Die beste Erregung ist die für $b = 0$, man findet für sie

$$\mathfrak{E}_{\lambda\,opt} = \mathfrak{U} + az\mathfrak{U}\varepsilon^{j\eta_{\varkappa}}. \qquad (238)$$

Für die Leistung Null ist $a = 0$, die entsprechende Leistungslinie geht durch den Endpunkt des Vektors $\mathfrak{U}$.

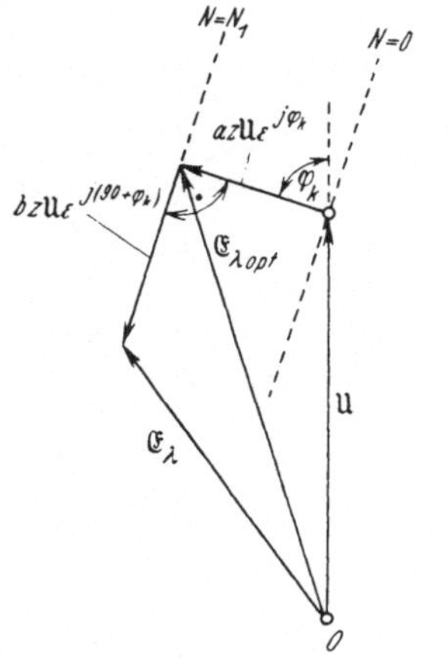

Abb. 70. Leistungslinien der Wechselstrommaschine.

f) Der Synchronmotor.

Für die Schaltung der Abb. 71 ergibt das Faradaysche Induktionsgesetz

$$\sum \mathfrak{E} = \sum \mathfrak{J}R + \sum \mathfrak{U}, \qquad (166)$$

$$\mathfrak{E}_{\lambda} - j\mathfrak{J}x = \mathfrak{J}r + \mathfrak{U}_{BA} = \mathfrak{J}r + \mathfrak{U},$$

$$\mathfrak{E}_{\lambda} = \mathfrak{J}(r + jx) + \mathfrak{U}. \qquad (212a)$$

Formal besteht also kein Unterschied gegenüber dem Generatorbetrieb in der symbolischen Gleichung. Betrachtet man nun die Näherung

$$\sin\alpha \approx \frac{x}{U E_{\lambda}} N_w, \qquad (229)$$

so ergibt sich $\alpha < 0^0$ für $N_w < 0$, d. h., bei Motorbetrieb eilt $\mathfrak{E}_{\lambda}$ im wesentlichen gegen $\mathfrak{U}$ nach. Weiter wird $\mathfrak{J}$ gegen $\mathfrak{U}$ um einen Winkel φ nacheilend, für den gilt

$$90^0 < \varphi < 270^0,$$

und zwar hat man im wesentlichen

$$90^0 < \varphi < 180^0$$

bei $E_{\lambda} > U$ (Übererregung), und

$$180^0 < \varphi < 270^0$$

bei $E_{\lambda} < U$ (Untererregung).

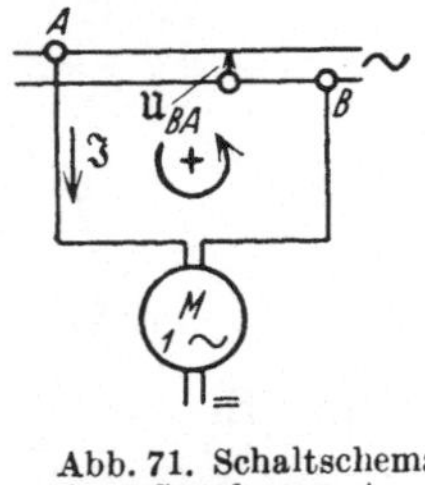

Abb. 71. Schaltschema des Synchronmotors.

Praktisch liegen die Verhältnisse so, daß ein Motor mit konstanter Erregung an einem Netz konstanter Spannung U arbeitet, man kann also wieder setzen

$$\mathfrak{E}_{\lambda} = q\,\mathfrak{U}\,\varepsilon^{j\alpha}, \qquad (230)$$

worin jetzt α negativ ist, und erhält aus (212a)

$$\mathfrak{J} = \frac{\mathfrak{U}}{\mathfrak{z}}(q\varepsilon^{j\alpha} - 1), \qquad (231)$$

d. h. wieder den Kreis (Abb. 69) mit dem Ortsvektor

$$\mathfrak{m} = - \frac{\mathfrak{u}}{\mathfrak{z}} \qquad (232)$$

nach dem Zentrum und dem Radius der Größe

$$r = \frac{U}{z}\, q = \frac{E_\lambda}{z}\,. \qquad (233)$$

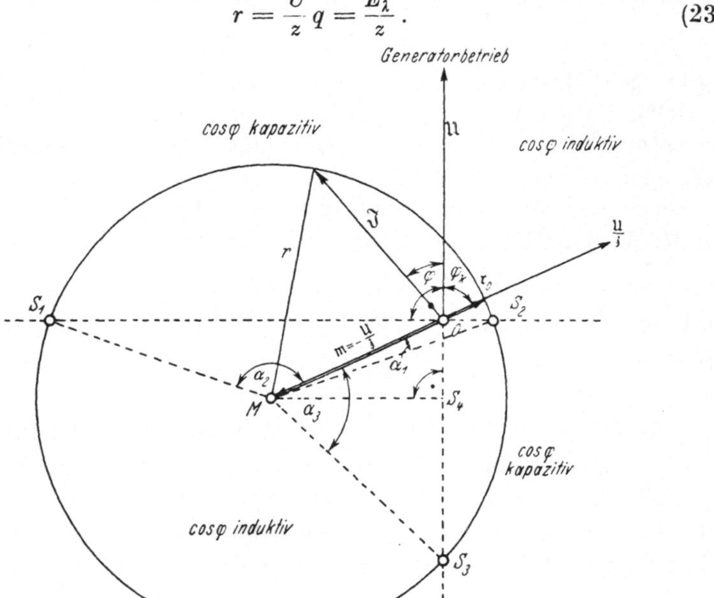

Abb. 72. Stromdiagramm der Synchronmaschine.

Denkt man sich die Erregung des Synchronmotors abgeschaltet ($E_\lambda = 0$!),
so fließt vom Netz ein Strom

$$\mathfrak{J}_{\varkappa N} = - \frac{\mathfrak{u}}{\mathfrak{z}}$$

in den Motor. Dem Ortsvektor $\mathfrak{m}$ nach dem Zentrum M des Kreises (231)
kommt also eine sehr sinnvolle physikalische Bedeutung zu. Der Kreisradius

$$r = \frac{E_\lambda}{z}$$

stellt den Kurzschlußstrom $J_\varkappa$ bei der betriebsmäßigen Erregung dar.

In Abb. 72 ist der Kreis (231) nochmals gezeichnet. Für $\alpha = 0^0$ ist
$\mathfrak{r}_0 = \dfrac{\mathfrak{u}}{\mathfrak{z}} \cdot q$ in Gegenphase zu $\mathfrak{m}$.

Zeichnet man die Senkrechte zu $\mathfrak{U}$ in O, so trennt diese in der Zeichenebene das Gebiet des Generatorbetriebes (oberhalb $S_1 - S_2$, $\mathfrak{J}$ bildet
mit $\mathfrak{U}$ spitze Winkel) von dem Gebiet des Motorbetriebes (unterhalb

$S_1 - S_2$, $\Im$ bildet mit $\mathfrak{U}$ stumpfe Winkel). Man sieht, daß Generatorbetrieb möglich ist in dem Bereich

$$\alpha_2 > \alpha > \alpha_1,$$

wobei $\alpha_1 = \measuredangle S_2 \, M \, O$ bereits negativ ist.

Im ganzen übrigen Bereich haben wir Motorbetrieb. Solange

$$|\alpha_1| < |\alpha| < |\alpha_3|,$$

ergibt sich Motorbetrieb mit kapazitivem Leistungsfaktor ($90^0 < \varphi < 180^0$), im ganzen übrigen (größeren) Bereich induktiver Leistungsfaktor ($180^0 < \varphi < 270^0$), α_3 ist bestimmt durch den Schnitt S_3 der Verlängerung von $\mathfrak{U}$ mit dem Kreis.

Für andere Erregungen erhält man eine Schar konzentrischer Kreise um M. Wird die Erregung derart verringert, daß der Kreisradius

$$r \leqq M \, S_4, \qquad (M \, S_4 \perp \mathfrak{U}\,!)$$

wird, so ist überhaupt kein Motorbetrieb mit kapazitivem Leistungsfaktor möglich.

g) Die Synchronmaschine mit ausgeprägten Polen.

Wir behandeln diese Maschine im Parallelbetrieb mit einem Netz nur andeutungsweise. Die Netzspannung sei $\mathfrak{U}$, der Strom $\Im$ werde mit einer nacheilenden Phasenverschiebung φ ($0^0 < \varphi < 90^0$) abgegeben. $\mathfrak{E}_\lambda$ eile vor $\mathfrak{U}$ um α vor. Gesetzt werde

$$\alpha + \varphi = \psi. \tag{239}$$

Der $\mathfrak{E}_\lambda$ erzeugende Fluß Φ hat, wie eingangs erwähnt, 90^0 Voreilung vor $\mathfrak{E}_\lambda$ (Abb. 73). Man kann nun $\Im$ in zwei Komponenten zerlegen:

1. Im gezeichneten Fall ist $\Im_l$ in Gegenphase zu Φ. Wäre $\Im$ voreilend vor $\mathfrak{E}_\lambda$, so wäre $\Im_l$ in Phase mit Φ. Die feldbeeinflussende Wirkung der Phase φ von $\Im$ wird hier also nochmals besonders deutlich.

2. Die zweite Komponente von $\Im$ ist $\Im_q$, 90^0 nacheilend hinter Φ.

Wir nehmen nun geradlinige Magnetisierungscharakteristik an. D. h., die Darstellung $\mathfrak{B}$ über $\mathfrak{H}$ liefert eine Gerade durch den Koordinatenursprung mit einer Neigung

$$\mu = \text{arc tg}\, \frac{\mathfrak{B}}{\mathfrak{H}} \tag{240}$$

gegen die positive $\mathfrak{H}$-Achse. μ ist also konstant, und man darf wegen der Proportionalität zwischen Ursache (Durchflutung) und Wirkung (Fluß) die Superpositionsgesetze anwenden.

Sei w_a die Windungszahl der Ankerwicklung, so erzeugt $\Im_l$ einen Längsfluß

$$\Phi_l = \frac{w_a \Im_l}{\varrho_l}, \tag{241}$$

ϱ_l ist der magnetische Widerstand für diesen. Der Längsspulenfluß ist

$$\Psi_l = w_a\,\Phi_l\,10^{-8} = \frac{w_a^2\,10^{-8}}{\varrho_l}\,\mathfrak{J}_l. \tag{242}$$

Wir definieren

$$\Psi_l = L_l\,\mathfrak{J}_l \tag{243}$$

und nennen

$$L_l = \frac{w_a^2\,10^{-8}}{\varrho_l} \tag{244}$$

die Längsfeldinduktivität, ωL_l den Längsfeldblindwiderstand. Analog ist der Querfluß

$$\Phi_q = \frac{w_a\mathfrak{J}_q}{\varrho_q}, \tag{245}$$

und die Querfeldinduktivität

$$L_q = \frac{w_a^2\,10^{-8}}{\varrho_q}. \tag{246}$$

$\mathfrak{J}$ erzeugt außerdem in dem Raum außerhalb des Polrades ein Streufeld

$$\Phi_0 = \frac{w_a\mathfrak{J}}{\varrho_0}. \tag{247}$$

Die Streufeldinduktivität ist

$$L_0 = \frac{w_a^2\,10^{-8}}{\varrho_0}. \tag{248}$$

Die Klemmenspannung, vermehrt um den Ohmschen und alle induktiven Spannungsabfälle, ergibt die Leerlauf-EMK $\mathfrak{E}_\lambda$.

$$\mathfrak{E}_\lambda = \mathfrak{U} + \mathfrak{J}\,r + j\,\mathfrak{J}\,\omega L_0$$
$$+ j\,\mathfrak{J}_l\,\omega L_l + j\,\mathfrak{J}_q\,\omega L_q \tag{249}$$

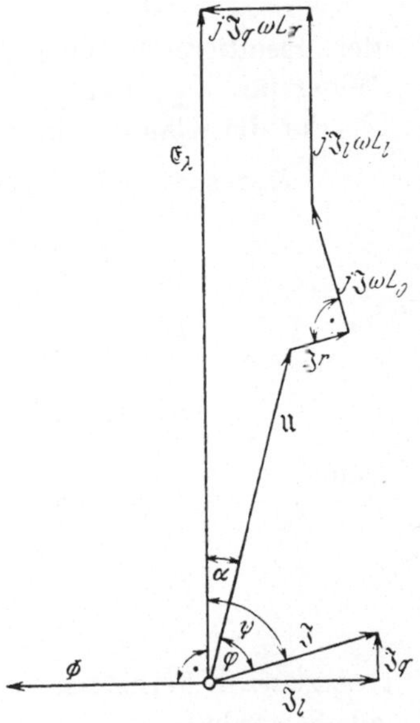

Abb. 73. Diagramm der Wechselstrommaschine mit Schenkelpolläufer.

(Abb. 73). Wir setzen

$$\omega L_0 = x_0, \quad \omega L_l = x_l, \quad \omega L_q = x_q \tag{250}$$

und lesen aus Abb. 73 ab

$$\mathfrak{J}_l = \mathfrak{J}\sin\psi\,\varepsilon^{-j(90-\psi)} = -\,j\,\mathfrak{J}\sin\psi\,\varepsilon^{j\psi}, \tag{251}$$

$$\mathfrak{J}_q = \mathfrak{J}\cos\psi\,\varepsilon^{j\psi}. \tag{252}$$

Hiermit geht (249) über in

$$\mathfrak{E}_\lambda = \mathfrak{U} + \mathfrak{J}\,r + j\,\mathfrak{J}\,\varepsilon^{j\psi}(x_0\,\varepsilon^{-j\psi} - j\,x_l\sin\psi + x_q\cos\psi). \tag{253}$$

Führt man

$$\varepsilon^{-j\psi} = \cos\psi - j\sin\psi$$

ein und faßt zusammen

$$\left.\begin{array}{l} x_0 + x_q = X_q, \\ x_0 + x_l = X_l, \end{array}\right\} \tag{254}$$

so wird

$$\mathfrak{E}_\lambda = \mathfrak{U} + \mathfrak{J}\,r + j\,\mathfrak{J}\,\varepsilon^{j\,\psi}\,(X_q \cos \psi - j\,X_l \sin \psi)\,. \qquad (255)$$

X_q und X_l haben beide einen wohldefinierten physikalischen Sinn, den wir an X_q erläutern: Es ist nämlich

$$X_q = x_0 + x_q = \omega\,w_a^2\,10^{-8}\left(\frac{1}{\varrho_0} + \frac{1}{\varrho_q}\right) = \omega\,w_a^2\,10^{-8}\,\frac{\varrho_0 + \varrho_q}{\varrho_0\,\varrho_q}\,, \qquad (256)$$

und

$$\frac{\varrho_0 + \varrho_q}{\varrho_0\,\varrho_q}$$

der resultierende magnetische Widerstand der parallelgeschalteten Widerstände ϱ_0 und ϱ_q.

Für die Klammer in (255) kann man schreiben

$$
\begin{aligned}
X_q \cos \psi - j\,X_l \sin \psi &= \tfrac{1}{2}\,X_q \cos \psi + \tfrac{1}{2}\,X_q \cos \psi \\
&\quad - \tfrac{1}{2}\,j\,X_l \sin \psi - \tfrac{1}{2}\,j\,X_l \sin \psi + \tfrac{1}{2}\,j\,X_q \sin \psi \\
&\quad - \tfrac{1}{2}\,j\,X_q \sin \psi + \tfrac{1}{2}\,X_l \cos \psi - \tfrac{1}{2}\,X_l \cos \psi \\
&= \frac{X_l + X_q}{2}\,(\cos \psi - j \sin \psi) - \frac{X_l - X_q}{2}\,(\cos \psi + j \sin \psi) \\
&= \frac{X_l + X_q}{2}\,\varepsilon^{-j\,\psi} - \frac{X_l - X_q}{2}\,\varepsilon^{+j\,\psi} = X_1\,\varepsilon^{-j\,\psi} - X_2\,\varepsilon^{+j\,\psi}, \qquad (257)
\end{aligned}
$$

wenn

$$
\left.
\begin{aligned}
X_1 &= \frac{X_l + X_q}{2}\,, \\
X_2 &= \frac{X_l - X_q}{2}
\end{aligned}
\right\} \qquad (258)
$$

gesetzt wird. Ferner ist, wie schon in den Abschnitten d) und f) angegeben wurde

$$\mathfrak{E}_\lambda = q\,\mathfrak{U}\,\varepsilon^{j\,\alpha}\,. \qquad (230)$$

(257) und (230) geben in (255) eingesetzt

$$\mathfrak{U}\,(q\,\varepsilon^{j\,\alpha} - 1) = \mathfrak{J}\,r + j\,\mathfrak{J}\,X_1 - j\,\mathfrak{J}\,X_2\,\varepsilon^{j\,2\,\psi}\,. \qquad (259)$$

Berücksichtigt man noch (239), so wird

$$\mathfrak{U}\,(q\,\varepsilon^{j\,\alpha} - 1) = \mathfrak{J}\,r + j\,\mathfrak{J}\,X_1 - j\,\mathfrak{J}\,X_2\,\varepsilon^{j\,2\,\alpha}\,\varepsilon^{j\,2\,\varphi}\,. \qquad (260)$$

In dieser Gleichung tritt außer dem veränderlichen Winkel α zwischen $\mathfrak{E}_\lambda$ und $\mathfrak{U}$ noch der mit α sich ändernde Winkel φ auf. Dieser kann eliminiert werden, wenn man bedenkt, daß

$$\frac{\mathfrak{U}}{\mathfrak{J}} = \mathfrak{Z} = Z\,\varepsilon^{j\,\varphi} \qquad (261)$$

und daher

$$\frac{\mathfrak{U}_k}{\mathfrak{J}_k} = \mathfrak{Z}_k = Z\,\varepsilon^{-j\,\varphi} \qquad (262)$$

(s. II De)) ist. Index k deutet die konjugiert komplexen Größen an. Aus (261) und (262) folgt

$$\frac{\mathfrak{U}}{\mathfrak{J}}\,\frac{\mathfrak{J}_k}{\mathfrak{U}_k} = \varepsilon^{j\,2\,q} \tag{263}$$

(s. II D d)). Führt man dies in (260) ein, so ergibt sich

$$\mathfrak{U}\,\mathfrak{U}_k(q\,\varepsilon^{j\alpha} - 1) = \mathfrak{U}_k\,\mathfrak{J}(r + j\,X_1) - j\,\mathfrak{U}\,\mathfrak{J}_k\,X_2\,\varepsilon^{j\,2\,\alpha}. \tag{264}$$

Mit Rücksicht auf II De) kann man nun sofort die Gleichung anschreiben

$$\mathfrak{U}\,\mathfrak{U}_k(q\,\varepsilon^{-j\alpha} - 1) = \mathfrak{U}\,\mathfrak{J}_k(r - j\,X_1) + j\,\mathfrak{U}_k\,\mathfrak{J}\,X_2\,\varepsilon^{-j\,2\,\alpha}. \tag{265}$$

Aus (264) und (265) können die mit $\mathfrak{U}\,\mathfrak{J}_k$ behafteten Glieder entfernt werden, wenn man (264) mit $(r - j\,X_1)$, (265) mit $j\,X_2\,\varepsilon^{j\,2\,\alpha}$ multipliziert und addiert. Es ergibt sich

$$\mathfrak{U}\,\mathfrak{U}_k[(q\,\varepsilon^{j\alpha} - 1)(r - j\,X_1) + (q\,\varepsilon^{-j\alpha} - 1)\,j\,X_2\,\varepsilon^{j\,2\,\alpha}]$$
$$= \mathfrak{U}_k\,\mathfrak{J}[r^2 + X_1^2 - X_2^2]. \tag{266}$$

Hierin ist

$$X_1^2 - X_2^2 = \left(\frac{X_l + X_q}{2}\right)^2 - \left(\frac{X_l - X_q}{2}\right)^2 = X_l\,X_q, \tag{267}$$

$$X_1 - X_2 = X_q, \tag{268}$$

und man erhält

$$\mathfrak{U}[q\,\varepsilon^{j\alpha}(r - j\,X_q) - (r - j\,X_1) - j\,X_2\,\varepsilon^{j\,2\,\alpha}]$$
$$= \mathfrak{J}(r^2 + X_l\,X_q),$$
$$\mathfrak{J} = \mathfrak{U}\,\frac{q\,\varepsilon^{j\alpha}\,(r - j\,X_q) - (r - j\,X_1) - j\,X_2\,\varepsilon^{j\,2\,\alpha}}{r^2 + X_l\,X_q}. \tag{269}$$

Ohne Beschränkung der Allgemeinheit kann man wieder $\mathfrak{U} = U$ setzen. Führt man weiter die Abkürzungen

$$\left.\begin{aligned} \mathfrak{P} &= \mathfrak{J}\,\frac{r^2 + X_l\,X_q}{U}. \\ \mathfrak{A} &= q(r - j\,X_q), \\ \mathfrak{B} &= r - j\,X_1, \\ \mathfrak{C} &= j\,X_2 \end{aligned}\right\} \tag{270}$$

ein, so erhält man als Ortskurve

$$\mathfrak{P} = \mathfrak{A}\,\varepsilon^{j\alpha} - \mathfrak{B} - \mathfrak{C}\,\varepsilon^{j\,2\,\alpha}. \tag{271}$$

$\mathfrak{P}$ und $\mathfrak{J}$ sind miteinander in Phase und zueinander proportional. Wir brauchen durchaus nicht die Substitution

$$\left.\begin{aligned} \varepsilon^{j\alpha} &= \frac{1 + j\,p}{1 - j\,p}, \\ \varepsilon^{j\,2\,\alpha} &= \left(\frac{1 + j\,p}{1 - j\,p}\right)^2 \end{aligned}\right\} \tag{209}$$

einzuführen, um den Aufbau von $\mathfrak{B}$ zu erkennen. Es läßt sich sofort angeben, daß sich $\mathfrak{B}$ additiv zusammensetzt aus

1. dem Festvektor $\mathfrak{B}_1 = -\mathfrak{B}$,

2. dem Kreis $\mathfrak{B}_2 = +\mathfrak{A}\,\varepsilon^{j\alpha}$ mit dem Radius $A = q\,\sqrt{r^2 + X_q^2}$, der im Intervall $0^0 \to \alpha \to 360^0$ einmal durchlaufen wird, und

3. dem Kreis $\mathfrak{B}_3 = -\mathfrak{C}\,\varepsilon^{j2\alpha}$ mit dem Radius $C = X_2$, der im Intervall $0^0 \to \alpha \to 360^0$ zweimal durchlaufen und daher als Doppelkreis bezeichnet wird.

Wir erkennen somit die Ortskurve als bizirkulare Quartik.

D. Die Ortskurven des asynchronen Drehstrommotors.

Wir betrachten einen Asynchronmotor normaler Bauart, dessen Ständer (Index 1) am Netz liegt und 3 gleiche Wicklungen trägt, die um je 120 elektrische Grade auseinander liegen. Wir beschränken uns weiterhin auf eine zweipolige Maschine, dann liegen die drei Ständerwicklungen auch räumlich um 120^0 auseinander. Sie sind von Strömen durchflossen, die um je 120 elektr. Grade gegeneinander verschoben sind.

Der Läufer (Index 2) kann ein Käfiganker sein oder eine Drehstromwicklung wie der Ständer tragen. Wir nehmen das letztere an. Im normalen Betrieb sind die drei Wicklungen des Läufers meist kurzgeschlossen.

Wir beweisen zunächst die vom Ständer erzwungene Entstehung eines Drehfeldes und berechnen dessen Größe. Hierbei machen wir von der Möglichkeit Gebrauch, durch komplexe Faktoren auch räumliche Lagen zu kennzeichnen.

Wicklung I_1 des Ständers erzeugt ein Wechselfeld

$$\Phi_{I_1} = \Phi_0 \cos \omega_1 t \tag{272}$$

in einer Richtung, die wir mit der reellen Achse zusammenfallend annehmen. Wicklung II_1 des Ständers erzeugt ein Wechselfeld

$$\Phi_{II_1} = \varepsilon^{-j\,120^0}\,\Phi_0 \cos\,(\omega_1 t - 120) \tag{273}$$

in einer Richtung, die gegen die des Feldes Φ_{I_1} um 120^0 im Uhrzeigersinn verschoben ist. Wicklung III_1 des Ständers erzeugt ein Wechselfeld

$$\Phi_{III_1} = \varepsilon^{-j\,240^0}\,\Phi_0 \cos\,(\omega_1 t - 240), \tag{274}$$

für das der Ansatz (274) ohne weiteres klar ist. Für das Folgende ist es praktisch,

$$\varepsilon^{-j\,120^0} = \mathfrak{a} \tag{275}$$

für den Dreher zu setzen. Dann ist

$$\left.\begin{aligned}
\varepsilon^{-j\,240^0} &= \mathfrak{a}^2, \\
\varepsilon^{-j\,360^0} &= \mathfrak{a}^3 \equiv \varepsilon^{j\,0^0} = 1, \\
\mathfrak{a}^4 &\equiv \mathfrak{a}, \\
\mathfrak{a} + \mathfrak{a}^2 + \mathfrak{a}^3 &\equiv 0, \\
\text{bzw. } 1 + \mathfrak{a} + \mathfrak{a}^2 &\equiv 0
\end{aligned}\right\} \tag{276}$$

und der resultierende Fluß

$$\begin{aligned}
\Phi_{res_1} &= \Phi_{I_1} + \Phi_{II_1} + \Phi_{III_1} \\
&= \Phi_0 \cos \omega_1 t + \mathfrak{a}\,\Phi_0 \cos(\omega_1 t - 120^0) + \mathfrak{a}^2 \Phi_0 \cos(\omega_1 t - 240^0). \tag{277}
\end{aligned}$$

Nun besteht die leicht nachweisbare Identität

$$\Phi_0 \cos \omega_1 t = \tfrac{1}{2}\,\Phi_0\,\varepsilon^{j\,\omega_1 t} + \tfrac{1}{2}\,\Phi_0\,\varepsilon^{-j\,\omega_1 t}. \tag{278}$$

Der erste Summand der rechten Seite bedeutet einen konstanten Fluß der Größe $\tfrac{1}{2}\,\Phi_0$, der sich mit der Winkelgeschwindigkeit ω_1 im Raume dreht. Der zweite Summand ist entsprechend ein Drehfeld mit der Winkelgeschwindigkeit $-\omega_1$ und der Größe $\tfrac{1}{2}\,\Phi_0$. (278) ist der mathematische Ausdruck der seit Ferraris bekannten Tatsache, daß ein räumlich feststehender Wechselfluß der Amplitude Φ_0 zerlegt werden kann in zwei gegenläufige Flüsse der konstanten Größe $\tfrac{1}{2}\,\Phi_0$.

Entsprechend ist

$$\left.\begin{aligned}
\Phi_0 \cos(\omega_1 t - 120^0) &= \tfrac{1}{2}\,\Phi_0\,\varepsilon^{j(\omega_1 t - 120^0)} + \tfrac{1}{2}\,\Phi_0\,\varepsilon^{-j(\omega_1 t - 120^0)}, \\
\Phi_0 \cos(\omega_1 t - 240^0) &= \tfrac{1}{2}\,\Phi_0\,\varepsilon^{j(\omega_1 t - 240^0)} + \tfrac{1}{2}\,\Phi_0\,\varepsilon^{-j(\omega_1 t - 240^0)}
\end{aligned}\right\} \tag{279}$$

(278) und (279) ergeben in (277) eingesetzt,

$$\begin{aligned}
\Phi_{res_1} &= \tfrac{1}{2}\,\Phi_0\big[\varepsilon^{j\,\omega_1 t} + \mathfrak{a}\,\varepsilon^{j(\omega_1 t - 120^0)} + \mathfrak{a}^2\,\varepsilon^{j(\omega_1 t - 240^0)} \\
&\quad + \varepsilon^{-j\,\omega_1 t} + \mathfrak{a}\,\varepsilon^{-j(\omega_1 t - 120^0)} + \mathfrak{a}^2\,\varepsilon^{-j(\omega_1 t - 240^0)}\big]
\end{aligned}$$

und mit Rücksicht auf (276)

$$\Phi_{res_1} = \tfrac{1}{2}\,\Phi_0\big[\varepsilon^{j\,\omega_1 t}(1 + \mathfrak{a}^2 + \mathfrak{a}^4) + \varepsilon^{-j\,\omega_1 t}(1 + 1 + 1)\big] = \tfrac{3}{2}\,\Phi_0\,\varepsilon^{-j\,\omega_1 t}. \tag{280}$$

Der resultierende Fluß ist somit ein Drehfeld mit der Größe $\tfrac{3}{2}\,\Phi_0$, das mit der Winkelgeschwindigkeit $-\omega_1$ im Raum — und damit im feststehenden Ständer — rotiert.

Diese Tatsache ist für die Induktivitäten der Wicklungen von Bedeutung. Der Spulenfluß der Wicklung I_1 ist

$$\Psi_{I_1} = w_1 \Phi_0\,10^{-8} = L_{I_1} J_1, \tag{281}$$

der resultierende Spulenfluß aber

$$\Psi_{I_1 res} = w_1\,\tfrac{3}{2}\,\Phi_0\,10^{-8} = \tfrac{3}{2}\,L_{I_1} J_1. \tag{282}$$

Wir setzen $$\tfrac{3}{2} L_{I_1} = L_1 \tag{283}$$

für die wirksame Induktivität einer Ständerwicklung.

Steht der Ständerwicklung I_1 die Läuferwicklung I_2 gegenüber, so ist der Spulenfluß dieser Wicklung

$$\Psi_{I_2} = \frac{w_2 \, \Phi_0 \, 10^{-8}}{\nu_1} = M_{12} J_1 \,. \tag{284}$$

ν_1 ist der Blondelsche primäre Streukoeffizient [(136) S. 68]. Der resultierende Spulenfluß der Wicklung I_2 ist aber

$$\Psi_{I_2\,\mathrm{res}} = \frac{w_2 \, \tfrac{3}{2} \, \Phi_0 \, 10^{-8}}{\nu_1} = \tfrac{3}{2} M_{12} J_1 \,. \tag{285}$$

Wir setzen

$$\tfrac{3}{2} M_{12} = M \tag{286}$$

für die wirksame Gegeninduktivität zwischen einer Ständer- und einer Läuferwicklung. Analog ist

$$\tfrac{3}{2} L_{I_2} = L_2 \tag{287}$$

die wirksame Induktivität einer Läuferwicklung.

Nachdem durch die Koeffizienten L und M die Wirkung der übrigen Phasen berücksichtigt ist, genügt es, die Vorgänge in einer Ständerphase und einer Läuferphase zu betrachten. Ihre Kupferwiderstände seien R_1 bzw. R_2.

Um zu den Gleichungen für die beiden Kreise zu gelangen, machen wir in Gedanken einige Experimente:

1. Im Ständer des Motors entsteht ein Drehfeld mit der Winkelgeschwindigkeit $-\omega_1$ im Raum und gegen den Läufer, solange dieser stillsteht. In einer Läuferwicklung wird eine EMK $-j\omega_1 M \mathfrak{J}_1$ induziert, die als Klemmenspannung $\mathfrak{U}_{2i}$ im Stillstand meßbar ist.

2. Wird die Läuferwicklung jetzt kurzgeschlossen, so entsteht ein Strom $\mathfrak{J}_2$ von der Kreisfrequenz ω_1 und mit ihm eine EMK $-j\omega_1 L_2 \mathfrak{J}_2$ der Selbstinduktion. Es gilt dann wegen (166)

$$-j\omega_1 M \mathfrak{J}_1 - j\omega_1 L_2 \mathfrak{J}_2 = \mathfrak{J}_2 R_2 \,. \tag{288}$$

3. Liegt der Ständer am Netz und erteilt man dem Läufer eine Winkelgeschwindigkeit $-\omega_1$, so ist die Relativgeschwindigkeit zwischen dem vom Ständer erzeugten Drehfeld und dem Läufer Null. EMKK und Ströme verschwinden hierbei im Läufer. Der Betriebszustand, der praktisch nur durch Antrieb zu erzwingen ist, heißt Synchronismus.

4. Erteilt man dem zunächst offenen Läufer eine Winkelgeschwindigkeit $-\omega_2$, für die

$$\omega_2 + \omega_s = \omega_1 \tag{289}$$

gelten möge, so hat das vom Ständer erzeugte Drehfeld eine Winkelgeschwindigkeit $-\omega_s$, die sog. Winkelgeschwindigkeit der Schlüpfung, gegenüber dem Läufer. Die Verhältnisse bleiben dieselben, wenn wir den Ständer mit Strömen der Kreisfrequenz ω_s beschicken und den Läufer stillstehen lassen. In einer Läuferwicklung entsteht dann als EMK der Gegeninduktion nur mehr $- j\omega_s M \mathfrak{J}_1$.

5. Wird die Läuferwicklung jetzt kurzgeschlossen, so entsteht ein Strom $\mathfrak{J}_2$ der Kreisfrequenz ω_s und mit ihm eine EMK $- j\omega_s L_2 \mathfrak{J}_2$ der Selbstinduktion. Wegen (166) gilt

$$- j\omega_s M \mathfrak{J}_1 - j\omega_s L_2 \mathfrak{J}_2 = \mathfrak{J}_2 R_2 . \qquad (290)$$

Wir setzen

$$\omega_s = s\omega_1 \qquad (291)$$

und bezeichnen s als relative Schlüpfung. Für sie ist

$$s = \frac{\omega_s}{\omega_1} = \frac{n_s}{n_1} = \frac{\text{Schlupfdrehzahl}}{\text{Drehzahl des Ständerdrehfeldes}} , \qquad (292)$$

n_1 heißt auch synchrone Drehzahl. Ferner ist

$$s = \frac{\omega_1 - \omega_2}{\omega_1} = \frac{n_1 - n_2}{n_2} , \qquad (293)$$

n_2 ist die Läuferdrehzahl.

Mit (291) ergibt (290)

$$- j\omega_1 s M \mathfrak{J}_1 - j\omega_1 s L_2 \mathfrak{J}_2 = \mathfrak{J}_2 R_2 . \qquad (294)$$

6. Die Ströme der Kreisfrequenz ω_s im Läufer erzeugen ein Drehfeld, das gegenüber dem Läufer eine Winkelgeschwindigkeit $- \omega_s$ hat. Dieses Drehfeld hat dann gegenüber dem stillstehenden Ständer, d. h. also im Raum, eine Winkelgeschwindigkeit

$$- \omega_2 - \omega_s = - \omega_1 . \qquad (289)$$

Ständer- und Läuferdrehfeld stehen also zueinander still. Das ist eine wichtige Existenzbedingung aller Drehfeldmaschinen.

7. Das Läuferdrehfeld induziert in der Ständerwicklung eine EMK der Gegeninduktion $- j\omega_1 M \mathfrak{J}_1$, für den Ständer gilt also mit Rücksicht auf Abb. 51 und Gleichung (166)

$$- j\omega_1 L_1 \mathfrak{J}_1 - j\omega_1 M \mathfrak{J}_2 = \mathfrak{J}_1 R_1 + \mathfrak{U}_{BA} , \qquad (167\,\text{a})$$

d. h. die für die Primärwicklung des Lufttransformators aufgestellte Gleichung.

Wir haben jetzt die Gleichungen für den Asynchronmotor abgeleitet. Sie lauten geordnet mit

$$\mathfrak{U}_{BA} = - \mathfrak{U}_{AB} = - U_1 \qquad (50)$$

und

$$\omega_1 = \omega ,$$
$$U_1 = \mathfrak{J}_1 (R_1 + j\omega L_1) + j\omega M \mathfrak{J}_2 , \qquad (167)$$
$$0 = \mathfrak{J}_2 (R_2 + j\omega s L_2) + j\omega s M \mathfrak{J}_1 . \qquad (295)$$

a) Asynchronmotor und Lufttransformator, Ossannakreis.

Denkt man sich den Lufttransformator rein ohmisch belastet, so wird der Richtwiderstand der Belastung

$$\mathfrak{Z} = p\,R$$

und die Gleichung für den Sekundärkreis lautet

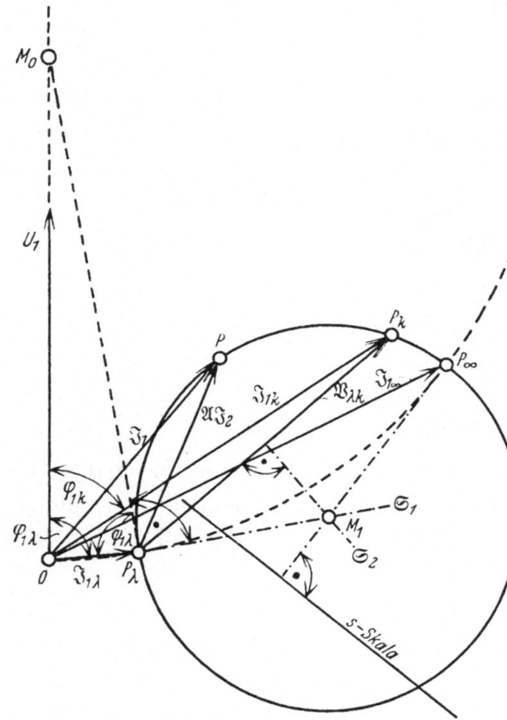

Abb. 74. Festlegung des Ossannakreises.

$$0 = \mathfrak{J}_2\,(R_2 + j\,\omega\,L_2 + p\,R)$$
$$+ j\,\omega\,M\,\mathfrak{J}_1. \quad (296)$$

Führt man einen neuen Parameter s ein durch

$$R_2 + p\,R = \frac{R_2}{s}, \quad (297)$$

so geht (296) über in (295).

Das Diagramm des Asynchronmotors stimmt also überein mit dem Diagramm des rein ohmisch belasteten Lufttransformators.

Schlupf $s = 0$, Synchronismus, liefert $p = \infty$, Leerlauf des Lufttransformators; und somit

$$\mathfrak{J}_{1\lambda} = \frac{U_1}{R_1 + j\,\omega\,L_1}. \quad (171)$$

Schlupf $s = 1$, Stillstand, liefert $p = 0$, Kurzschluß des Lufttransformators, also

$$\mathfrak{J}_{1\varkappa} = U_1 \frac{R_2 + j\,\omega\,L_2}{(R_1 + j\,\omega\,L_1)\,R_2 + (R_1 + j\,\omega\,L_1\,\sigma)\,j\,\omega\,L_2}. \quad (172)$$

Der Primärstrom $\mathfrak{J}_{1\lambda}$ beim synchronen Leerlauf gehört wieder dem Kreis

$$\mathfrak{B} = \frac{U_1}{R_1 + j\,\omega\,L_1\,p} \quad (173)$$

an, und zwar schneidet der $\mathfrak{J}_1$-Kreis diesen, wie früher (S. 74) bewiesen, orthogonal. Der Kreis für den Primärstrom $\mathfrak{J}_1$ heißt Ossannakreis und kann durch folgende Messungen und Konstruktionen gefunden werden:

Strom-, Spannungs- und Leistungsmessungen im synchronen Leerlauf (Antrieb!) ergeben $\mathfrak{J}_{1\lambda}$ nach Größe und Phase.

In P_λ (Abb. 74) trägt man $\varphi_{1\lambda}$ an $\mathfrak{J}_{1\lambda}$ nochmals an und findet M_0, das Zentrum des $\mathfrak{B}$-Kreises, auf U_1 bzw. dessen Verlängerung. Auf $P_\lambda M_0$ errichtet man in P_λ die Senkrechte $\mathfrak{S}_1$.

Strom-, Spannungs- und Leistungsmessung im Stillstand bei verringerter Ständerspannung und Extrapolation auf Normalspannung U_1 liefern $\mathfrak{J}_{1\varkappa}$ nach Größe und Phase. Es ist auf $\overrightarrow{P_\lambda P_\varkappa} = \mathfrak{B}_{\lambda\varkappa}$ die Mittelsenkrechte $\mathfrak{S}_2$ zu errichten. Sie schneidet $\mathfrak{S}_1$ im Zentrum M_1 des Ossannakreises.

Ist $\overrightarrow{O M_1} = \mathfrak{m}_1$ der Ortsvektor nach dem Kreiszentrum, so war bereits früher (S. 74) berechnet worden, daß

$$\sigma = \frac{2\,m_{12}}{m_{11}\,\mathrm{tg}\,\varphi_{1\lambda}} - 1 \tag{184}$$

der Koeffizient der totalen Streuung ist. m_{11} ist die Komponente von $\mathfrak{m}_1$ in Richtung von U_1, m_{12} die Komponente von $\mathfrak{m}_1$ senkrecht zu U_1. Der Läuferstrom kann durch $\overrightarrow{P_\lambda P} = \mathfrak{A}\mathfrak{J}_2$ gemessen werden (IV B d)).

Obwohl nun alle Verhältnisse festliegen, tragen wir der Vollständigkeit halber die Gleichung für die Ortskurve des Primärstromes (Ossannakreis) nach. (295) bringt

$$\mathfrak{J}_2 = \frac{-j\,\omega\,s\,M}{R_2 + j\,\omega\,s\,L_2}\,\mathfrak{J}_1. \tag{298}$$

Hiermit wird aus (167)

$$U_1 = \mathfrak{J}_1\left[R_1 + j\,\omega\,L_1 + \frac{\omega^2\,s\,M^2}{R_2 + j\,\omega\,s\,L_2}\right]$$

$$= \mathfrak{J}_1\,\frac{(R_1 + j\,\omega\,L_1)\,R_2 + R_1\,j\,\omega\,s\,L_2 - \omega^2 s\,L_1\,L_2 + \omega^2\,s\,M^2}{R_2 + j\,\omega\,s\,L_2}$$

bzw. mit (131)

$$U_1 = \mathfrak{J}_1\,\frac{(R_1 + j\,\omega\,L_1)\,R_2 + (R_1 + j\,\omega\,L_1\,\sigma)\,j\,\omega\,s\,L_2}{R_2 + j\,\omega\,s\,L_2},$$

$$\mathfrak{J}_1 = U_1\,\frac{R_2 + j\,\omega\,s\,L_2}{(R_1 + j\,\omega\,L_1)\,R_2 + (R_1 + j\,\omega\,L_1\,\sigma)\,j\,\omega\,s\,L_2} \tag{299}$$

Die Gleichung hat die Form

$$\mathfrak{B} = \frac{\mathfrak{a} + \mathfrak{b}\,p}{\mathfrak{c} + \mathfrak{d}\,p} \tag{54}$$

und man findet durch Vergleich

$$\mathfrak{a} = U_1\,R_2, \qquad\qquad \mathfrak{b} = U_1\,j\,\omega\,L_2,$$

$$\mathfrak{c} = (R_1 + j\,\omega\,L_1)\,R_2, \qquad \mathfrak{d} = (R_1 + j\,\omega\,L_1\,\sigma)\,j\,\omega\,L_2.$$

Der Radius des Ossannakreises ist aus

$$\mathfrak{r} = \frac{\mathfrak{a}\,\mathfrak{d} - \mathfrak{b}\,\mathfrak{c}}{\mathfrak{c}_k\,\mathfrak{d} - \mathfrak{c}\,\mathfrak{d}_k} \tag{70}$$

berechenbar. Nun enthalten $\mathfrak{a}$, $\mathfrak{c}$ und daher auch $\mathfrak{c}_k$ den Widerstand R_2 einer Läuferwicklung als Faktor. $\mathfrak{r}$ wird also von R_2 unabhängig. $\mathfrak{J}_{1\lambda}$ ist ebenfalls von R_2 unabhängig, nicht aber $\mathfrak{J}_{1\varkappa}$, (172). Der Ossannakreis gilt also für jeden Läuferwiderstand, die Punktverteilung auf ihm ist aber von R_2 abhängig. Zu ihrer Ermittlung ist der Punkt für $s = \infty$ notwendig. Er entspricht dem unendlich raschen Lauf (Schlupf ∞!), aus (297) würde für den Lufttransformator der physikalisch nicht realisierbare Parameterwert $p = -R_2/R$ folgen. Ebensowenig kann aus betriebstechnischen Gründen $s = \infty$ verwirklicht werden. Nun folgt aber aus (299) für $s = \infty$

$$\mathfrak{J}_{1\infty} = \frac{U_1}{R_1 + j\,\omega\,L_1\,\sigma}\,, \tag{300}$$

und man sieht, daß dieser Stromvektor auch dem Kreis

$$\mathfrak{V} = \frac{U_1}{R_1 + j\,\omega\,L_1\,p} \tag{173}$$

angehört, da für $p = \sigma$ $\mathfrak{V} \equiv \mathfrak{J}_{1\infty}$ wird. Der Punkt $s = \infty$ ergibt sich somit als zweiter Schnittpunkt des $\mathfrak{V}$-Kreises (173) mit dem $\mathfrak{J}_1$-Kreise (299) (Abb. 74). Die Parameterskala (Schlupfskala) steht senkrecht auf $P_\infty\,M_1$.

Berechnet man nach (70) den Radius des Ossannakreises, so wird

$$r = U_1 \frac{\omega\,L_1\,(1-\sigma)}{2\,(R_1^2 + \omega^2\,L_1^2\,\sigma)}.$$

Der Radius wächst also proportional mit der Betriebsspannung U_1, ferner ist er um so größer, je kleiner der Koeffizient σ der totalen Streuung ist, dagegen um so kleiner, je größer der primäre Kupferwiderstand R_1 ist.

b) Der Heylandkreis.

Heyland gab die Ortskurve des Ständerstromes $\mathfrak{J}_1$ bei verschwindendem Ständerwiderstand R_1 an. Ihre Gleichung folgt aus (299) sofort:

$$\mathfrak{J}_1 = U_1 \frac{R_2 + j\,\omega\,s\,L_2}{j\,\omega\,L_1\,(R_2 + j\,\omega\,s\,L_2\,\sigma)}\,, \tag{301}$$

Gleichung des „Heylandkreises".

Für Synchronismus, $s = 0$, wird

$$\mathfrak{J}_{1\lambda} = \frac{U_1}{j\,\omega\,L_1}\,, \tag{302}$$

90^0 nacheilend hinter U_1 (Abb. 75). Der $\mathfrak{V}$-Kreis (173) entartet zur Geraden

$$\mathfrak{V}_0 = \frac{U_1}{j\,\omega\,L_1\,p}\,, \tag{303}$$

die in O auf U_1 senkrecht steht.

Für $s = \infty$, unendlich raschen Lauf, wird

$$\mathfrak{J}_{1\infty} = \frac{U_1}{j\,\omega\,L_1\,\sigma}\,, \tag{304}$$

ebenfalls um 90^0 nacheilend hinter U_1. Wegen der Orthogonalität des entarteten $\mathfrak{V}$-Kreises $\mathfrak{V}_0$ mit dem Heylandkreis muß das Kreiszentrum M_1 auf $\mathfrak{V}_0$ selbst liegen. Die Parameterskala (Schlupfskala) liegt senkrecht zu $P_\infty M_1$, d. h. sie kann mit dem U_1-Vektor zusammenfallend gezeichnet werden.

Für Stillstand $s = 1$ ist der Kurzschlußstrom

$$\mathfrak{J}_{1\varkappa} = \frac{U_1}{j\,\omega\,L_1}\,\frac{R_2 + j\,\omega\,L_2}{R_2 + j\,\omega\,L_2\,\sigma}\,. \tag{305}$$

Denkt man sich in den Läufer zusätzlichen Widerstand R_z geschaltet, so muß im Grenzfall $R_z = \infty$ der primäre Kurzschlußstrom $\mathfrak{J}_{1\varkappa}$ in den Strom $\mathfrak{J}_{1\lambda}$ des synchronen Leerlaufs übergehen. $P_\varkappa$ wandert also bei Zuschaltung von Rotorwiderständen auf dem Heylandkreis nach P_λ zu.

Vernachlässigt man in erster Näherung den Kupferwiderstand R_2 der Rotorwicklung, so wird

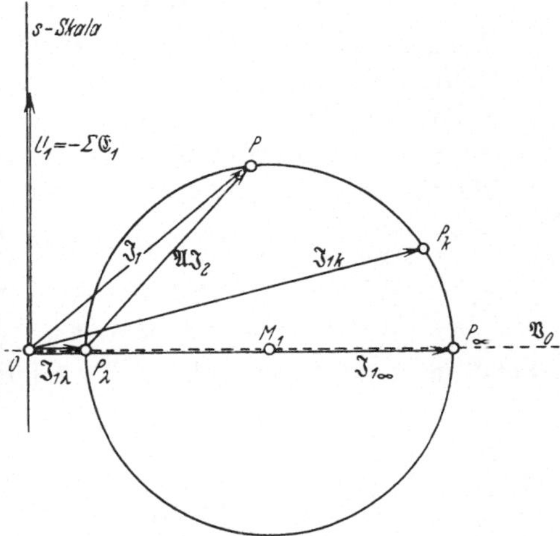

Abb. 75. Der Heylandkreis.

$$\mathfrak{J}_{1\varkappa} \approx \frac{U_1}{j\,\omega\,L_1\,\sigma} = \mathfrak{J}_{1\infty}\,. \tag{306}$$

Aus (302) und (304) folgt exakt

$$\frac{\mathfrak{J}_{1\lambda}}{\mathfrak{J}_{1\infty}} = \sigma\,, \tag{307}$$

aus (302) und (306) die Näherung

$$\frac{\mathfrak{J}_{1\lambda}}{\mathfrak{J}_{1\varkappa}} \approx \sigma\,. \tag{307a}$$

Der Radius des Heylandkreises ergibt sich aus dem oben entwickelten Ausdruck für den Ossannakreis zu

$$r = \frac{U_1}{\omega\,L_1}\,\frac{1-\sigma}{2\,\sigma}\,, \tag{308}$$

worin der Einfluß der Streuung sehr deutlich wird.

Über die physikalische Berechtigung des Heylandkreises geben folgende Überlegungen Aufschluß:

Mit $R_1 = 0$ wird aus (167a)

$$- j\,\omega\,L_1\,\mathfrak{J}_1 - j\,\omega\,M\,\mathfrak{J}_2 = \sum\mathfrak{E}_1 = \mathfrak{U}_{BA} = -\,U_1. \tag{167b}$$

Da U_1 konstant war, heißt das, der Heylandkreis ist die Ortskurve des Ständerstromes $\mathfrak{J}_1$ bei konstanter primärer EMK $\sum\mathfrak{E}_1$. Sorgt man also dafür, daß

$$\sum\mathfrak{E}_1 = \mathfrak{J}_1\,R_1 + \mathfrak{U}_{BA}$$

konstant bleibt, so erhält man den Heylandkreis (Abb. 75).

c) Die Berücksichtigung der Eisenverluste.

Sie geschieht mit Hilfe einer dritten auf dem Ständer untergebracht gedachten Wicklung, die in sich bzw. über einen Widerstand kurzgeschlossen sei. Der Kupferwiderstand des gesamten Kreises 3 sei R_3. Dann gelten in Anlehnung an (167) und (295) mit im übrigen selbstverständlichen Bezeichnungen die drei Gleichungen

$$\left.\begin{aligned}
U_1 &= \mathfrak{J}_1\,(R_1 + j\,\omega\,L_1) + \mathfrak{J}_2\,j\,\omega\,M_{21} + \mathfrak{J}_3\,j\,\omega\,M_{31}, \\
0 &= \mathfrak{J}_1\,j\,\omega\,s\,M_{12} + \mathfrak{J}_2\,(R_2 + j\,\omega\,s\,L_2) + \mathfrak{J}_3\,j\,\omega\,s\,M_{32}, \\
0 &= \mathfrak{J}_1\,j\,\omega\,M_{13} + \mathfrak{J}_2\,j\,\omega\,M_{23} + \mathfrak{J}_3\,(R_3 + j\,\omega\,L_3).
\end{aligned}\right\} \tag{309}$$

Setzt man zur Vereinfachung der Schreibweise

$$\left.\begin{aligned}
R_1 + j\,\omega\,L_1 &= \mathfrak{z}_1, \\
R_3 + j\,\omega\,L_3 &= \mathfrak{z}_3, \\
j\,\omega\,M_{21} = j\,\omega\,M_{12} &= \mathfrak{m}_{12}, \\
j\,\omega\,M_{31} = j\,\omega\,M_{13} &= \mathfrak{m}_{13}, \\
j\,\omega\,M_{23} = j\,\omega\,M_{32} &= \mathfrak{m}_{23},
\end{aligned}\right\} \tag{310}$$

so wird

$$\left.\begin{aligned}
U_1 &= \mathfrak{J}_1\,\mathfrak{z}_1 + \mathfrak{J}_2\,\mathfrak{m}_{12} + \mathfrak{J}_3\,\mathfrak{m}_{13}, \\
0 &= \mathfrak{J}_1\,s\,\mathfrak{m}_{12} + \mathfrak{J}_2\,(R_2 + j\,\omega\,s\,L_2) + \mathfrak{J}_3\,s\,\mathfrak{m}_{23}, \\
0 &= \mathfrak{J}_1\,\mathfrak{m}_{13} + \mathfrak{J}_2\,\mathfrak{m}_{23} + \mathfrak{J}_3\,\mathfrak{z}_3.
\end{aligned}\right\} \tag{311}$$

Hieraus folgt sofort

$$\mathfrak{J}_1 = \frac{\begin{vmatrix} U_1 & \mathfrak{m}_{12} & \mathfrak{m}_{13} \\ 0 & R_2 + j\,\omega\,s\,L_2 & s\,\mathfrak{m}_{23} \\ 0 & \mathfrak{m}_{23} & \mathfrak{z}_3 \end{vmatrix}}{\begin{vmatrix} \mathfrak{z}_1 & \mathfrak{m}_{12} & \mathfrak{m}_{13} \\ s\,\mathfrak{m}_{12} & R_2 + j\,\omega\,s\,L_2 & s\,\mathfrak{m}_{23} \\ \mathfrak{m}_{13} & \mathfrak{m}_{23} & \mathfrak{z}_3 \end{vmatrix}}. \tag{312}$$

Die Determinanten können mit der Sarrusschen Regel leicht berechnet werden. Sie ergeben nach einiger Ordnung

$$\mathfrak{J}_1 = U_1\,\frac{R_2\,\mathfrak{z}_3 + s\,(j\,\omega\,L_2\,\mathfrak{z}_3 - \mathfrak{m}_{23}^2)}{\varDelta_k}, \tag{313}$$

worin

$$\varDelta_k = R_2(\mathfrak{z}_1\mathfrak{z}_3 - \mathfrak{m}_{13}^2)$$

$$+ s[j\,\omega\,L_2(\mathfrak{z}_1\mathfrak{z}_3 - \mathfrak{m}_{13}^2) + 2\,\mathfrak{m}_{12}\,\mathfrak{m}_{23}\,\mathfrak{m}_{13} - \mathfrak{z}_1\,\mathfrak{m}_{23}^2 - \mathfrak{z}_3\,\mathfrak{m}_{12}^2]$$

die Koeffizientendeterminante des Systemes (311) ist. Man erkennt sofort die Kreisgleichung. Für $\mathfrak{z}_3 = \infty$ verschwinden in Zähler und Nenner alle von $\mathfrak{z}_3$ freien Glieder gegenüber den mit $\mathfrak{z}_3$ behafteten. Man erhält

$$\mathfrak{J}_1 = U_1\frac{R_2 + j\,\omega\,s\,L_2}{R_2\,\mathfrak{z}_1 + s(j\,\omega\,L_2\,\mathfrak{z}_1 - \mathfrak{m}_{12}^2)}, \tag{314}$$

und mit (310)

$$\mathfrak{J}_1 = U_1\frac{R_2 + j\,\omega\,s\,L_2}{(R_1 + j\,\omega\,L_1)\,R_2 + (R_1 + j\,\omega\,L_1\,\sigma_{12})\,j\,\omega\,s\,L_2}.$$

Das ist die Gleichung des Ossannakreises. $\mathfrak{z}_3 = \infty$ bedeutet ja physikalisch nichts anderes, als daß die dritte Wicklung offen bzw. nicht vorhanden ist.

Im Synchronismus, $s = 0$, wird

$$\mathfrak{J}_{1\lambda} = U_1\frac{\mathfrak{z}_3}{\mathfrak{z}_1\mathfrak{z}_3 - \mathfrak{m}_{13}^2}. \tag{315}$$

Für den Sekundärstrom $\mathfrak{J}_2$ erhält man aus (311)

$$\mathfrak{J}_2 = \frac{\begin{vmatrix} \mathfrak{z}_1 & U_1 & \mathfrak{m}_{13} \\ s\,\mathfrak{m}_{12} & 0 & s\,\mathfrak{m}_{23} \\ \mathfrak{m}_{13} & 0 & \mathfrak{z}_3 \end{vmatrix}}{\begin{vmatrix} \mathfrak{z}_1 & \mathfrak{m}_{12} & \mathfrak{m}_{13} \\ s\,\mathfrak{m}_{12} & R_2 + j\,\omega\,s\,L_2 & s\,\mathfrak{m}_{23} \\ \mathfrak{m}_{13} & \mathfrak{m}_{23} & \mathfrak{z}_3 \end{vmatrix}}. \tag{316}$$

Die Berechnung liefert

$$\mathfrak{J}_2 = U_1\frac{s(\mathfrak{m}_{23}\,\mathfrak{m}_{13} - \mathfrak{m}_{12}\,\mathfrak{z}_3)}{\varDelta_k} \tag{317}$$

Definiert man wieder einen neuen Vektor $\mathfrak{V}_1$ durch

$$\mathfrak{J}_1 = \mathfrak{J}_{1\lambda} + \mathfrak{V}_1, \tag{318}$$

so wird mit (313), (315) und (317)

$$\mathfrak{V}_1 = \mathfrak{J}_2\frac{\mathfrak{m}_{13}^2\,\mathfrak{m}_{23}^2 + \mathfrak{z}_3^2\,\mathfrak{m}_{12}^2 - 2\,\mathfrak{m}_{12}\,\mathfrak{m}_{23}\,\mathfrak{m}_{13}\,\mathfrak{z}_3}{(\mathfrak{m}_{23}\,\mathfrak{m}_{13} - \mathfrak{m}_{12}\,\mathfrak{z}_3)(\mathfrak{z}_1\mathfrak{z}_3 - \mathfrak{m}_{13}^2)}. \tag{319}$$

$\mathfrak{V}_1$ ist demnach auch hier der mit einem konstanten Drehstrecker multiplizierte Sekundärstrom. Bei Abwesenheit einer dritten Wicklung wird wie beim Lufttransformator bzw. Ossannakreis

$$\mathfrak{V}_1 = \mathfrak{J}_2\frac{-\mathfrak{m}_{12}}{\mathfrak{z}_1}. \tag{320}$$

In (319) sind nämlich für $\mathfrak{z}_3 = \infty$ nur die in $\mathfrak{z}_3$ quadratischen Glieder zu berücksichtigen. (320) bringt mit (310) das altbekannte Resultat

$$\mathfrak{V}_1 = \mathfrak{J}_2 \frac{\omega\, M_{12}}{z_1}\, \varepsilon^{-j\,(90+\varphi_{1\lambda})}. \qquad (198)$$

Die Festlegung des Primärstromkreises mit Rücksicht auf die Eisenverluste (sog. Eisenkreis) ist erheblich komplizierter und erfordert zuvor weitläufige Näherungsrechnungen, die in der angeführten Literatur nachzulesen sind. Wir beschränken uns hier auf die einfache Festlegung des Ossannakreises.

E. Die Ortskurven
von Wechselstromkommutatormotoren.

a) Behandlungsmethode.

Für die Behandlung von Wechselstromkommutatormotoren hat sich eine Methode als besonders praktisch erwiesen, deren Grundlagen zunächst entwickelt werden müssen.

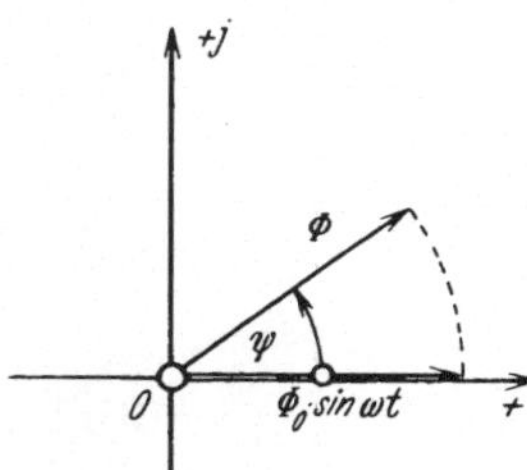

Abb. 76. Der zeitlich sinusförmig veränderliche Wechselfluß im Raum.

1. In dem Ständer eines Motors werde von irgendeiner Wicklung ein zeitlich sinusförmig veränderlicher Fluß von beliebiger räumlicher Lage erzeugt. Für diesen Fluß können wir anschreiben

$$\Phi = \Phi_0 \sin \omega t\, \varepsilon^{j\,\psi}. \qquad (321)$$

Denkt man sich eine Ebene senkrecht zur Motorwelle gelegt, so kann man in ihr ein orthogonales System so einzeichnen, daß der Ursprung mit dem Durchstoßpunkt der Welle zusammenfällt. Die eine Achse sei die reelle, die andere die imaginäre. $\Phi_0 \sin \omega t$ ist nun ein zeitlich sinusförmig veränderlicher Fluß in Richtung der reellen Achse, Φ ist ein ebensolcher Fluß mit ψ^0 Voreilung gegenüber $\Phi_0 \sin \omega t$ (Abb. 76). (321) läßt sich umformen

$$\Phi = \Phi_0 \sin \omega t \cos \psi + j\, \Phi_0 \sin \omega t \sin \psi = \Phi_x + j\, \Phi_y, \qquad (322)$$

und dahin deuten, daß sich jeder räumlich beliebig orientierte, zeitlich sinusförmig veränderliche Fluß in zwei zueinander senkrechte Komponenten

$$\left.\begin{aligned} \Phi_x &= \Phi_0 \sin \omega t \cos \psi\,, \\ \Phi_y &= \Phi_0 \sin \omega t \sin \psi \end{aligned}\right\} \qquad (323)$$

zerlegen läßt, die ihrerseits auch Sinusgesetzen gehorchen. Wir denken uns diese Flüsse Φ_x und Φ_y in getrennten x- bzw. y-Wicklungen erzeugt.

2. Ein Wechselstrom

$$i = J_0 \sin \omega t,$$

der eine Spule von w Windungen durchfließt, deren Achse den Winkel $+\psi$ mit der reellen Achse bilde (Abb. 77), repräsentiert eine Durchflutung

$$\Delta = w\,J_0 \sin\omega t\,\varepsilon^{j\psi}. \tag{324}$$

Sie ist durch Gleichung (324) nach zeitlichem Augenblickswert und räumlicher Lage vollkommen festgelegt. Die Umformung

$$\left.\begin{aligned}
\Delta &= w\,J_0 \sin\omega t \cos\psi + j\,w\,J_0 \sin\omega t \sin\psi \\
&= w_x\,i + j\,w_y\,i \\
&= \Delta_x + j\,\Delta_y
\end{aligned}\right\} \tag{325}$$

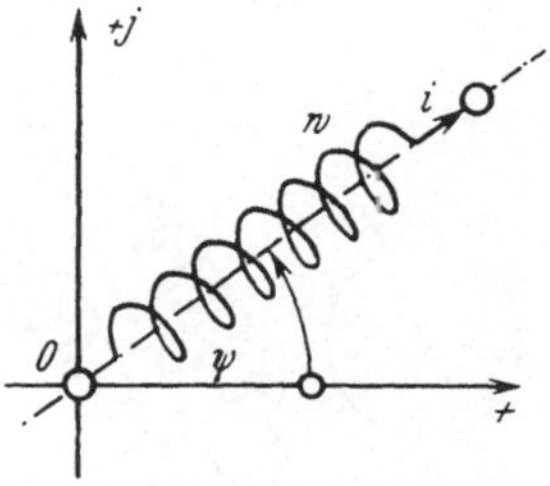

zeigt, daß die Windungszahlen der äquivalenten x- bzw. y-Wicklungen nach den Gleichungen

$$\left.\begin{aligned}
w_x &= w\cos\psi, \\
w_y &= w\sin\psi
\end{aligned}\right\} \tag{326}$$

zu berechnen sind.

Abb. 77. Die wechselstromdurchflossene Spule beliebiger räumlicher Lage.

3. Wir setzen fest:

a) Ein Strom in einer x-Wicklung heiße $\mathfrak{J}_x$-Strom. Er gelte als positiv, wenn er von links nach rechts fließt.

b) Ein solcher Strom erzeugt einen Φ_x-Fluß. Er gelte als positiv, wenn er von links nach rechts gerichtet ist.

c) Ein $+\mathfrak{J}_x$-Strom erzeugt einen $+\Phi_x$-Fluß nur bei einem ganz bestimmten Wicklungssinn der x-Wicklung, der durch Abb. 78 gekennzeichnet ist und bei dem die Windungszahl w_x positiv gerechnet wird. Ist ϱ_x der magnetische Widerstand, so kann man schreiben

$$\Phi_{x0} = \frac{w_x \mathfrak{J}_{x0}}{\varrho_x}. \tag{327}$$

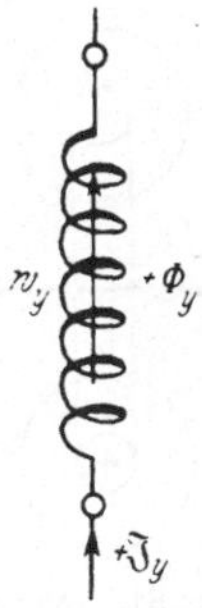

d) Ein Strom in einer y-Wicklung heiße $\mathfrak{J}_y$-Strom. Er gelte als positiv, wenn er von unten nach oben fließt.

e) Ein solcher Strom erzeugt einen Φ_y-Fluß. Er gelte als positiv, wenn er von unten nach oben gerichtet ist.

f) Ein $+\mathfrak{J}_y$-Strom erzeugt

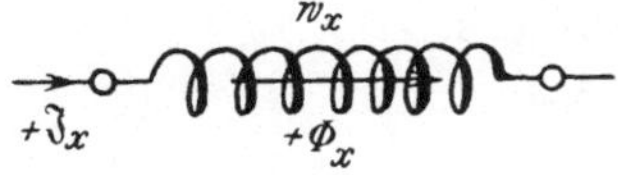

Abb. 78. Eine x-Wicklung, von einem $+\mathfrak{J}_x$-Strom durchflossen, erzeugt einen $+\Phi_x$-Fluß.

Abb. 79. Eine y-Wicklung, von einem $+\mathfrak{J}_y$-Strom durchflossen, erzeugt einen $+\Phi_y$-Fluß.

einen $+\Phi_y$-Fluß nur bei einem ganz bestimmten Wicklungssinn der y-Wicklung, der durch Abb. 79 gekennzeichnet ist und bei dem die Windungszahl w_y positiv gerechnet wird. Ist ϱ_y der magnetische Widerstand, so kann man schreiben

$$\Phi_{y0} = \frac{w_y \mathfrak{J}_{y0}}{\varrho_y}. \tag{328}$$

g) Beim Anker gebe die Verbindungslinie der Bürsten die Achse der Ankerwicklung an. Der in Abb. 80 gezeichnete Anker ist demnach durch die 2 daneben gezeichneten Spulen ersetzbar, die durch die Bürsten parallel geschaltet sind.

4. Nach diesen Festsetzungen befassen wir uns mit den Drehmomenten, die die Flüsse auf die stromdurchflossenen Ankerwindungen ausüben. Allgemein gilt für den Momentanwert des Drehmomentes

$$M_t = k\, i\, \varphi \, . \tag{329}$$

k = Proportionalitätsfaktor,
i = Momentanwert des Stromes,
φ = Momentanwert des Flusses.

Das mittlere Drehmoment während einer Periode ist also

$$M_m = \frac{1}{T} \int_0^T M_t \, dt \, . \tag{330}$$

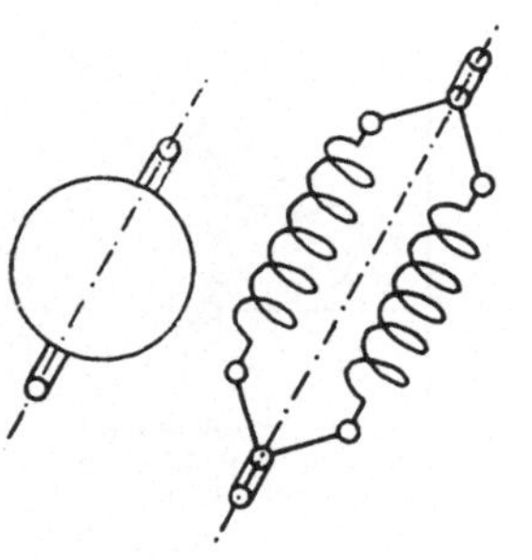

Abb. 80. Der Kommutatoranker mit beliebiger räumlicher Bürstenstellung und seine Ersatzschaltung.

Denkt man sich die zeitlich veränderliche Größe M_t für eine Periode über der Zeit aufgetragen, so leuchtet ein, daß die rechte Seite von (330) die mittlere Höhe der Fläche ist, die von der Kurve M_t, der Abszissenachse und den Ordinaten $t = 0$ und $t = T$ eingeschlossen wird. Sei

$$i = J_0 \sin \omega t,$$
$$\varphi = \Phi_0 \sin (\omega t - \chi) \, ,$$

so gibt bekanntlich die Integration (330)

$$M_m = \frac{k}{2} J_0 \, \Phi_0 \cos \chi = k_1 \, J \Phi_0 \cos \chi \, . \tag{331}$$

Hierin ist

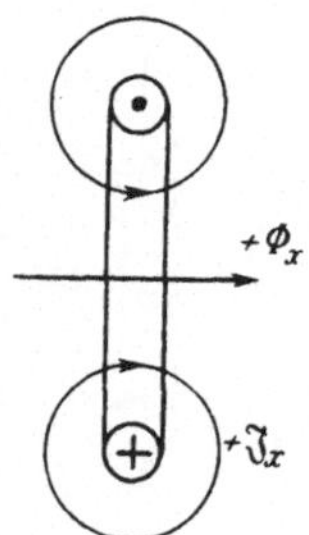

J = Effektivwert des Stromes,
Φ_0 = Amplitude des Flusses,
$k_1 = k/2$ = eine Konstante,
χ = die Phasenverschiebung zwischen Strom und Fluß.

Abb. 81. Der $+\Phi_x$-Fluß und eine x-Windung, durchflossen von einem $+\mathfrak{J}_x$-Strom, Entstehung der Dehnungskräfte.

Wir betrachten zunächst einen $\mathfrak{J}_x$-Strom und einen Φ_x-Fluß. Zwischen beiden ergeben sich keine Drehkräfte, da die x-Wicklung schon das mögliche Maximum des Φ_x-Flusses umfaßt. Die auftretenden Kraftwirkungen haben vielmehr das Bestreben, die Windungen zu dehnen, wie das Abb. 81 zeigt. Das Eigenfeld des $\mathfrak{J}_x$-Stromes ruft innerhalb der Windung eine Verdichtung der Kraftlinien hervor, ihr Querdruck sucht die Windung zu sprengen.

Analoges gilt für $\mathfrak{J}_y$-Strom und Φ_y-Fluß, so daß allgemein ausgesprochen werden kann, daß ein Fluß mit einem gleichnamigen Strom kein Drehmoment liefert.

Wir betrachten nun eine Windung einer x-Wicklung, die einen $+\,\mathfrak{J}_x$-Strom führt und sich in einem $+\,\Phi_y$-Fluß befindet (Abb. 82). An den Stellen, an denen das Eigenfeld des Stromes den Fluß Φ_y verstärkt, treten Druckkräfte P auf, die ein im Sinne der Mathematik positives Drehmoment M_1 bewirken. Wir können in Anlehnung an (331) schreiben

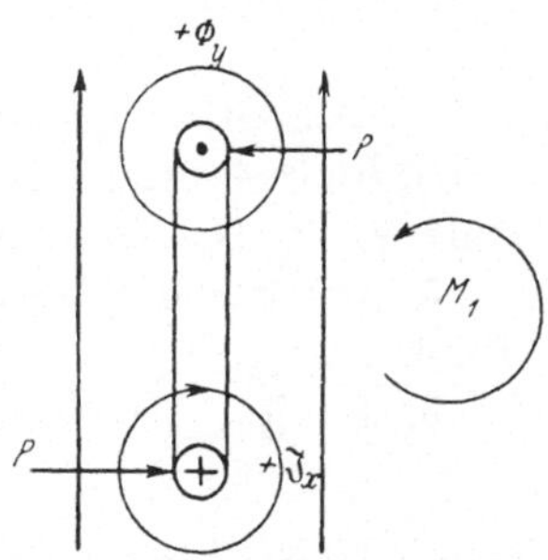

Abb. 82. Der $+\,\Phi_y$-Fluß und eine x-Windung, durchflossen von einem $+\,\mathfrak{J}_x$-Strom, Entstehung eines positiven Drehmomentes.

$$M_1 = +\,k_1 J_x \,|\,\Phi_{y0}\,|\,\cos(\mathfrak{J}_x\,\Phi_y). \quad (332)$$

M_1 wird negativ, wenn $\cos(\mathfrak{J}_x\,\Phi_y) < 0$ ist. Dies bedeutet, im überwiegenden Teil einer Periode haben i_x und φ_y entgegengesetztes Vorzeichen.

Die Windung einer $+\,y$-Wicklung, die von einem $+\,\mathfrak{J}_y$-Strom durchflossen ist, in einem $+\,\Phi_x$-Fluß zeigt Abb. 83. An den Stellen, an denen das Eigenfeld des Stromes den Fluß Φ_x verstärkt, treten Druckkräfte P auf, die ein negatives Drehmoment M_2 bewirken. Es ist

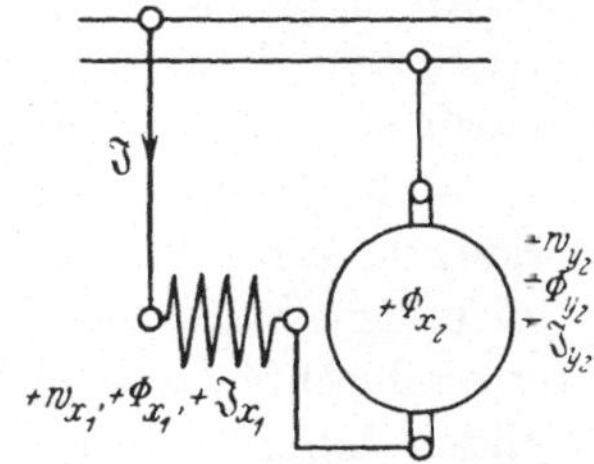

$$M_2 = -\,k_1 J_y \,|\,\Phi_{x0}\,|\,\cos(\mathfrak{J}_y\,\Phi_x). \quad (333)$$

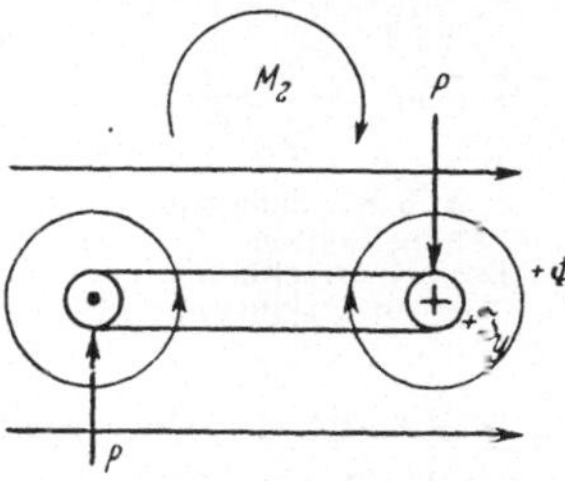

M_2 wird negativ, wenn $\cos(\mathfrak{J}_y\,\Phi_x) < 0$ ist. Dies bedeutet, daß im überwiegenden Teil einer Periode i_y und φ_x entgegengesetztes Vorzeichen haben.

Abb. 83. Der $+\,\Phi_x$-Fluß und eine y-Windung, durchflossen von einem $+\,\mathfrak{J}_y$-Strom, Entstehung eines negativen Drehmomentes.

Die bisherigen Ausführungen gestatten bereits, über einen Wechselstromkommutatormotor eine Reihe wichtiger Tatsachen auszusagen. Das zeigen wir zunächst an dem Einphasenreihenschlußmotor, dessen Schaltung in Abb. 84 dargestellt ist. Diese Abbildung ist so angelegt, daß sie außer dem Stromverlauf gleichzeitig die räumliche Orientierung der Wicklungen zeigt. Ein solches Schaltbild wird verschiedentlich als Raumdiagramm bezeichnet. Wir kennzeichnen die dem Ständer zugehörigen Größen durch den Index 1, die dem Läufer zugehörigen Größen durch den Index 2 und beschreiben den Motor an Hand des Raumdiagrammes im Stillstand:

Abb. 84. Schaltbild („Raumdiagramm") des Einphasenreihenschlußmotors ohne Kompensation.

1. Der Ständer trägt nur eine x_1-Wicklung, keine y_1-Wicklung.
2. Der Läufer besitzt nur eine y_2-Wicklung, keine x_2-Wicklung.

3. Der Ständerstrom $\mathfrak{J}_{x1}$ ist mit dem Läuferstrom $\mathfrak{J}_{y2}$ identisch, da Ständer und Läufer in Reihe geschaltet sind:

$$\mathfrak{J}_{x1} = \mathfrak{J}_{y2} = \mathfrak{J}. \tag{334}$$

4. Der Strom $\mathfrak{J}$ erzeugt in den $+ w_{x1}$ Windungen des Ständers einen Fluß $+ \Phi_{x1}$, von dem der weitaus größere Teil als Φ_{x2} den Anker durchsetzt. Die Differenz $\Phi_{x1} - \Phi_{x2}$ ist der Streufluß.

5. Der Strom $\mathfrak{J}$ erzeugt in den $+ w_{y2}$-Windungen des Ankers einen Fluß $+ \Phi_{y2}$.

6. Da $\mathfrak{J}_{x2} = 0$, kann nur das Moment

$$M_2 = - k_1 J_{y2} \left| \Phi_{x20} \right| \cos (\mathfrak{J}_{y2} \Phi_{x2}) \tag{335}$$

auftreten. Da $\mathfrak{J}_{y2} = \mathfrak{J}$ und Φ_{x1} bzw. Φ_{x2} von $\mathfrak{J}$ erzeugt und somit mit $\mathfrak{J}$ nahezu in Phase ist, wird

$$\cos (\mathfrak{J}_{y2} \Phi_{x2}) > 0,$$

M_2 also tatsächlich negativ, der Motor sucht sich im Uhrzeigersinn zu drehen.

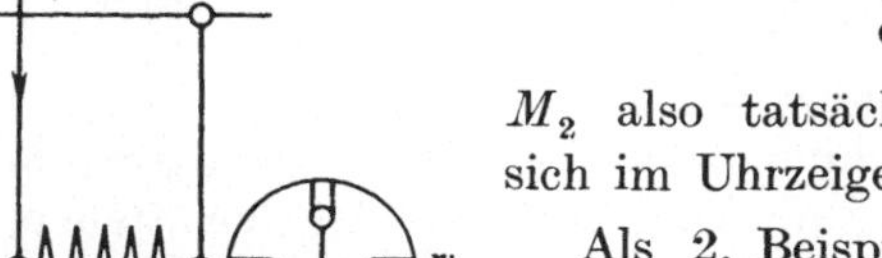

Abb. 85. Schaltbild („Raumdiagramm") des Doppelkurzschlußmotors von Atkinson.

Als 2. Beispiel betrachten wir den Doppelkurzschlußmotor von Atkinson, dessen Raumdiagramm Abb. 85 zeigt. Der Rotor besitzt je ein kurzgeschlossenes x- und y-Bürstenpaar. Es ergibt sich für diesen Motor im Stillstand:

1. Der Ständer hat nur eine x_1-Wicklung, keine y_1-Wicklung.

2. Der Läufer besitzt eine x_2-Wicklung und eine y_2-Wicklung.

3. Der Ständerstrom $\mathfrak{J}_{x1}$ erzeugt in den $+ w_{x1}$ Windungen des Ständers einen Fluß $+ \Phi_{x1}$, der abzüglich der Streuung als Φ_{x2} den Rotor durchsetzt.

4. Φ_{x2} induziert in der x_2-Wicklung eine EMK der Transformation, die ihrerseits einen Strom $\mathfrak{J}_{x2}$ erzeugt. Diesen Strom denken wir uns durch zusätzliche Widerstände in der x_2-Wicklung zunächst in erträglichen Grenzen gehalten. Wir sehen nun ein, daß Φ_{x2} durch $\mathfrak{J}_{x2}$ natürlich mitbestimmt ist.

5. Φ_{x2} induziert in der y_2-Wicklung keine EMK der Transformation, da keine Verkettung vorliegt.

6. Im Stillstand haben wir somit nur einen Φ_{x2}-Fluß und eine stromdurchflossene x_2-Wicklung, so daß sich kein Drehmoment ausbilden kann (s. S. 108). Der Doppelkurzschlußmotor läuft ohne besondere Maßnahme nicht von selbst an.

5. Nachdem an Hand der bisherigen Untersuchungsmethoden der Drehsinn des Anlaufes aus dem Stillstand des Motors erkennbar geworden ist, gewinnen die EMKK an Interesse.

1. Die EMKK im Ständer können nur EMKK der Ruhe sein, da sie in ruhenden Wicklungen auftreten. Sie eilen als solche den erzeugenden Flüssen um 90° nach (s. S. 25).

Für die x_1-Wicklung existiert eine Windung, die den größten Fluß umfaßt. Seine Amplitude sei $|\Phi_{x10}|$. Die Amplitude des Spulenflusses ist dann

$$|\Psi_{x10}| = w_{x1}\,\zeta_{x1}\,|\Phi_{x10}|\,10^{-8}. \tag{336}$$

ζ_{x1} ist der Wicklungsfaktor (s. S. 23).

Die EMK in der x_1-Wicklung wird

$$\mathfrak{E}'_{x10} = -\,j\omega\Psi_{x10} = -\,j\omega w_{x1}\,\zeta_{x1}\,\Phi_{x10}\,10^{-8}\ \text{Volt}. \tag{337}$$

Sie werde als EMK der Ruhe durch einen Strich gekennzeichnet. Analog ist die EMK in einer y_1-Wicklung

$$\mathfrak{E}'_{y10} = -\,j\omega w_{y1}\,\zeta_{y1}\,\Phi_{y10}\,10^{-8}\ \text{Volt}. \tag{338}$$

2. In den Läuferwicklungen können sowohl EMKK der Ruhe ($\mathfrak{E}'_{x2}$ und $\mathfrak{E}'_{y2}$) als auch EMKK der Bewegung ($\mathfrak{E}''_{x2}$ und $\mathfrak{E}''_{y2}$) auftreten. Letztere sollen durch zwei Striche gekennzeichnet werden. Ganz allgemein schicken wir voraus: Durch die Bürsten wird die Ankerwicklung in eine gerade Anzahl — sie sei $2a$ —

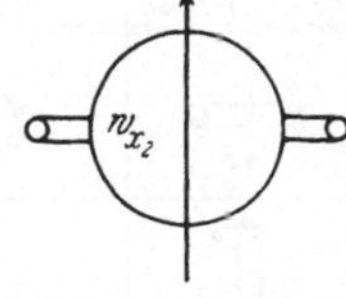

Abb. 86. Prinzipbild der zweipoligen Gleichstrommaschine.

paralleler Ankerzweige aufgeteilt. Ist $w_{x2\,total}$ die Gesamtzahl der Anker-x-Windungen, so ist die wirksame Windungszahl

$$\left. \begin{aligned} w_{x2} &= \frac{w_{x2\,total}}{2a}. \\[2ex] w_{y2} &= \frac{w_{y2\,total}}{2a}. \end{aligned} \right\} \tag{339}$$

Analog gilt

Wir betrachten zunächst

α) Die EMKK der Ruhe. Hierzu ist zu sagen, daß ein Φ_{x2}-Fluß nur mit einer x_2-Wicklung verkettet ist, ebenso ein Φ_{y2}-Fluß nur mit einer y_2-Wicklung. Es gilt daher:

$$\mathfrak{E}'_{x20} = -\,j\omega w_{x2}\,\zeta_{x2}\,\Phi_{x20}\,10^{-8}\ \text{Volt}, \tag{340}$$

$$\mathfrak{E}'_{y20} = -\,j\omega w_{y2}\,\zeta_{y2}\,\Phi_{y20}\,10^{-8}\ \text{Volt}. \tag{341}$$

Ein Wechselfluß erzeugt also nur in einer gleichnamigen Wicklung eine EMK der Ruhe.

β) Die EMKK der Bewegung. Um zu Gleichungen für die EMKK der Bewegung zu gelangen, gehen wir von der zweipoligen Gleichstrommaschine aus (Abb. 86). Dort bewegen sich in einem konstanten Fluß Φ_{y20} die Windungen der x_2-Wicklung. Die EMK in einer Windung ist

$$e_1 = -\,\frac{d\varphi_y}{dt}\,10^{-8}\ \text{Volt}. \tag{342}$$

Wir formen um

$$e_1 = - \frac{d\varphi_y}{du} \cdot \frac{du}{dt} \, 10^{-8} \text{ Volt,} \qquad (343)$$

und interpretieren:

$\dfrac{d\varphi_y}{du}$ ist die absolute Änderung des von einer Windung umfaßten Flusses während einer Umdrehung.

$\dfrac{du}{dt}$ ist die Drehzahl in der Zeiteinheit.

Abb. 87 zeigt tabellarisch für eine zweipolige Maschine

in der 1. Spalte die Stellung der Windung gegenüber dem Erregerfluß, wobei die beiden Windungsseiten unterschiedlich gezeichnet sind,

in der 2. Spalte den umfaßten Fluß,

in der 3. Spalte die absolute Änderung des umfaßten Flusses.

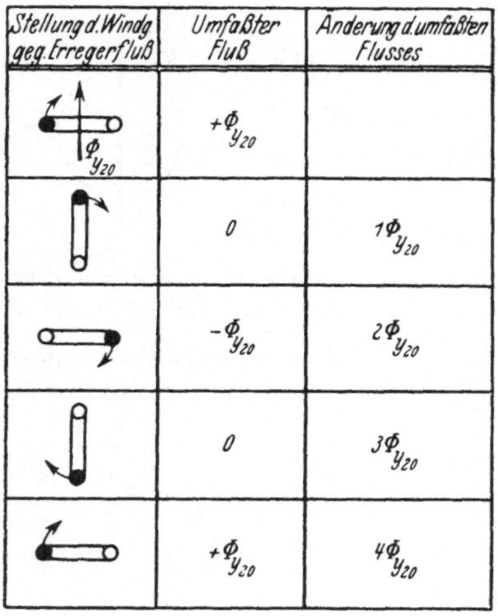

Man sieht, daß für die zweipolige Maschine

$$\frac{d\varphi_y}{du} = 4\,\Phi_{y20} \qquad (344)$$

ist. Für eine Maschine mit p Polpaaren wird natürlich

$$\frac{d\varphi_y}{du} = 4\,p\,\Phi_{y20}. \qquad (345)$$

Sei n die Drehzahl in der Minute, so ist die Drehzahl in der Zeiteinheit (Sekunde)

$$\frac{du}{dt} = \frac{n}{60}. \qquad (346)$$

Abb. 87. Flußverhältnisse einer Ankerwindung einer 2-poligen Gleichstrommaschine während einer Umdrehung.

Die EMK der Bewegung, die in einer Windung induziert wird, ist also absolut

$$E''_{10} = 4\,p\,\Phi_{y20}\,\frac{n}{60} \cdot 10^{-8} \text{ Volt,} \qquad (347)$$

und die EMK in den w_{x2} Windungen

$$E''_{x20} = 4\,p\,w_{x2}\,\Phi_{y20}\,\frac{n}{60}\,10^{-8} \text{ Volt.} \qquad (348)$$

Sie ist eine konstante, solange Φ_{y20} konstant ist. Erregen wir das Feld der Gleichstrommaschine mit einem Wechselstrom, so wird aus der konstanten EMK eine Wechsel-EMK

$$\mathfrak{E}''_{x20} = 4\,p\,w_{x2}\,\Phi_{y20}\,\frac{n}{60}\,10^{-8} \text{ Volt,} \qquad (349\,\text{a})$$

die mit dem Wechselfluß

$$\Phi_{y\,20} = \mid \Phi_{y\,20} \mid \varepsilon^{j\,\omega\,t}$$

gleiche Frequenz hat und mit ihm durch Null hindurchgeht. Ebenso gilt für die EMK der Bewegung $\mathfrak{E}''_{y\,20}$, die in einer y_2-Wicklung induziert wird, welche sich in einem $\Phi_{x\,20}$-Fluß dreht,

$$\mathfrak{E}''_{y\,20} = 4\,p\,w_{y\,2}\,\Phi_{x\,20}\,\frac{n}{60}\,10^{-8}\ \text{Volt.} \tag{350a}$$

Zum Schluß müssen wir die Phase der EMKK der Bewegung kontrollieren. Aus Abb. 82 ist zu sehen, daß für eine $+\ x_2$-Wicklung, die von einem $+\ \mathfrak{J}_{x\,2}$-Strom durchflossen ist und sich in einem $+\ \Phi_{y\,2}$-Fluß befindet, ein positives motorisches Drehmoment M_1 auftritt. Läßt man die Drehung zu (Motorbetrieb mit $n > 0$!), so ist die entwickelte EMK der Bewegung eine gegenelektromotorische Kraft, die $+\ \mathfrak{J}_{x\,2}$ entgegenarbeitet und daher mit negativem Zeichen zu versehen ist:

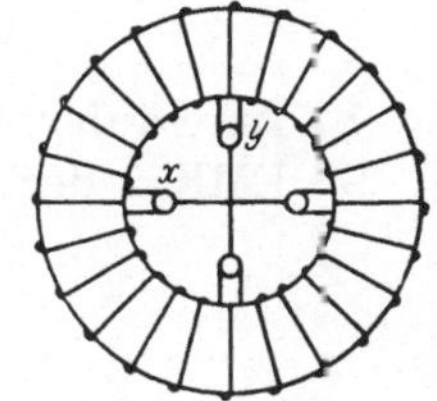

Abb. 88. Anker mit x- und y-Bürsten. Die Anschlußpunkte der x-Bürsten sind Äquipotentialpunkte für die y-Wicklung und umgekehrt.

$$\mathfrak{E}''_{x\,20} = -\ 4\,p\,w_{x\,2}\,\Phi_{y\,20}\,\frac{n}{60}\,10^{-8}\ \text{Volt.} \tag{349}$$

Aus Abb. 83 entnehmen wir: Eine $+\ y_2$-Wicklung, die in einem $+\ \Phi_{x\,2}$-Fluß einen $+\ \mathfrak{J}_{y\,2}$-Strom führt, erfährt ein negatives motorisches Drehmoment M_2. Läßt man die motorische Drehung zu (Motorbetrieb mit $n < 0$!), so ist die entwickelte EMK der Bewegung eine Gegen-EMK und daher $+\ \mathfrak{J}_{y\,2}$ entgegengerichtet. Wir müssen also setzen:

$$\mathfrak{E}''_{y\,20} = +\ 4\,p\,w_{y\,2}\,\Phi_{x\,20}\,\frac{n}{60}\,10^{-8}\ \text{Volt} \tag{350}$$

(denn nur dann wird für $n < 0$ $\mathfrak{E}''_{y\,20}$ negativ!).

Endlich ist zu erwähnen, daß für eine x_2-Wicklung die Anschlußpunkte des y-Bürstenpaares Äquipotentialpunkte sind, so daß weder die EMK der Ruhe noch die der Bewegung, die in der x_2-Wicklung induziert sind, Ströme zwischen den y-Bürsten hervorrufen können. Das geht anschaulich aus Abb. 88 hervor, in der ein Ringanker mit zwei x- und zwei y-Bürsten gezeichnet ist. Für eine y_2-Wicklung und die x-Bürsten gelten die gleichen Betrachtungen.

Verdreht man bei einer zweipoligen Gleichstrommaschine im Betrieb das Bürstenpaar um 90°, so nimmt die zwischen den Bürsten meßbare Spannung bis auf Null ab. Hieran kann sich natürlich nichts ändern, wenn der Erregerfluß kein konstanter, sondern ein Wechselfluß ist. Bei diesem Experiment ist aus der x_2-Wicklung (Abb. 86) eine y_2-Wicklung geworden. Wir folgern: ein y_2-Fluß induziert in einer y_2-Wicklung keine EMK der Bewegung[1].

---

[1] Gleiches gilt für x_2-Fluß und x_2-Wicklung.

Wir fassen die Ergebnisse zusammen:

1. Drehmomente:

$$M_1 = + k_1 J_{x2} \, | \, \Phi_{y20} | \cos (\mathfrak{J}_{x2} \Phi_{y2}),$$ (332a)

$$M_2 = - k_1 J_{y2} \, | \, \Phi_{x20} | \cos (\mathfrak{J}_{y2} \Phi_{x2}).$$ (333a)

2. Effektivwerte der elektromotorischen Kräfte:

a) Im Ständer:

$$\mathfrak{E}'_{x1} = - j \, \frac{\omega \, w_{x1} \, \zeta_{x1}}{\sqrt{2}} \, \Phi_{x10} \, 10^{-8} \, \text{Volt},$$ (337a)

$$\mathfrak{E}'_{y1} = - j \, \frac{\omega \, w_{y1} \, \zeta_{y1}}{\sqrt{2}} \, \Phi_{y10} \, 10^{-8} \, \text{Volt}.$$ (338a)

b) Im Läufer:

α) EMKK der Ruhe.

$$\mathfrak{E}'_{x2} = - j \, \frac{\omega \, w_{x2} \, \zeta_{x2}}{\sqrt{2}} \, \Phi_{x20} \, 10^{-8} \, \text{Volt},$$ (340a)

$$\mathfrak{E}'_{y2} = - j \, \frac{\omega \, w_{y2} \, \zeta_{y2}}{\sqrt{2}} \, \Phi_{y20} \, 10^{-8} \, \text{Volt}.$$ (341a)

β) EMKK der Bewegung.

$$\mathfrak{E}''_{x2} = - \, \frac{4}{\sqrt{2}} \, p \, w_{x2} \, \Phi_{y20} \, \frac{n}{60} \, 10^{-8} \, \text{Volt},$$ (349b)

$$\mathfrak{E}''_{y2} = + \, \frac{4}{\sqrt{2}} \, p \, w_{y2} \, \Phi_{x20} \, \frac{n}{60} \, 10^{-8} \, \text{Volt}.$$ (350b)

Zur Vereinfachung der Schreibweise empfiehlt es sich zu setzen:

$$\frac{\zeta \, 10^{-8}}{\sqrt{2}} = k',$$ (351)

$$\frac{4 \, p \, 10^{-8}}{60 \sqrt{2}} = k''.$$ (352)

Dann wird

$$\mathfrak{E}'_{x1} = - j \, \omega \, w_{x1} \, k'_{x1} \, \Phi_{x10},$$ (353)

$$\mathfrak{E}'_{y1} = - j \, \omega \, w_{y1} \, k'_{y1} \, \Phi_{y10},$$ (354)

$$\mathfrak{E}'_{x2} = - j \, \omega \, w_{x2} \, k'_{x2} \, \Phi_{x20},$$ (355)

$$\mathfrak{E}'_{y2} = - j \, \omega \, w_{y2} \, k'_{y2} \, \Phi_{y20},$$ (356)

$$\mathfrak{E}''_{x2} = - \, n \, w_{x2} \, k'' \, \Phi_{y20},$$ (357)

$$\mathfrak{E}''_{y2} = + \, n \, w_{y2} \, k'' \, \Phi_{x20}.$$ (358)

b) Die Ortskurven des Einphasenreihenschlußmotors mit Kompensation.

Das Schaltbild zeigt Abb. 89. Es gibt gleichzeitig die räumliche Lage der Wicklungen an, ist also ein sog. Raumdiagramm. Die Kompensationswicklung ist eine im Ständer befindliche y-Wicklung und hat die Aufgabe, Φ_{y2} zu vernichten. Ist ϱ_y der magnetische Widerstand in Richtung der y-Achse, so muß sein

$$\Phi_{y20} = \mathfrak{J}_0 \frac{\zeta_{y1} w_{y1} + \zeta_{y2} w_{y2}}{\varrho_y} = 0. \tag{359}$$

Hieraus folgt

$$\zeta_{y1} w_{y1} = - \zeta_{y2} w_{y2} \tag{360}$$

und bei gleicher Wicklungsart

$$w_{y1} = - w_{y2}.$$

Sieht man von der Streuung ab, um durchsichtigere Verhältnisse zu erhalten, so wird

$$\Phi_{x0} = \Phi_{x10} = \Phi_{x20} = \frac{\zeta_{x1} w_{x1}}{\varrho_x} \mathfrak{J}_0 = \frac{\sqrt{2}\, \zeta_{x1} w_{x1}}{\varrho_x} \mathfrak{J}. \tag{361}$$

Wir setzen

$$\frac{\sqrt{2}\, \zeta_{x1}}{\varrho_x} = p_{x1} \tag{362}$$

und erhalten

$$\Phi_{x0} = p_{x1} w_{x1} \mathfrak{J}. \tag{363}$$

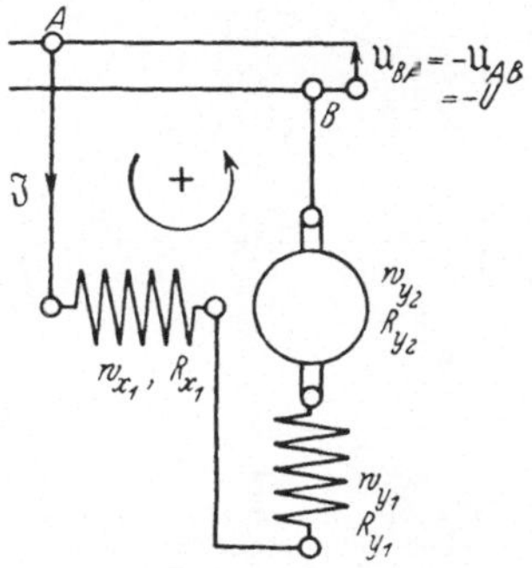

Die Anwendung des Faradayschen Induktionsgesetzes

$$\Sigma \mathfrak{E} = \Sigma \mathfrak{J} R + \Sigma \mathfrak{U} \tag{166}$$

auf den Stromkreis der Abb. 89 bringt

$$\mathfrak{E}'_{x1} + \mathfrak{E}''_{y2} = \mathfrak{J}(R_{x1} + R_{y1} + R_{y2}) + \mathfrak{U}_{BA}$$

$$= \mathfrak{J} R - \mathfrak{U}_{AB} = \mathfrak{J} R - U. \tag{364}$$

Abb. 89. Schaltbild des Einphasenreihenschlußmotors mit Kompensation.

Eine EMK der Ruhe $\mathfrak{E}'_{y1}$ in der Kompensationswicklung existiert nicht, da $\Phi_{y20} = \Phi_{y10} = 0$ ist. Aus dem gleichen Grunde existiert auch keine EMK der Ruhe $\mathfrak{E}'_{y2}$. Führt man (353) und (358) in (364) ein, so wird mit (361) zunächst

$$U = \mathfrak{J} R + j \omega w_{x1} k'_{x1} \Phi_{x0} - n w_{y2} k'' \Phi_{x0} \tag{365}$$

und mit (363)

$$U = \mathfrak{J}(R + j \omega w_{x1}^2 k'_{x1} p_{x1} - n w_{x1} w_{y2} k'' p_{x1}),$$

$$\mathfrak{J} = \frac{U}{R + j \omega w_{x1}^2 p_{x1} k'_{x1} - n w_{x1} w_{y2} p_{x1} k''}. \tag{366}$$

Diese Gleichung stellt die Ortskurve des Stromes bei konstanter Klemmenspannung dar. Es ist eine Kreisgleichung. Zur Festlegung des Kreises beachten wir die auf S. 110 gefundene Tatsache, daß sich der Motor im negativen Sinn dreht, wenn w_{x1} und w_{y2} positiv sind.

Stillstand, $n = 0$, bringt

$$\mathfrak{J} = \frac{U}{R + j \omega w_{x1}^2 p_{x1} k'_{x1}}. \tag{367}$$

Dieser Strom kann durch ein Extrapolationsverfahren gewonnen werden, indem man bei verringerten Klemmenspannungen Strom-, Spannungs- und Leistungsmessungen vornimmt.

Unendlich rascher Lauf, $n = \infty$, bringt

$$\mathfrak{J} = 0 \, .$$

Einen dritten Kreispunkt finden wir auf Grund folgender Betrachtung: Es existiert eine positive Drehzahl, für die

$$R - n \, w_{x1} \, w_{y2} \, p_{x1} \, k'' = 0 \qquad (368)$$

ist. Sie wäre nur durch Antrieb entgegen dem motorischen Moment zu erzwingen. Für sie hat der Strom $\mathfrak{J}$ seinen maximal möglichen Wert

$$\mathfrak{J}\text{max} = \frac{U}{j \, \omega \, w_{x1}^2 \, p_{x1} \, k'_{x1}} \qquad (369)$$

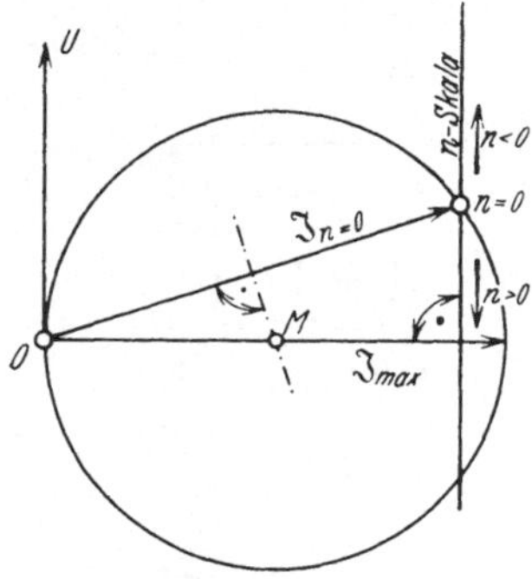

Abb. 90. Ortskurve des Stromes eines Einphasenreihenschlußmotors.

und ist um 90^0 hinter U nacheilend. Er ist also Durchmesser des Kreises (366). So ergibt sich das Diagramm der Abb. 90. Das Zentrum M liegt auf der Senkrechten zu U in O und auf der Mittelsenkrechten auf $\mathfrak{J}_{n=0}$. Die n-Skala steht senkrecht auf der Zentralen OM und ist durch den Kreispunkt $n = 0$ hindurchgelegt. Man sieht: Je größer n absolut ist, um so mehr kommt $\mathfrak{J}$ mit U in Phase; der Leistungsfaktor wird also bei großen Geschwindigkeiten günstiger.

Der Wert des Kreisdiagrammes ist nicht allzu groß, seine Ableitung setzte nämlich geradlinige Magnetisierungslinie voraus. Diese Voraussetzung ist deswegen sehr wenig erfüllt, weil der Motor Reihenschlußcharakter hat und der Strom im Feld dementsprechend starken Schwankungen unterworfen ist. Wir verfolgen daher keine weiteren Ortskurven, sondern befassen uns zunächst mit dem Drehmoment. Nach (363) sind Φ_{x0} und $\mathfrak{J}$ stets in Phase[1], daher $\cos (\mathfrak{J}\Phi_{x0}) = 1$ und gemäß (333a)

$$M = M_2 = - \, k_1 J \, |\Phi_{x0}| = - \, k_1 J^2 \, p_{x1} \, w_{x1} \, . \qquad (370)$$

Bildet man aus (366) J^2, so wird

$$M = - \, \frac{k_1 \, p_{x1} \, w_{x1} \, U^2}{(R - n \, w_{x1} \, w_{y2} \, p_{x1} \, k'')^2 + (\omega \, w_{x1}^2 \, p_{x1} \, k'_{x1})^2} \, . \qquad (371)$$

Diese Gleichung gestattet, das Moment M in Abhängigkeit der Drehzahl zu berechnen. Es ist stark von ihr abhängig: Reihenschlußcharakteristik.

Wir wenden uns nun der Frage der Selbsterregung zu. Wird ein Motor von außen angetrieben und arbeitet er hierbei auf eine Impe-

---

[1] Hierbei ist von Eisenverlusten abgesehen.

danz $R_0 + j\omega L_0$, so ergibt die Anwendung des Faradayschen Gesetzes

$$- j\omega L_0 \mathfrak{J} + \mathfrak{E}'_{x1} + \mathfrak{E}''_{y2} = \mathfrak{J}(R_0 + R_{x1} + R_{y1} + R_{y2})$$
$$= \mathfrak{J}(R_0 + R). \tag{372}$$

(353), (358) und (363) bringen

$$0 = \mathfrak{J}[(R_0 + R) - n\, w_{x1}\, w_{y2}\, p_{x1}\, k'' + j\,\omega\,(w_{x1}^2\, p_{x1}\, k'_{x1} + L_0)]. \tag{373}$$

Gleichung (373) ist erfüllt, wenn $\mathfrak{J} = 0$. Diese Lösung scheidet aus. Die andere Lösung ist die, daß der Ausdruck in der eckigen Klammer verschwindet. Dies ist nur möglich, wenn Realteil und Imaginärteil für sich verschwinden. Es ergeben sich also die Gleichungen

$$R_0 + R - n\, w_{x1}\, w_{y2}\, p_{x1}\, k'' = 0, \tag{374}$$
$$\omega\,(w_{x1}^2\, p_{x1}\, k'_{x1} + L_0) = 0. \tag{375}$$

(375) hat als einzig mögliche Lösung

$$\omega = 0,$$

denn es ist

$$p_{x1}\, k'_{x1} = \frac{\sqrt{2}\,\zeta_{x1}}{\varrho_x}\, \frac{\zeta_{x1}\, 10^{-8}}{\sqrt{2}} = \frac{\zeta_{x1}^2\, 10^{-8}}{\varrho_x}$$

stets positiv. Der selbsterregte Strom ist also ein Gleichstrom. (374) liefert die Drehzahl

$$n = \frac{R_0 + R}{w_{x1}\, w_{y2}\, p_{x1}\, k''}, \tag{376}$$

bei der Selbsterregung auftritt. Sie ist stets positiv (solange, wie vorausgesetzt, w_{x1} und w_{y2} positiv sind), weil

$$p_{x1}\, k'' = \frac{\sqrt{2}\,\zeta_{x1}}{\varrho_x}\, \frac{4\, p}{60}\, \frac{10^{-8}}{\sqrt{2}} = \frac{4\, p\, \zeta_{x1}\, 10^{-8}}{60\, \varrho_x}$$

jedenfalls stets positiv ist.

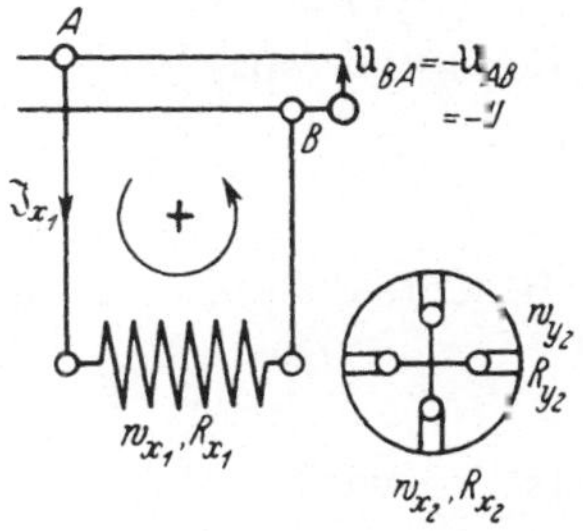

c) Die Ortskurven des Doppelkurzschlußmotors von Atkinson.

Das räumliche Schaltbild zeigt Abb. 91. Das Faradaysche Induktionsgesetz

$$\textstyle\sum \mathfrak{E} = \sum \mathfrak{J} R + \sum \mathfrak{U} \tag{166}$$

Abb. 91. Schaltbild des Doppelkurzschlußmotors von Atkinson.

ergibt in Anwendung auf die drei Stromkreise

$$\left.\begin{aligned}
\mathfrak{E}'_{x1} &= \mathfrak{J}_{x1}\, R_{x1} + \mathfrak{U}_{BA} = \mathfrak{J}_{x1}\, R_{x1} - U, \\
\mathfrak{E}'_{x2} + \mathfrak{E}''_{x2} &= \mathfrak{J}_{x2}\, R_{x2}, \\
\mathfrak{E}'_{y2} + \mathfrak{E}''_{y2} &= \mathfrak{J}_{y2}\, R_{y2}
\end{aligned}\right\} \tag{377}$$

Den Gleichungen (353) bis (358) entnehmen wir

$$\mathfrak{E}'_{x1} = - j\,\omega\,w_{x1}\,k'_{x1}\,\Phi_{x10}\,, \tag{353}$$

$$\mathfrak{E}'_{x2} = - j\,\omega\,w_{x2}\,k'_{x2}\,\Phi_{x20}\,, \tag{355}$$

$$\mathfrak{E}'_{y2} = - j\,\omega\,w_{y2}\,k'_{y2}\,\Phi_{y20}\,, \tag{356}$$

$$\mathfrak{E}''_{x2} = - n\,w_{x2}\,k''\,\Phi_{y20}\,, \tag{357}$$

$$\mathfrak{E}''_{y2} = + n\,w_{y2}\,k''\,\Phi_{x20}\,. \tag{358}$$

Beachtet man nun die Beziehungen

$$w_{x1}\,k'_{x1}\,\Phi_{x10} = \frac{\zeta_{x1}\,w_{x1}\,\Phi_{x10}\,10^{-8}}{\sqrt{2}} = L_{x1}\,\mathfrak{I}_{x1} + M\,\mathfrak{I}_{x2}\,, \tag{378}$$

$$w_{x2}\,k'_{x2}\,\Phi_{x20} = \frac{\zeta_{x2}\,w_{x2}\,\Phi_{x20}\,10^{-8}}{\sqrt{2}} = L_{x2}\,\mathfrak{I}_{x2} + M\,\mathfrak{I}_{x1}\,, \tag{379}$$

$$w_{y2}\,k'_{y2}\,\Phi_{y20} = \frac{\zeta_{y2}\,w_{y2}\,\Phi_{y20}\,10^{-8}}{\sqrt{2}} = L_{y2}\,\mathfrak{I}_{y2}\,, \tag{380}$$

so werden die elektromotorischen Kräfte der Ruhe

$$\mathfrak{E}'_{x1} = - j\,\omega\,L_{x1}\,\mathfrak{I}_{x1} - j\,\omega\,M\,\mathfrak{I}_{x2}\,, \tag{381}$$

$$\mathfrak{E}'_{x2} = - j\,\omega\,L_{x2}\,\mathfrak{I}_{x2} - j\,\omega\,M\,\mathfrak{I}_{x1}\,, \tag{382}$$

$$\mathfrak{E}'_{y2} = - j\,\omega\,L_{y2}\,\mathfrak{I}_{y2}\,. \tag{383}$$

Aus (380) folgt

$$\Phi_{y20} = \frac{L_{y2}\,\mathfrak{I}_{y2}}{w_{y2}\,k'_{y2}} \tag{384}$$

und damit

$$\mathfrak{E}''_{x2} = - n\,\frac{w_{x2}\,k''}{w_{y2}\,k'_{y2}}\,L_{y2}\,\mathfrak{I}_{y2}\,. \tag{385}$$

Aus Symmetriegründen ist $w_{x2} = w_{y2}$, ferner geben die Beziehungen (351) und (352)

$$\frac{k''}{k'_{y2}} = \frac{4\,p}{60}\frac{10^{-8}}{\sqrt{2}}\cdot\frac{\sqrt{2}}{\zeta_{y2}\,10^{-8}}\,.$$

Beachtet man, daß der Wicklungsfaktor einer Kommutatorwicklung

$$\zeta_{x2} = \zeta_{y2} = \zeta = \frac{2}{\pi} \tag{386}$$

ist, so wird

$$\frac{k''}{k'_{y2}} = \frac{2\,p\,\pi}{60}\,.$$

Führt man nun noch die synchrone Tourenzahl durch

$$n_0 = \frac{60\,f}{p} = \frac{60\,\omega}{2\,\pi\,p} \tag{387}$$

ein, so ergibt sich

$$\frac{k''}{k'_{y2}} = \frac{\omega}{n_0}\,. \tag{388}$$

Als neue Variable definieren wir die Relativgeschwindigkeit

$$v = \frac{n}{n_0} \tag{389}$$

und erhalten

$$\mathfrak{E}''_{x2} = - v\,\omega\,L_{y2}\,\mathfrak{I}_{y2}. \tag{390}$$

Analoge Rechnungen bringen

$$\mathfrak{E}''_{y2} = + v\,\omega\,(L_{x2}\,\mathfrak{I}_{x2} + M\,\mathfrak{I}_{x1}). \tag{391}$$

Führt man (381) bis (383), (390) und (391) in das System (377) ein, so wird mit den Festsetzungen

$$R_{x1} + j\,\omega\,L_{x1} = \mathfrak{z}_1,$$

$$R_{x2} + j\,\omega\,L_{x2} = R_{y2} + j\,\omega\,L_{y2} = R_2 + j\,\omega\,L_2 = \mathfrak{z}_2$$

(die letzte Gleichung folgt aus der Symmetrie) nach einiger Ordnung

$$\left.\begin{aligned}
U &= \quad \mathfrak{I}_{x1}\,\mathfrak{z}_1 \quad\quad + \mathfrak{I}_{x2}\,j\,\omega\,M, \\
0 &= \quad \mathfrak{I}_{x1}\,j\,\omega\,M + \mathfrak{I}_{x2}\,\mathfrak{z}_2 \quad\quad + \mathfrak{I}_{y2}\,v\,\omega\,L_2, \\
0 &= - \mathfrak{I}_{x1}\,v\,\omega\,M - \mathfrak{I}_{x2}\,v\,\omega\,L_2 + \mathfrak{I}_{y2}\,\mathfrak{z}_2.
\end{aligned}\right\} \tag{392}$$

Die Determinantenrechnung liefert sofort den Ständerstrom

$$\mathfrak{I}_{x1} = \frac{\begin{vmatrix} U & j\,\omega\,M & 0 \\ 0 & \mathfrak{z}_2 & + v\,\omega\,L_2 \\ 0 & - v\,\omega\,L_2 & \mathfrak{z}_2 \end{vmatrix}}{\begin{vmatrix} \mathfrak{z}_1 & j\,\omega\,M & 0 \\ j\,\omega\,M & \mathfrak{z}_2 & + v\,\omega\,L_2 \\ - v\,\omega\,M & - v\,\omega\,L_2 & \mathfrak{z}_2 \end{vmatrix}}. \tag{393}$$

Die Berechnung der Determinanten bringt

$$\mathfrak{I}_{x1} = \frac{U(\mathfrak{z}_2^2 + v^2\,\omega^2\,L_2^2)}{\mathfrak{z}_1(\mathfrak{z}_2^2 + v^2\,\omega^2\,L_2^2) - j\,\omega\,M(j\,\omega\,M\,\mathfrak{z}_2 + v^2\,\omega^2\,L_2\,M)}. \tag{394}$$

Substituiert man

$$v^2 = N, \tag{395}$$

so lautet die Gleichung für $\mathfrak{I}_{x1}$ formal

$$\mathfrak{I}_{x1} = \frac{\mathfrak{a} + \mathfrak{b}\,N}{\mathfrak{c} + \mathfrak{b}\,N}. \tag{396}$$

Die Ortskurve ist also ein Kreis, jedem Kreispunkt entspricht ein Parameterwert N, jedem Wert N entsprechen zwei Relativgeschwindigkeiten v, die sich nur durch das Vorzeichen unterscheiden. Wir bezeichnen den durch (394) dargestellten Kreis als einen Kreis 4. Ordnung. Die Verteilung des Parameters v auf ihm ist eine quadratische. Das Ergebnis ist von vornherein zu erwarten, da der Motor kein Anzugsmoment entwickelt und sich in beiden Drehrichtungen gleichmäßig verhält. Im Stillstand, $v = 0$, wird

$$\mathfrak{J}_{x1} = \frac{U\,\mathfrak{z}_2}{\mathfrak{z}_1\,\mathfrak{z}_2 + \omega^2\,M^2} \tag{397}$$

der Kurzschlußstrom. Seine Gleichung stimmt formal überein mit der für den Kurzschlußstrom eines Transformators.

Bei synchroner Drehzahl $n = n_0$ ist $v = 1$ und

$$\mathfrak{J}_{x1} = \frac{U(\mathfrak{z}_2^2 + \omega^2\,L_2^2)}{\mathfrak{z}_1(\mathfrak{z}_2^2 + \omega^2\,L_2^2) - j\,\omega\,M(j\,\omega\,M\,\mathfrak{z}_2 + \omega^2\,L_2\,M)}\,.$$

Berechnet man

$$\mathfrak{z}_2^2 + \omega^2\,L_2^2 = R_2^2 + 2\,R_2\,j\,\omega\,L_2 - \omega^2\,L_2^2 + \omega^2\,L_2^2$$
$$= R_2(R_2 + j\,2\,\omega\,L_2)\,,$$
$$j\,\omega\,M\,\mathfrak{z}_2 + \omega^2\,L_2\,M = j\,\omega\,M\,R_2\,,$$

so wird der Strom bei Synchronismus

$$\mathfrak{J}_{x1} = \frac{U(R_2 + j\,2\,\omega\,L_2)}{\mathfrak{z}_1(R_2 + j\,2\,\omega\,L_2) + \omega^2\,M^2}\,. \tag{398}$$

Aus dieser Gleichung ist abzulesen: im sekundären Kreis, dem Rotor, entsteht bei Synchronismus ein Strom der Kreisfrequenz 2ω. Dies findet seine physikalische Erklärung in der Zerlegung des Ständerwechselfeldes in zwei gegenläufige Drehfelder (s. S. 97). Mit dem einen rotiert der Läufer synchron, gegen das andere hat er die Winkelgeschwindigkeit $2\omega : p$. Das mitläufige Ständerdrehfeld erzeugt im Läufer keine EMKK, das gegenläufige Ständerdrehfeld erzeugt solche der Kreisfrequenz 2ω. Die hierdurch entstehenden Ströme wirken mit dem erzeugenden Drehfeld der Drehrichtung entgegen. Hieraus folgt, daß die Drehzahl des Motors immer unter der synchronen bleiben muß.

Einen dritten Kreispunkt finden wir für unendlich raschen Lauf, $v = \infty$, wobei

$$\mathfrak{J}_{x1} = \frac{U\,\omega^2\,L_2^2}{\mathfrak{z}_1\,\omega^2\,L_2^2 - j\,\omega^3\,M^2\,L_2}\,. \tag{399}$$

Führt man die totale Streuung σ durch

$$\omega^2\,M^2 = (1 - \sigma)\,L_{x1}\,L_{x2} \tag{400}$$

ein, so wird

$$\mathfrak{J}_{x1} = \frac{U}{R_{x1} + j\,\omega\,L_{x1}\,\sigma}\,. \tag{401}$$

R_{x1}, L_{x1} und σ lassen sich leicht experimentell bestimmen, und daraus kann $\mathfrak{J}_{x1}$ für $v = \infty$ berechnet, sodann die v^2-Skala gefunden werden.

Der Doppelkurzschlußkommutatoranker des Motors kann ersetzt werden durch einen Käfiganker, der Motor wird dadurch zum Einphaseninduktionsmotor, dessen Theorie mit der hier entwickelten übereinstimmt.

F. Strom- und Spannungsdiagramme.

Den Bedürfnissen der Starkstromtechnik entsprechend haben wir uns vielfach mit Ortskurven eines Stromes befaßt, der unter dem Einfluß einer vorhandenen konstanten Klemmenspannung $\mathfrak{U}$ in irgendeiner Anordnung fließt. Schon S. 35 hatten wir das allgemeine Gesetz

$$\mathfrak{J} = \mathfrak{U}\,\varLambda \tag{402}$$

aufgestellt, wo $\varLambda$ eine komplexe Funktion der Widerstandsoperatoren ist,

$$\varLambda = \mathfrak{F}(\mathfrak{Z}_1,\, \mathfrak{Z}_2 \cdots \mathfrak{Z}_n)', \tag{403}$$

in welcher sich ein Widerstandsoperator gemäß

$$\mathfrak{Z} = p\,\mathfrak{Z}_0$$

ändert. Die Ortskurve (402) des Stromes heißt Stromdiagramm. Sie zeigt das Verhalten des Stromes bei konstanter Spannung, wenn sich der Leitwert $\varLambda$ ändert. Geben wir, was stets zulässig ist, der Spannung $\mathfrak{U}$ den Wert 1, so wird

$$\mathfrak{J} = \varLambda\,, \tag{404}$$

d. h. die Stromkurve kann als Leitwertdiagramm angesehen werden.

Oftmals liegen die Aufgaben anders, es bleibt der Strom konstant und die Spannungen werden bei veränderlichem Leitwert gesucht. (402) ergibt sofort

$$\mathfrak{U} = \frac{\mathfrak{J}}{\varLambda} \tag{405}$$

und, wenn wir

$$\frac{1}{\varLambda} = \mathfrak{Z} \tag{406}$$

setzen,

$$\mathfrak{U} = \mathfrak{J}\,\mathfrak{Z}\,. \tag{407}$$

Die Ortskurve der Spannung heißt Spannungsdiagramm. Sie zeigt das Verhalten der Spannung bei konstantem Strom und veränderlichem Richtwiderstand. Setzen wir $\mathfrak{J} = 1$, so wird

$$\mathfrak{U} = \mathfrak{Z} \tag{408}$$

und man kann sagen, daß das Spannungsdiagramm als Richtwiderstandsdiagramm angesehen werden kann. Uns interessieren die Beziehungen zwischen Strom- und Spannungsdiagramm. Aus (402) und (407) folgt

$$\frac{\mathfrak{U}}{\mathfrak{J}} = \frac{1}{\varLambda} = \mathfrak{Z}\,. \tag{409}$$

Diese Gleichung besagt, daß das Leitwertsdiagramm die Inversion des Spiegelbildes des Richtwiderstandsdiagrammes ist. Ist nämlich das Richtwiderstandsdiagramm $\mathfrak{Z}$ bekannt, so ist $\mathfrak{Z}_k$ sein Spiegelbild in bezug auf die reelle Achse (s. II D, S. 9) und $1/\mathfrak{Z}$ die Inversion zu $\mathfrak{Z}_k$ (s. II D f), S. 12). Aus (409) ist abzulesen, daß $\dfrac{1}{\mathfrak{Z}} = \varLambda$ ist.

Andererseits ist die Gleichung des Spannungsdiagrammes

$$\mathfrak{U} = J\,\mathfrak{Z} \tag{410}$$

und die des Stromdiagrammes

$$\mathfrak{J} = \frac{U}{\mathfrak{Z}}\,. \tag{411}$$

Aus beiden folgt

$$\mathfrak{U}\,\mathfrak{J} = U\,J = \text{const}\,. \tag{412}$$

Diese Gleichung besagt, daß das Spannungsdiagramm ($\mathfrak{U}$) zum Spiegelbild ($\mathfrak{J}_k$) des Stromdiagrammes ($\mathfrak{J}$) invers ist. Die Inversionspotenz ist $U\,J$.

V. Systematik der Ortskurven.

A. Allgemeine Betrachtungen.

a) Die Ordnung der allgemeinen Ortskurve.

Die Gleichung der allgemeinsten Ortskurve lautet formal

$$\mathfrak{V} = \frac{\sum\limits_{0}^{m}{}_{k}\,\mathfrak{A}_k\,p^k}{\sum\limits_{0}^{n}{}_{k}\,\mathfrak{B}_k\,p^k}\,. \tag{413}$$

Hierin sind

$$\mathfrak{A}_k = A_k' + j\,A_k'' \tag{414}$$

und

$$\mathfrak{B}_k = B_k' + j\,B_k'' \tag{415}$$

komplexe Konstanten, p ein reeller Parameter, der die Werte von $-\infty$ bis $+\infty$ durchläuft.

Die Ordnung einer Kurve wird nun durch die höchste Zahl der Schnittpunkte mit einer beliebigen Geraden

$$\mathfrak{g} = \mathfrak{a} + \mathfrak{b}\,\varrho \tag{416}$$

bestimmt. Hierin sind $\mathfrak{a}$ und $\mathfrak{b}$ komplexe Konstanten, ϱ der reelle Parameter. Nimmt man eine Ursprungsverschiebung gemäß

$$\mathfrak{g}' = \mathfrak{g} - \mathfrak{a} = \mathfrak{b}\,\varrho\,, \tag{416a}$$

$$\mathfrak{V}' = \mathfrak{V} - \mathfrak{a} = \frac{\sum\limits_{0}^{m}{}_{k}\,\mathfrak{A}_k\,p^k}{\sum\limits_{0}^{n}{}_{k}\,\mathfrak{B}_k\,p^k} - \mathfrak{a} \tag{413a}$$

vor, so wird die Bestimmung der Schnittpunkte zwischen $\mathfrak{g}'$ und $\mathfrak{V}'$ besonders einfach. In den Schnittpunkten haben nämlich $\mathfrak{g}'$ und $\mathfrak{V}'$ gleiches Argument. Das Argument von $\mathfrak{g}'$ ist

$$\gamma = \operatorname{arc\,tg} \frac{b_2}{b_1}, \tag{417}$$

wenn

$$\mathfrak{b} = b_1 + j\,b_2 \tag{418}$$

ist. Das Argument von $\mathfrak{V}'$ erhalten wir, wenn wir (413a) umformen

$$\mathfrak{V}' = \frac{\sum\limits_{0}^{m} \mathfrak{A}_k\,p^k - \mathfrak{a}\sum\limits_{0}^{n} \mathfrak{B}_k\,p^k}{\sum\limits_{0}^{n} \mathfrak{B}_k\,p^k} \tag{419}$$

und mit dem zu $\sum\limits_{0}^{n} \mathfrak{B}_k\,p^k$ konjugiert komplexen Nenner $\sum\limits_{0}^{n} \mathfrak{B}_{kk}\,p^k$ erweitern. Man erhält formal für $m > n$

$$\mathfrak{V}' = \frac{\sum\limits_{0}^{m+n} \mathfrak{C}_k\,p^k}{\sum\limits_{0}^{2n} D_k\,p^k}. \tag{420}$$

D_k sind jetzt reelle Konstanten, $\mathfrak{C}_k$ neue komplexe Konstanten. Das Argument von $\mathfrak{V}'$ wird

$$\nu = \operatorname{arc\,tg} \frac{\sum\limits_{0}^{m+n} C_k''\,p^k}{\sum\limits_{0}^{m+n} C_k'\,p^k}. \tag{421}$$

Setzt man

$$\operatorname{tg}\gamma = \operatorname{tg}\nu,$$

so ergibt sich eine Gleichung vom Grade $m + n$ in p. Sie hat $m + n$ Wurzeln, die nicht alle reell zu sein brauchen. Das heißt, nicht alle Schnittpunkte sind reell. Die Ordnung der Kurve ist $m + n$. Falls $n \geqq m$ ist, erhält man statt (420) formal

$$\mathfrak{V}' = \frac{\sum\limits_{0}^{2n} \mathfrak{C}_k\,p^k}{\sum\limits_{0}^{2n} D_k\,p^k}, \tag{422}$$

ferner

$$\operatorname{tg} \nu = \frac{\sum\limits_{0}^{2n} C_k'' \, p^k}{\sum\limits_{0}^{2n} C_k' \, p^k} \qquad\qquad (423)$$

und in

$$\operatorname{tg} \gamma = \operatorname{tg} \nu$$

eine Gleichung $2n$-ten Grades in p. Sie hat $2n$ Wurzeln, die wieder nicht alle reell zu sein brauchen. Die Kurve ist von der Ordnung $2n$. Wir erhalten somit den Satz:

Wird in der allgemeinen Ortskurvengleichung der Hauptnenner reell gemacht, so gibt die höchste auftretende Potenz von p die Ordnung der Ortskurve an.

Die bisherigen Entwicklungen bedürfen einiger Einschränkungen:

1. Sind $\mathfrak{w}_1$ bis $\mathfrak{w}_m$ die Wurzeln (reelle, komplexe oder imaginäre, einfache oder mehrfache) von

$$\sum\limits_{0}^{m} \mathfrak{A}_k \, p^k = 0 , \qquad\qquad (424)$$

und $\mathfrak{v}_1$ bis $\mathfrak{v}_n$ die Wurzeln von

$$\sum\limits_{0}^{n} \mathfrak{B}_k \, p^k = 0 , \qquad\qquad (425)$$

so kann man für (413) schreiben

$$\mathfrak{B} = \frac{\mathfrak{A}_m \, (p - \mathfrak{w}_1) \, (p - \mathfrak{w}_2) \ldots (p - \mathfrak{w}_m)}{\mathfrak{B}_n \, (p - \mathfrak{v}_1) \, (p - \mathfrak{v}_2) \ldots (p - \mathfrak{v}_n)} . \qquad\qquad (426)$$

Zähler und Nenner dürfen keine gemeinsame Wurzel haben. Wäre nämlich $\mathfrak{w}_h = \mathfrak{v}_i$, so könnte man (426) durch

$$p - \mathfrak{w}_h = p - \mathfrak{v}_i$$

kürzen und Zähler- und Nennergrad würden sich um 1 erniedrigen, die Ordnung der Kurve wäre nur mehr $m + n - 2$ bzw. $2n - 2$.

Gemeinsame Wurzeln von (424) und (425) sind ausgeschlossen, wenn die Gleichungen nicht „verträglich" sind. Dies ist der Fall, wenn ihre „Resultante" endlich bleibt.

Die Resultante wird wie folgt gebildet:

Man multipliziert (424) nacheinander mit p^{n-1}, p^{n-2}, $\ldots$, p, man erhält mit der Ausgangsgleichung n Gleichungen mit den $m + n$ Größen p^{m+n-1}, p^{m+n-2}, $\ldots$, p^0.

Man multipliziert (425) nacheinander mit p^{m-1}, p^{m-2}, $\ldots$, p, man erhält mit der Ausgangsgleichung m Gleichungen mit den $m + n$ Größen p^{m+n-1}, p^{m+n-2}, $\ldots$, p^0.

Insgesamt ergeben sich somit $m + n$ Gleichungen, die homogen und linear in den $m + n$ Größen p^{m+n-1}, p^{m+n-2}, ..., p^0 sind. Sie haben eine gemeinsame Wurzel, wenn ihre Koeffizientendeterminante — sie wird hier die Resultante der Gleichungen (424) und (425) genannt — verschwindet. Sie haben keine gemeinsame Wurzel, wenn die Resultante endlich bleibt.

2. Für $m \geqq n$ läßt sich (413) umformen

$$\frac{\sum_{0}^{m} \mathfrak{A}_k \, p^k}{\sum_{0}^{n} \mathfrak{B}_k \, p^k} = \sum_{0}^{m-n} \mathfrak{C}_k \, p^k + \frac{\sum_{0}^{n-1} \mathfrak{R}_k \, p^k}{\sum_{0}^{n} \mathfrak{B}_k \, p^k} \ . \tag{427}$$

$\mathfrak{R}_k$ und $\mathfrak{Q}_k$ sind neue komplexe Konstanten. Hierdurch wird die Ortskurve (413) von der Ordnung $m + n$ zerlegt in eine Ortskurve

$$\mathfrak{B}_1 = \sum_{1}^{m-n} \mathfrak{Q}_k \, p^k \tag{428}$$

von der Ordnung $m - n$ und eine Ortskurve

$$\mathfrak{B}_2 = \frac{\sum_{0}^{n-1} \mathfrak{R}_k \, p^k}{\sum_{0}^{n} \mathfrak{B}_k \, p^k} \tag{429}$$

von der Ordnung $2n$. Die Summe ergibt eine Ortskurve der Ordnung $m + n$.

Wir unterziehen die Ordnung von (429) einer Sonderbetrachtung. Diese findet auch Anwendung auf (413) für den Fall, daß $n > m$ ist. Nimmt man an, (425) habe eine reelle Wurzel p_0, so bringt die Substitution

$$p = p_0 + p_1 \tag{430}$$

in (429)

$$\mathfrak{B}_2 = \frac{\sum_{0}^{n-1} \mathfrak{S}_k \, p_1^k}{\sum_{0}^{n} \mathfrak{B}_k \, p_0^k + \sum_{1}^{n} \mathfrak{T}_k \, p_1^k} \ . \tag{431}$$

$\mathfrak{S}_k$ und $\mathfrak{T}_k$ sind wieder neue komplexe Konstanten. Gemäß Voraussetzung verschwindet der erste Summand des Nenners von (431) und es verbleibt

$$\mathfrak{B}_2 = \frac{\sum\limits_{0}^{n-1} \mathfrak{S}_k\, p_1^k}{\sum\limits_{1}^{n} \mathfrak{T}_k\, p_1^k}. \tag{432}$$

Kürzt man durch p_1^n, so wird

$$\mathfrak{B}_2 = \frac{\sum\limits_{0}^{n-1} \mathfrak{S}_k\, \dfrac{1}{p_1^{n-k}}}{\sum\limits_{1}^{n} \mathfrak{T}_k\, \dfrac{1}{p_1^{n-k}}}$$

und mit der Parametersubstitution

$$\frac{1}{p_1} = p_2 \tag{433}$$

$$\mathfrak{B}_2 = \frac{\sum\limits_{0}^{n-1} \mathfrak{S}_k\, p_2^{n-k}}{\sum\limits_{1}^{n} \mathfrak{T}_k\, p_2^{n-k}}. \tag{434}$$

Der Zählergrad ist n, der Nennergrad ist $n-1$, die Ordnung der Ortskurve also $2n-1$ und nicht $2n$. Wir gewinnen somit den Satz: (429) ist von der Ordnung $2n$ nur dann, wenn der Nenner für keinen reellen Wert von p verschwindet.

Wir fassen die Ergebnisse zusammen:

$$\mathfrak{B} = \frac{\sum\limits_{0}^{m} \mathfrak{A}_k\, p^k}{\sum\limits_{0}^{n} \mathfrak{B}_k\, p^k} \tag{413}$$

ist von der Ordnung $m + n$ für $m > n$ und von der Ordnung $2n$ für $n \geqq m$. Hierbei dürfen

$$\sum\limits_{0}^{m} \mathfrak{A}_k\, p^k = 0 \tag{424}$$

und

$$\sum\limits_{0}^{n} \mathfrak{B}_k\, p^k = 0 \tag{425}$$

keine gemeinsame,

$$\sum_{0}^{n} \mathfrak{B}_k \, p^k = 0 \tag{425}$$

darf keine reelle Wurzel haben.

b) Ordnung der Ortskurve und Ordnung des Trägers.

Nach dem Vorhergehenden ist sofort klar, daß

$$\mathfrak{V} = \mathfrak{A} + \mathfrak{B} p^2 \tag{435}$$

eine Ortskurve 2. Ordnung ist. Die Substitution

$$p^2 = \varrho \tag{436}$$

führt (435) in

$$\mathfrak{V} = \mathfrak{A} + \mathfrak{B} \varrho \tag{437}$$

über, das ist die Gleichung einer Geraden. Wir sehen den stets möglichen Unterschied zwischen der Ordnung einer Ortskurve und der Ordnung des Skalenträgers. Erstere wird stets ein ganzzahliges Vielfaches der letzteren sein. Wir bezeichnen (435) als eine Gerade 2. Ordnung. Bei der Behandlung des Doppelkurzschlußmotors von Atkinson bzw. des Einphaseninduktionsmotors (s. S. 117) tritt als Ortskurve des Ständerstromes formal auf

$$\mathfrak{V} = \frac{\mathfrak{a} + \mathfrak{b} p^2}{\mathfrak{c} + \mathfrak{d} p^2}. \tag{438}$$

Sie ist 4. Ordnung, der Skalenträger ist aber, wie die Substitution (436) lehrt, 2. Ordnung, und zwar ein Kreis. Er wird als Kreis 4. Ordnung bezeichnet.

c) Die allgemeinste Form der Ortskurve m-ter Ordnung.

Sie ergibt sich aus Abschnitt a) sofort zu

$$\mathfrak{V} = \frac{\displaystyle\sum_{0}^{m} \mathfrak{A}_k \, p^k}{\displaystyle\sum_{0}^{m} B_k \, p^k}. \tag{439}$$

Der Nenner ist bereits reell und vom m-ten Grade in p. Das ist der höchstmögliche, wenn, wie vorausgesetzt, (439) von m-ter Ordnung sein soll. Wir erhalten den Satz:

Die allgemeinste Ortskurve m-ter Ordnung hat einen reellen Nenner. Zähler und Nenner sind vom m-ten Grade in p.

Als Bedingung hierfür ergibt sich, daß

$$\sum_{0}^{m}{}_{k}\,\mathfrak{A}_k\,p^k = 0 \tag{424}$$

und

$$\sum_{0}^{m}{}_{k}\,B_k\,p^k = 0 \tag{440}$$

keine gemeinsame Wurzel haben dürfen. Die Resultante von (424) und (440) muß endlich sein. Sie wird gebildet, indem man beide Gleichungen nacheinander mit p^{m-1}, p^{m-2}, $\ldots$, p multipliziert. Man erhält mit den Ausgangsgleichungen $2\,m$ Gleichungen, die homogen und linear in den $2\,m$ Größen $p^{2\,m-1}$, $p^{2\,m-2}$, $\ldots$, p^0 sind. Ihre Koeffizientendeterminante ist die Resultante.

d) Bereich der allgemeinsten Ortskurven m-ter Ordnung.

Die Theorie der Gleichungen lehrt, daß die Gleichung

$$\sum_{0}^{m}{}_{k}\,B_k\,p^k = 0 \tag{440}$$

m Wurzeln hat, die entweder reell oder komplex sein können. Im letzteren Fall treten stets konjugiert komplexe Wurzeln auf. (440) kann ausschließlich konjugiert komplexe Wurzeln nur dann haben, wenn m geradzahlig ist. Seien $\mathfrak{v}_1$ bis $\mathfrak{v}_m$ die Wurzeln von (440), so kann man für (439) schreiben

$$\mathfrak{V} = \frac{\displaystyle\sum_{0}^{m}{}_{k}\,\mathfrak{A}_k\,p^k}{B_m\,(p - \mathfrak{v}_1)\,(p - \mathfrak{v}_2)\ldots(p - \mathfrak{v}_m)}. \tag{439a}$$

Ist die Wurzel $\mathfrak{v}_i$ reell, so geht $\mathfrak{V}$ ins Unendliche für $p = \mathfrak{v}_i$. Es ergibt sich somit der Satz:

Die allgemeinste Ortskurve m-ter Ordnung geht für so viel p-Werte ins Unendliche, als die Nennerfunktion reelle einfache Wurzeln hat.

Weiterhin gilt der Satz:

Die allgemeinste Ortskurve m-ter Ordnung verläuft ganz im Endlichen, wenn die Nennerfunktion keine reelle Wurzel hat. Dies ist nur bei geradzahligem m möglich.

e) Nulldurchgänge der allgemeinen Ortskurve m-ter Ordnung.

Die Ortskurve

$$\mathfrak{V} = \frac{\displaystyle\sum_{0}^{m}{}_{k}\,\mathfrak{A}_k\,p^k}{\displaystyle\sum_{0}^{m}{}_{k}\,B_k\,p^k} \tag{439}$$

gestattet die Umformung

$$\mathfrak{B} = \frac{\mathfrak{A}_m(p - \mathfrak{w}_1)(p - \mathfrak{w}_2)\dots(p - \mathfrak{w}_m)}{\sum\limits_{0}^{m} B_k\, p^k}, \qquad (439\,\text{b})$$

wenn $\mathfrak{w}_1$ bis $\mathfrak{w}_m$ die Wurzeln der Gleichung

$$\sum\limits_{0}^{m} \mathfrak{A}_k\, p^k = 0 \qquad (424)$$

sind. Diese können reell, imaginär oder komplex, einfach oder mehrfach sein. Ist $\mathfrak{w}_i$ reell, so verschwindet $\mathfrak{B}$ an der Stelle $p = \mathfrak{w}_i$. Wir erhalten also den Satz:

Die allgemeinste Ortskurve m-ter Ordnung hat so viel reelle Nulldurchgänge, als die Zählerfunktion reelle Wurzeln hat.

Sei p_0 eine reelle Wurzel von (424), so gilt

$$\sum\limits_{0}^{m} \mathfrak{A}_k\, p_0^k = 0 \qquad (441)$$

und die Spaltung in Real- und Imaginärteil bringt die zwei reellen Gleichungen

$$\sum\limits_{0}^{m} A_k'\, p_0^k = 0\,, \qquad (442)$$

$$\sum\limits_{0}^{m} A_k''\, p_0^k = 0\,. \qquad (443)$$

Beide Gleichungen müssen verträglich sein, ihre Resultante muß verschwinden. Um diese zu bilden, multiplizieren wir wieder beide Gleichungen nacheinander mit p_0^{m-1}, p_0^{m-2}, $\dots$, p_0.

Das gibt mit den Ausgangsgleichungen zusammen $2m$ Gleichungen, die homogen und linear sind in den $2m$ Größen p_0^{2m-1}, p_0^{2m-2}, $\dots$, p_0^0. Ihre Koeffizientendeterminante ist die Resultante. Sie muß verschwinden, wenn (442) und (443) miteinander verträglich sein sollen. Um p_0 selbst zu finden, lassen wir von den $2m$ Gleichungen, aus denen wir die Resultante gebildet haben, eine fort und erhalten so ein System von $2m - 1$ Gleichungen, das außer den von p_0 freien Gliedern solche mit p_0^{2m-1}, p_0^{2m-2}, $\dots$, p_0^1 enthält, diese fassen wir als die $2m - 1$ Unbekannten des Systems auf und berechnen p_0 mit Hilfe der Determinantenrechnung.

Das Verfahren werden wir an dem Beispiel der bizirkularen Quartik ausführlich erläutern (s. S. 144).

Im Höchstfalle kann (424) m reelle Wurzeln haben. Bedingung hierfür ist, daß alle Koeffizienten $\mathfrak{A}_k$ das gleiche Argument α haben. Man kann dann für (439) schreiben

$$\mathfrak{B} = \varepsilon^{j\alpha}\,\frac{\sum\limits_{0}^{m}{}_{k}\,A_k\,p^k}{\sum\limits_{0}^{m}{}_{k}\,B_k\,p^k}\,. \tag{444}$$

Jetzt ist

$$\sum\limits_{0}^{m}{}_{k}\,A_k\,p^k = 0 \tag{445}$$

eine reelle Gleichung, und nur eine solche kann m reelle Wurzeln besitzen. Der Ursprung ist also ein m-facher reeller Punkt der Ortskurve (444). Substituiert man

$$\frac{\sum\limits_{0}^{m}{}_{k}\,A_k\,p^k}{\sum\limits_{0}^{m}{}_{k}\,B_k\,p^k} = \varrho\,, \tag{446}$$

so geht (444) über in

$$\mathfrak{B} = \varepsilon^{j\alpha}\,\varrho\,. \tag{447}$$

Das ist eine Gerade durch den Ursprung. Während also der Träger von 1. Ordnung ist, ist die Ortskurve von m-ter Ordnung: sie ist eine Gerade m-ter Ordnung.

f) Analyse der Ortskurven.

Die Ortskurve

$$\mathfrak{B} = \frac{\sum\limits_{0}^{m}{}_{k}\,\mathfrak{A}_k\,p^k}{\sum\limits_{0}^{m}{}_{k}\,\mathfrak{B}_k\,p^k}\,, \tag{413}$$

für welche $m > n$ angenommen werden soll, kann durch Ausführung der vorgeschriebenen Division umgeformt werden in

$$\mathfrak{B} = \sum\limits_{0}^{m-n}{}_{k}\,\mathfrak{D}_k\,p^k + \frac{\sum\limits_{0}^{n-1}{}_{k}\,\mathfrak{C}_k\,p^k}{\sum\limits_{0}^{n}{}_{k}\,\mathfrak{B}_k\,p^k}\,. \tag{448}$$

$\mathfrak{D}_k$ und $\mathfrak{C}_k$ sind neue komplexe Konstanten. Der 1. Term von (448) lautet in ausführlicher Schreibweise

$$\sum_{0}^{m-n} \mathfrak{D}_k\, p^k = \mathfrak{D}_0 + \mathfrak{D}_1\, p + \mathfrak{D}_2\, p^2 + \cdots + \mathfrak{D}_{m-n}\, p^{m-n}\,. \qquad (449)$$

Die einzelnen Summanden bedeuten

$\mathfrak{D}_0$ einen Festvektor,

$\mathfrak{D}_1 p$ eine Gerade durch den Ursprung,

$\mathfrak{D}_2 p^2$ eine Gerade 2. Ordnung durch den Ursprung. Sie endigt in diesem und verläuft nur nach einer Seite hin ins Unendliche. Auf diesem Ast entsprechen einem jeden Punkte zwei durchs Vorzeichen unterschiedliche Parameterwerte p. Die Gerade wird als Halbgerade bezeichnet (Abb. 92).

$\mathfrak{D}_3 p^3$ eine Gerade 3. Ordnung usw.

Der 2. Term von (448) kann in Partialbrüche zerlegt werden. Charakteristisch für ihn ist, daß der Grad von p im Nenner um 1 höher ist als im Zähler. Kürzt man zunächst durch $\mathfrak{B}_n$, so wird

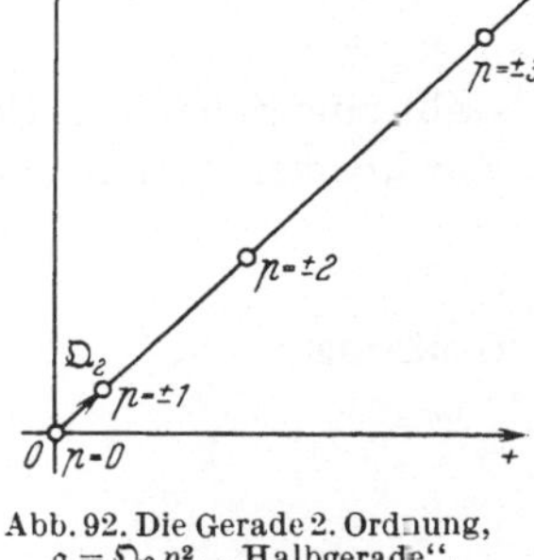

Abb. 92. Die Gerade 2. Ordnung, $\mathfrak{g} = \mathfrak{D}_2\, p^2$, „Halbgerade".

$$\frac{\displaystyle\sum_{0}^{n-1} \mathfrak{C}_k\, p^k}{\displaystyle\sum_{0}^{n} \mathfrak{B}_k\, p^k} = \frac{\displaystyle\sum_{0}^{n-1} \mathfrak{D}_k\, p^k}{\displaystyle\sum_{0}^{n} \mathfrak{C}_k\, p^k}\,, \qquad (450)$$

wobei
$$\mathfrak{D}_k = \frac{\mathfrak{C}_k}{\mathfrak{B}_n}\,, \qquad \mathfrak{C}_k = \frac{\mathfrak{B}_k}{\mathfrak{B}_n} \qquad (451)$$

ist. Die Wurzeln der Gleichung

$$\sum_{0}^{n} \mathfrak{C}_k\, p^k = 0 \qquad (452)$$

können reell, imaginär oder komplex, einfach oder mehrfach sein. Wir nehmen folgende Möglichkeiten an:

    1. Es sollen α verschiedene reelle Wurzeln w_1 bis w_α vorhanden sein.

    2. Es sei eine β-fache reelle Wurzel w vorhanden.

    3. Es seien γ verschiedene komplexe Wurzeln $\mathfrak{w}_1$ bis $\mathfrak{w}_\gamma$ vorhanden.

    4. Eine komplexe Wurzel $\mathfrak{w}$ möge δ-fach auftreten.

    Es muß dann gelten
$$\alpha + \beta + \gamma + \delta = n\,. \qquad (453)$$

(452) kann nun in der Form

$$\sum_{0}^{n} \mathfrak{C}_k\, p^k = (p - w_1)(p - w_2) \ldots (p - w_\alpha)(p - w)^\beta$$

$$(p - \mathfrak{w}_1)(p - \mathfrak{w}_2) \ldots (p - \mathfrak{w}_\gamma)(p - \mathfrak{w})^\delta = 0 \qquad (454)$$

geschrieben werden und (450) läßt sich in Partialbrüche zerlegen

$$\frac{\sum\limits_{0}^{n-1} \mathfrak{D}_k\, p^k}{\sum\limits_{0}^{n-1} \mathfrak{E}_k\, p^k} = \sum\limits_{1}^{\alpha} \frac{\mathfrak{R}_k}{p - w_k} + \sum\limits_{1}^{\beta} \frac{\mathfrak{S}_k}{(p - w)^k}$$

$$+ \sum\limits_{1}^{\gamma} \frac{\mathfrak{T}_k}{p - \mathfrak{w}_k} + \sum\limits_{1}^{\delta} \frac{\mathfrak{U}_k}{(p - \mathfrak{w})^k} . \tag{455}$$

$\mathfrak{R}_k$ bis $\mathfrak{U}_k$ sind neue komplexe Konstanten. Die Summanden der rechten Seite diskutieren wir einzeln.

$$\sum\limits_{1}^{\alpha} \frac{\mathfrak{R}_k}{p - w_k}$$

stellt eine Schar von Geraden dar, die durch den Ursprung gehen. Hiervon überzeugt man sich leicht durch die Substitution

$$\frac{1}{p - w_k} = \varrho_k . \tag{456}$$

Weiter ist

$$\sum\limits_{1}^{\beta} \frac{\mathfrak{S}_k}{(p - w)^k}$$

eine Schar von Geraden der Ordnung 1 bis β, wie man mit der Substitution

$$\frac{1}{p - w} = \sigma \tag{457}$$

einsieht. Drittens ist

$$\sum\limits_{1}^{\gamma} \frac{\mathfrak{T}_k}{p - \mathfrak{w}_k}$$

eine Schar von Kreisen durch den Ursprung [s. S. 37, (52)]. Endlich schreiben wir für den 4. Summanden

$$\sum\limits_{1}^{\delta} \frac{\mathfrak{U}_k}{(p - \mathfrak{w})^k} = \frac{\mathfrak{U}_1}{p - \mathfrak{w}} + \frac{\mathfrak{U}_2}{(p - \mathfrak{w})^2} + \cdots + \frac{\mathfrak{U}_\delta}{(p - \mathfrak{w})^\delta} . \tag{458}$$

Die einzelnen Summanden der rechten Seite von (458) deuten wir einzeln:

$$\frac{\mathfrak{U}_1}{p - \mathfrak{w}}$$

ist ein Kreis durch den Ursprung [s. S. 37, (52)].

$$\frac{\mathfrak{U}_2}{(p - \mathfrak{w})^2} = \left(\frac{\sqrt{\mathfrak{U}_2}}{p - \mathfrak{w}} \right)^2$$

geht aus dem Kreis

$$\frac{\sqrt{\mathfrak{u}_2}}{p - \mathfrak{w}}$$

hervor, indem man dessen Fahrstrahlen quadriert (II E c), S. 14). Analog geht

$$\frac{\mathfrak{u}_\delta}{(p - \mathfrak{w})^\delta} = \left(\frac{\sqrt[\delta]{\mathfrak{u}_\delta}}{p - \mathfrak{w}}\right)^\delta$$

aus dem Kreis

$$\frac{\sqrt[\delta]{\mathfrak{u}_\delta}}{p - \mathfrak{w}}$$

hervor, indem man dessen Fahrstrahlen mit δ potenziert (II C f), S. 9).

Wir gewinnen hiernach den Satz, daß jede Ortskurve aus einer Zahl von Geraden erster und höherer Ordnung und aus einer Anzahl von Kreisen aufgebaut werden kann. Damit ist auch die Parameterverteilung auf ihr festgelegt.

g) Synthese der Ortskurven.

Summiert man zwei Ortskurven

$$\mathfrak{V}_1 = \frac{\sum\limits_{0}^{m} \mathfrak{A}_k\, p^k}{\sum\limits_{0}^{n} \mathfrak{B}_k\, p^k} \tag{459}$$

und

$$\mathfrak{V}_2 = \frac{\sum\limits_{0}^{\mu} \mathfrak{C}_k\, p^k}{\sum\limits_{0}^{\nu} \mathfrak{D}_k\, p^k}, \tag{460}$$

so ergibt sich als neue Ortskurve formal

$$\mathfrak{V} = \mathfrak{V}_1 + \mathfrak{V}_2 = \frac{\sum\limits_{0}^{s} \mathfrak{E}_k\, p^k}{\sum\limits_{0}^{t} \mathfrak{F}_k\, p^k}. \tag{461}$$

Für den Fall, daß

$$\sum\limits_{0}^{n} \mathfrak{B}_k\, p^k = 0 \tag{425}$$

und

$$\sum_{0}^{\nu}{}_{k}\,\mathfrak{D}_k\,p^k = 0 \qquad\qquad (462)$$

keine gemeinsame Wurzeln haben, wird

$$t = n + \nu . \qquad\qquad (463)$$

Die Resultante von (425) und (462) bleibt dann endlich. Haben dagegen diese Gleichungen ϱ gemeinsame Wurzeln, so wird

$$t = n + \nu - \varrho , \qquad\qquad (464)$$

und die Resultante verschwindet.

Für s ergibt sich bei $\varrho = 0$ der größere Wert der beiden Summanden $m + \nu$ bzw. $n + \mu$, bei ϱ gemeinsamen Wurzeln von (425) und (462) hat s den größeren Wert von $m + \nu - \varrho$ bzw. $\mu + n - \varrho$.

Hiernach läßt sich die Ordnung der neuen Ortskurve leicht bestimmen.

h) Asymptoten.

Zur Bestimmung der Asymptoten gehen wir von der Ortskurvengleichung

$$\mathfrak{B} = \frac{\sum\limits_{0}^{m}{}_{k}\,\mathfrak{A}_k\,p^k}{\sum\limits_{0}^{n}{}_{k}\,\mathfrak{B}_k\,p^k} \qquad\qquad (413)$$

aus, wobei wir mit Rücksicht auf möglichste Allgemeinheit $m > n$ voraussetzen. Dividiert man aus, so wird

$$\mathfrak{B} = \sum_{0}^{m-n}{}_{k}\,\mathfrak{D}_k\,p^k + \frac{\sum\limits_{0}^{n-1}{}_{k}\,\mathfrak{C}_k\,p^k}{\sum\limits_{0}^{n}{}_{k}\,\mathfrak{B}_k\,p^k} , \qquad\qquad (448)$$

(s. V A f), S. 130). Hierfür kann man schreiben

$$\mathfrak{B} = p^{m-n}\sum_{0}^{m-n}{}_{k}\,\mathfrak{D}_k\,\frac{p^k}{p^{m-n}} + \frac{\sum\limits_{0}^{n-1}{}_{k}\,\mathfrak{C}_k\,p^k}{\sum\limits_{0}^{n}{}_{k}\,\mathfrak{B}_k\,p^k} \qquad\qquad (465)$$

und findet, daß $\mathfrak{B} = \infty$ in Richtung $\mathfrak{D}_{m-n}$ wird für $p = \infty$. Denn hierbei wird bestimmt

$$\frac{\sum\limits_{0}^{n-1}\mathfrak{C}_k\,p^k}{\sum\limits_{0}^{n}\mathfrak{B}_k\,p^k} = 0$$

und von den Summanden

$$\mathfrak{D}_k\,\frac{p^k}{p^{m-n}}\,.$$

verschwinden alle diejenigen, für die

$$k < m - n\,,$$

und es verbleibt als einziger der, für den

$$k = m - n$$

ist. Zwei Fälle sind von Interesse:

1. $m - n = 1$, die Asymptote ist eine Gerade mit der Gleichung

$$\mathfrak{a} = \mathfrak{D}_0 + \mathfrak{D}_1\,p\,. \tag{466}$$

2. $m - n > 1$, die Asymptote ist eine krummlinige. Sie hat beispielsweise für $m - n = 2$ die Gleichung

$$\mathfrak{a} = \mathfrak{D}_0 + \mathfrak{D}_1\,p + \mathfrak{D}_2\,p^2 \tag{467}$$

und ist eine Parabel.

Für die weiteren Asymptoten sind die reellen Wurzeln von

$$\sum\limits_{0}^{n}\mathfrak{B}_k\,p^k = 0 \tag{425}$$

maßgebend. Nach V A f) kann man für (413) schreiben

$$\mathfrak{B} = \sum\limits_{0}^{m-n}\mathfrak{D}_k\,p^k + \sum\limits_{1}^{\alpha}\frac{\mathfrak{R}_k}{p - w_k} + \sum\limits_{1}^{\beta}\frac{\mathfrak{S}_k}{(p - w)^k}$$
$$+ \sum\limits_{1}^{\gamma}\frac{\mathfrak{T}_k}{p - \mathfrak{w}_k} + \sum\limits_{1}^{\delta}\frac{\mathfrak{U}_k}{(p - \mathfrak{w})^k}\,. \tag{468}$$

Hierin sind w_1 bis w_α α verschiedene reelle Wurzeln, w eine β-fache reelle Wurzel von (425). An der Stelle $p = w_i$ wird (468) zu

$$\mathfrak{B}_{p=w_i} = \sum\limits_{0}^{m-n}\mathfrak{D}_k\,w_i^k + \sum\limits_{1}^{\alpha}\frac{\mathfrak{R}_k}{w_i - w_k} + \sum\limits_{1}^{\beta}\frac{\mathfrak{S}_k}{(w_i - w)^k}$$
$$+ \sum\limits_{1}^{\gamma}\frac{\mathfrak{T}_k}{w_i - \mathfrak{w}_k} + \sum\limits_{1}^{\delta}\frac{\mathfrak{U}_k}{(w_i - \mathfrak{w})^k}\,. \tag{469}$$

Dabei sei w_i eine der α reellen Wurzeln. In diesem Ausdruck (469) sind alle Summanden endlich bis auf einen, nämlich

$$\lim_{k=i} \frac{\Re_k}{w_i - w_k} = \Re_i \cdot \infty. \tag{470}$$

$\mathfrak{W}$ wird also unendlich in Richtung von $\Re_i$ für $p = w_i$. Die Gleichung der Asymptote lautet

$$\mathfrak{a} = \sum_{0}^{m-n} \mathfrak{Q}_k\, w_i^k + \sum_{1}^{i-1} \frac{\Re_k}{w_i - w_k} + \sum_{i+1}^{\alpha} \frac{\Re_k}{w_i - w_k} + \sum_{1}^{\beta} \frac{\mathfrak{S}_k}{(w_i - \mathfrak{w})^k}$$

$$+ \sum_{1}^{\gamma} \frac{\mathfrak{T}_k}{w_i - \mathfrak{w}_k} + \sum_{1}^{\delta} \frac{\mathfrak{U}_k}{(w_i - \mathfrak{w})^k} + \Re_i\, \varrho. \tag{471}$$

Hierin ist ϱ ein reeller Parameter, der alle Werte zwischen $-\infty$ und $+\infty$ durchläuft.

Es existieren ebensoviel Asymptoten, als (425) reelle verschiedene Wurzeln hat.

Formt man in (468) den 3. Summanden der rechten Seite um in

$$\sum_{1}^{\beta} \frac{\mathfrak{S}_k}{(p - \mathfrak{w})^k} = \frac{1}{(p - \mathfrak{w})^{\beta}} \sum_{1}^{\beta} \frac{(p - \mathfrak{w})^{\beta}}{(p - \mathfrak{w})^k}\, \mathfrak{S}_k, \tag{472}$$

so findet man für $p = \mathfrak{w}$

$$\lim_{p=\mathfrak{w}} \sum_{1}^{\beta} \frac{\mathfrak{S}_k}{(p - \mathfrak{w})^k} = \mathfrak{S}_\beta \cdot \infty. \tag{473}$$

$\mathfrak{W}$ wird also unendlich in Richtung von $\mathfrak{S}_\beta$ für $p = \mathfrak{w}$. Denn in der Summe (472) wird

$$(p - \mathfrak{w})^{\beta - k} = \begin{array}{l} 0 \ \text{für } \beta > k, \\ 1 \ \text{für } \beta = k. \end{array}$$

Die Gleichung dieser Asymptote lautet

$$\mathfrak{a} = \sum_{0}^{m-n} \mathfrak{Q}_k\, \mathfrak{w}^k + \sum_{1}^{\alpha} \frac{\Re_k}{\mathfrak{w} - w_k} + \sum_{1}^{\gamma} \frac{\mathfrak{T}_k}{\mathfrak{w} - \mathfrak{w}_k}$$

$$+ \sum_{1}^{\delta} \frac{\mathfrak{U}_k}{(\mathfrak{w} - \mathfrak{w})^k} + \mathfrak{S}_\beta \cdot \varrho. \tag{474}$$

Hierin ist ϱ ein reeller Parameter, der alle Werte zwischen $-\infty$ und $+\infty$ durchläuft.

i) Tangenten.

Das Tangentenproblem ist allgemein schon beim Kreis (IV Aa) 6, S. 50) besprochen worden und kann hier kurz gefaßt werden. Ist

$$\mathfrak{V} = \mathfrak{F}(p) \tag{475}$$

die Gleichung der Ortskurve, so gibt das Argument von

$$\frac{d\mathfrak{V}}{dp}$$

die Richtung der Tangente an, da p und dp rein reell sind und $d\mathfrak{V} = \lim \varDelta\mathfrak{V}$ in Richtung der Tangente liegt. Ist ϱ ein reeller veränderlicher Parameter, so ist

$$\mathfrak{t} = \mathfrak{V} + \frac{d\mathfrak{V}}{dp}\,\varrho \tag{476}$$

die Gleichung der Tangente. Die Bestimmung des Argumentes von $\frac{d\mathfrak{V}}{dp}$ erfordert speziell an der Stelle $p = \infty$ eine Sonderbetrachtung, die wir an der allgemeinen Ortskurvengleichung

$$\mathfrak{V} = \frac{\sum\limits_{0}^{m} \mathfrak{A}_k\,p^k}{\sum\limits_{0}^{n} \mathfrak{B}_k\,p^k} \tag{413}$$

anstellen. Es wird

$$\frac{d\mathfrak{V}}{dp} = \frac{\sum\limits_{0}^{m} k\,\mathfrak{A}_k\,p^{k-1}\,\sum\limits_{0}^{n}\mathfrak{B}_k\,p^k - \sum\limits_{0}^{m}\mathfrak{A}_k\,p^k\,\sum\limits_{0}^{n} k\,\mathfrak{B}_k\,p^{k-1}}{\left(\sum\limits_{0}^{n}\mathfrak{B}_k\,p^k\right)^2} . \tag{477}$$

Der Nenner dieses Ausdruckes ist vom Grade $2n$ in p, der Zähler höchstens vom Grade $m + n - 1$. Wir können formal schreiben

$$\frac{d\mathfrak{V}}{dp} = \frac{\sum\limits_{0}^{\mu} \mathfrak{Z}_k\,p^k}{\sum\limits_{0}^{\nu} \mathfrak{N}_k\,p^k} \tag{478}$$

und drei Fälle unterscheiden:

1. $\qquad\qquad \mu > \nu, \qquad \left(\frac{d\mathfrak{V}}{dp}\right)_{p=\infty} = \infty .$

Man dividiere (478) durch $p^{\mu-\nu}$, dann haben

$$\frac{1}{p^{\mu-\nu}}\,\frac{d\mathfrak{V}}{dp} \quad \text{und} \quad \frac{d\mathfrak{V}}{dp}$$

gleiches Argument, da p rein reell ist, und

$$\left[\frac{\sum\limits_{0}^{\mu}{}^{k}\, \mathfrak{Z}_k\, p^k}{p^{\mu-\nu}\sum\limits_{0}^{\nu}{}^{k}\, \mathfrak{R}_k\, p^k}\right]_{p=\infty}$$

wird endlich.

2. $\mu = \nu$, $\left(\dfrac{d\mathfrak{B}}{dp}\right)_{p=\infty}$ wird endlich.

3. $\mu < \nu$, $\left(\dfrac{d\mathfrak{B}}{dp}\right)_{p=\infty} = 0$.

Man multipliziere (478) mit $p^{\nu-\mu}$, dann haben

$$p^{\nu-\mu}\,\frac{d\mathfrak{B}}{dp} \quad \text{und} \quad \frac{d\mathfrak{B}}{dp}$$

gleiches Argument, und

$$\left[\frac{p^{\nu-\mu}\sum\limits_{0}^{\mu}{}^{k}\, \mathfrak{Z}_k\, p^k}{\sum\limits_{0}^{\nu}{}^{k}\, \mathfrak{R}_k\, p^k}\right]_{p=\infty}$$

wird endlich.

k) Die Krümmung.

Von der Ortskurve

$$\mathfrak{B} = \mathfrak{F}(p) \tag{475}$$

berechnen wir den Krümmungsradius R an einer beliebigen Stelle p folgendermaßen: Wir bilden

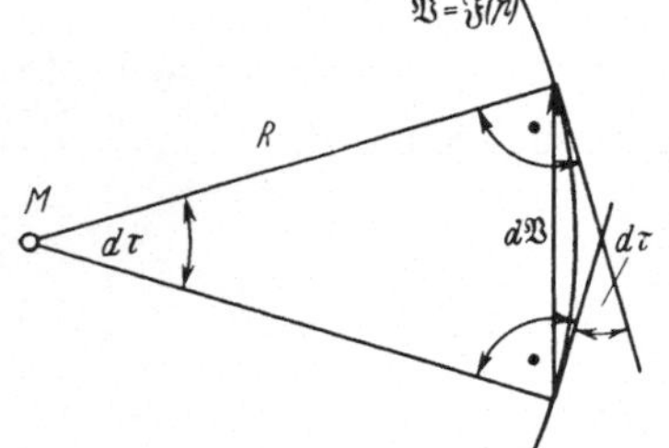

Abb. 93. Zur Bestimmung des Krümmungsradius.

$$\frac{d\mathfrak{B}}{dp} = \frac{dV}{dp}\,\varepsilon^{j\tau}. \tag{479}$$

τ ist das Argument der Tangente. Differenziert man nochmals nach p, so wird

$$\frac{d^2\mathfrak{B}}{dp^2} = \frac{d^2V}{dp^2}\,\varepsilon^{j\tau} + j\,\frac{dV}{dp}\,\varepsilon^{j\tau}\,\frac{d\tau}{dp}. \tag{480}$$

Hierin ist gemäß Abb. 93

$$R\,d\tau = dV \quad \text{oder} \quad d\tau = \frac{dV}{R}, \tag{481}$$

so daß

$$\frac{d^2\mathfrak{B}}{dp^2} = \varepsilon^{j\tau}\left[\frac{d^2V}{dp^2} + \frac{j}{R}\left(\frac{dV}{dp}\right)^2\right] \tag{482}$$

wird. Aus (479) erhält man sofort

$$\left(\frac{d\mathfrak{B}}{dp}\right)_k = \frac{dV}{dp}\,\varepsilon^{-j\tau}. \tag{479a}$$

Index k deutet hierbei den konjugiert komplexen Wert an. Bildet man das Produkt

$$\Pi = \left(\frac{d\mathfrak{B}}{dp}\right)_k \frac{d^2\mathfrak{B}}{dp^2}\,, \qquad (483)$$

und nimmt hiervon nur den imaginären Teil, was durch die Schreibweise

$$[\Pi]_i = \left[\left(\frac{d\mathfrak{B}}{dp}\right)_k \frac{d^2\mathfrak{B}}{dp^2}\right]_i \qquad (484)$$

angezeigt werde, so ergibt sich

$$[\Pi]_i = \frac{1}{R}\left(\frac{dV}{dp}\right)^3$$

oder

$$R = \frac{\left(\dfrac{dV}{dp}\right)^3}{\left[\left(\dfrac{d\mathfrak{B}}{dp}\right)_k \dfrac{d^2\mathfrak{B}}{dp^2}\right]_i}\,. \qquad (485)$$

Damit läßt sich der Krümmungsradius an jeder beliebigen Stelle berechnen. Er wird unendlich groß bei

$$\frac{d^2\mathfrak{B}}{dp^2} = 0\,,$$

d. i. also bei jeder Geraden

$$\mathfrak{g} = \mathfrak{a} + \mathfrak{b}p \qquad (8)$$

und an den Wendepunkten jeder Kurve.

l) Zirkulare Kurven.

Eine Ortskurve heißt zirkular, wenn sie aus einem oder mehreren Kreisen aufgebaut ist. Dieser Aufbau kann so erfolgt sein, daß die gleichem Parameterwert p zugehörigen Ortsvektoren mehrerer Kreise additiv oder multiplikativ miteinander verknüpft sind, oder daß die Ortsvektoren eines Kreises potenziert erscheinen. Sei μ die Anzahl der Kreise bzw. die Potenz, so heißt die entsprechende Ortskurve μ-fach zirkular. Ihre Gleichung lautet formal

1. bei additiver Verknüpfung

$$\mathfrak{B}_1 = \sum_1^\mu{}_k \frac{\mathfrak{a}_k + \mathfrak{b}_k p}{\mathfrak{c}_k + \mathfrak{d}_k p}\,, \qquad (486)$$

2. bei multiplikativer Verknüpfung

$$\mathfrak{B}_1 = \prod_1^\mu{}_k \frac{\mathfrak{a}_k + \mathfrak{b}_k p}{\mathfrak{c}_k + \mathfrak{d}_k p}\,, \qquad (487)$$

3. bei Potenzierung

$$\mathfrak{B}_1 = \left(\frac{\mathfrak{a} + \mathfrak{b}p}{\mathfrak{c} + \mathfrak{d}p}\right)^\mu. \tag{488}$$

Die Addition schließt die Subtraktion, die Multiplikation schließt die Division mit ein, das Zeichen Π deutet die Multiplikation an. In allen drei Fällen läßt sich die rechte Seite so umformen, daß

$$\mathfrak{B}_1 = \frac{\sum\limits_{0}^{\mu} \mathfrak{A}_k\, p^k}{\sum\limits_{0}^{\mu} \mathfrak{B}_k\, p^k} \tag{489}$$

wird. Die Gleichung einer nicht zirkularen Ortskurve lautet

$$\mathfrak{B}_2 = \frac{\sum\limits_{0}^{m} \mathfrak{C}_k\, p^k}{\sum\limits_{0}^{n} D_k\, p^k} \tag{490}$$

mit der Bedingung, daß

$$\sum\limits_{0}^{n} D_k\, p^k = 0$$

ausschließlich reelle Wurzeln haben muß. Denn nur dann ist (490) ausschließlich aus Geraden, nicht aber auch aus Kreisen aufgebaut. Verbindet man $\mathfrak{B}_1$ und $\mathfrak{B}_2$ etwa additiv, so entsteht die resultierende Ortskurve

$$\mathfrak{B} = \mathfrak{B}_1 + \mathfrak{B}_2 = \frac{\sum\limits_{0}^{\mu} \mathfrak{A}_k\, p^k}{\sum\limits_{0}^{\mu} \mathfrak{B}_k\, p^k} + \frac{\sum\limits_{0}^{m} \mathfrak{C}_k\, p^k}{\sum\limits_{0}^{n} D_k\, p^k}. \tag{491}$$

Zur Bestimmung ihrer Ordnung gilt:

Die Ortskurve $\mathfrak{B}_1$ ist von der Ordnung 2μ. Die Ortskurve $\mathfrak{B}_2$ ist von der Ordnung m, wenn $m > n$, und von der Ordnung n, wenn $n \geqq m$ ist. Wir finden als Ordnung der Ortskurve

$$o = 2\mu + m \quad \text{für} \quad m > n\,,$$

$$o = 2\mu + n \quad \text{für} \quad n \geqq m\,.$$

Bildet man von (491) den Hauptnenner, so wird er vom Grade $\mu + n$ in p. Der Zähler wird vom Grade $\mu + m$ für $m > n$ bzw. vom Grade

$\mu + n$ für $n \geqq m$. Stellt man tabellarisch zusammen, so ergibt sich

Bedingung für $\mathfrak{B}_2$	$m > n$	$n \leqq m$
Ordnung von $\mathfrak{B}_1$	$o = 2\,\mu + m$	$o = 2\,\mu + n$
Zählergrad von $\mathfrak{B}$	$\mu + m$ $= o - \mu$	$\mu + n$ $= o - \mu$
Nennergrad von $\mathfrak{B}$	$\mu + n$	$\mu + n$

Allgemein gilt somit, daß der Zählergrad gleich ist der Ordnung der Kurve, vermindert um die Vielzahl der Zirkularität.

Wir stellen nachfolgend die Gleichungen einiger zirkularen Kurven zusammen:

Gleichung der Kurve $\mathfrak{B}$	Ordnung der Kurve $\mathfrak{B}$	Zahl μ der Kreise	Nichtzirkulare Ortskurve $\mathfrak{A}_2$	
			Zählergrad m	Nennergrad n
$\dfrac{\mathfrak{a} + \mathfrak{b}p}{\mathfrak{c} + \mathfrak{d}p}$	2. (Kreis)	1	0	0
$\dfrac{\mathfrak{a} + \mathfrak{b}\,p + \mathfrak{c}p^2}{\mathfrak{d} + \mathfrak{e}\,p}$	3. (Zirkulare Kubik)	1	1	0
$\dfrac{\mathfrak{a} + \mathfrak{b}p + \mathfrak{c}p^2 + \mathfrak{d}p^3}{\mathfrak{e} + \mathfrak{f}p}$	4. (Zirkulare Quartik)	1	2	0
$\dfrac{\mathfrak{a} + \mathfrak{b}p + \mathfrak{c}p^2}{\mathfrak{d} + \mathfrak{e}p + \mathfrak{f}p^2}$	4. (Bizirkulare Quartik)	2	0	0
$\dfrac{\mathfrak{a} + \mathfrak{b}p + \mathfrak{c}p^2 + \mathfrak{d}p^3 + \mathfrak{e}p^4}{\mathfrak{f} + \mathfrak{g}p}$	5. (Zirkulare Quintik)	1	3	0
$\dfrac{\mathfrak{a} + \mathfrak{b}p + \mathfrak{c}p^2 + \mathfrak{d}p^3}{\mathfrak{e} + \mathfrak{f}p + \mathfrak{g}p^2}$	5. (Bizirkulare Quintik)	2	1	0

Die Reihe ist unschwer fortzusetzen.

m) Transformation auf kartesische Koordinaten.

Obwohl nun, wie in den vorhergehenden Abschnitten gezeigt, die Diskussion einer Kurve ohne Übergang zu kartesischen Koordinaten hinreichend möglich ist, erscheint gelegentlich die Transformation erwünscht. Das Verfahren zeigen wir an der allgemeinen Ortskurve

$$\mathfrak{B} = \frac{\sum\limits_{0}^{m}{}_k \mathfrak{A}_k\, p^k}{\sum\limits_{0}^{n}{}_k \mathfrak{B}_k\, p^k} \tag{413}$$

für $m > n$. Erweitert man mit dem zu $\sum\limits_{0}^{n} \mathfrak{B}_k\, p^k$ konjugiert komplexen

Ausdruck $\sum\limits_{0}^{n} \mathfrak{B}_{kk}\, p^k$, so ergibt sich formal

$$\mathfrak{B} = \frac{\sum\limits_{0}^{m+n} \mathfrak{C}_k\, p^k}{\sum\limits_{0}^{2n} D_k\, p^k} \; . \tag{492}$$

Hierin sind

$$\mathfrak{C}_k = C'_k + j\, C''_k \tag{493}$$

neue komplexe, D_k reelle Konstanten. Spaltet man (492) in Real- und Imaginärteil, so wird

$$\mathfrak{B} = \frac{\sum\limits_{0}^{m+n} C'_k\, p^k}{\sum\limits_{0}^{2n} D_k\, p^k} + j\, \frac{\sum\limits_{0}^{m+n} C''_k\, p^k}{\sum\limits_{0}^{2n} D_k\, p^k} \; . \tag{494}$$

Da man andererseits

$$\mathfrak{B} = x + j\, y \tag{495}$$

setzen kann, wobei man also die reelle Achse mit der X-Achse, die imaginäre mit der Y-Achse zusammenlegt, so folgt sofort die Parameterdarstellung

$$\left.\begin{aligned} x &= \frac{\sum\limits_{0}^{m+n} C'_k\, p^k}{\sum\limits_{0}^{2n} D_k\, p^k}\,, \\[2em] y &= \frac{\sum\limits_{0}^{m+n} C''_k\, p^k}{\sum\limits_{0}^{2n} D_k\, p^k} \; . \end{aligned}\right\} \tag{496}$$

Parameter ist p, zu dessen Elimination wieder zweckmäßig die Determinantenrechnung herangezogen wird. Mit der Umformung

$$\left.\begin{aligned} \sum\limits_{0}^{m+n} C'_k\, p^k - x \sum\limits_{0}^{2n} D_k\, p^k &= 0\,, \\[1em] \sum\limits_{0}^{m+n} C''_k\, p^k - y \sum\limits_{0}^{2n} D_k\, p^k &= 0 \end{aligned}\right\} \tag{497}$$

erhält man zwei Gleichungen vom Grade $m + n$ in p (da $m > n$ angenommen war), die miteinander verträglich sein müssen. Ihre Resultante
muß verschwinden. Diese enthält außer den Konstanten C_k', C_k'' und
D_k noch die Koordinaten x und y, ihre Entwicklung liefert also die
Gleichung der Ortskurve in kartesischen Koordinaten in der Form

$$F(x,y) = 0.\tag{498}$$

Die Resultante von (497) wird gebildet, indem man jede der Gleichungen
nacheinander mit p^{m+n-1}, p^{m+n-2}, $\ldots$, p multipliziert. Man erhält mit den Ausgangsgleichungen $2(m+n)$ Gleichungen, die homogen
und linear sind in den $2(m+n)$ Größen $p^{2(m+n)-1}$, $p^{2(m+n)-2}$, $\ldots$, p^0.
Sie müssen miteinander verträglich sein. Das ist der Fall, wenn ihre
Koeffizientendeterminante — sie wird Resultante des Systems (497)
genannt — verschwindet. Es ist leicht, für den Fall $n \geqq m$ die ent-
sprechenden Gedankengänge selbst zu entwickeln.

n) Transformation auf Polarkoordinaten.

Soll die Ortskurvengleichung

$$\mathfrak{B} = \mathfrak{F}(p)\tag{475}$$

auf Polarkoordinaten transformiert werden, so bedient man sich der
Beziehung (209)

$$\frac{1+jp}{1-jp} = \varepsilon^{j\varphi},\tag{209}$$

aus welcher leicht

$$p = j\,\frac{1-\varepsilon^{j\varphi}}{1+\varepsilon^{j\varphi}},\tag{499}$$

bzw.

$$p = \frac{j - j\cos\varphi + \sin\varphi}{1 + \cos\varphi + j\sin\varphi}\tag{500}$$

folgt. Bildet man

$$V = \sqrt{V_1^2 + V_2^2} = \mathfrak{F}(\varphi),\tag{501}$$

worin V_1 und V_2 durch

$$\mathfrak{B} = V_1 + jV_2\tag{502}$$

definiert sind, so hat man bereits die Polargleichung. Soll umgekehrt
aus der Polargleichung

$$V = \mathfrak{F}(\varphi)\tag{501}$$

die Ortskurvengleichung gefunden werden, so ist zu bedenken, daß

$$\mathfrak{B} = V\varepsilon^{j\varphi} = \mathfrak{F}(\varphi)\,\varepsilon^{j\varphi}\tag{503}$$

ist. Aus

$$\varepsilon^{j\varphi} = \cos\varphi + j\sin\varphi$$

und

$$\varepsilon^{-j\varphi} = \cos\varphi - j\sin\varphi$$

folgt

$$\cos \varphi = \tfrac{1}{2}\left(\varepsilon^{j\varphi} + \varepsilon^{-j\varphi}\right), \left.\begin{array}{l}\\ \\\end{array}\right\}$$
$$\sin \varphi = \frac{j}{2}\left(\varepsilon^{-j\varphi} - \varepsilon^{j\varphi}\right).$$
$$(504)$$

Hiermit kann (503) in die Form

$$\mathfrak{V} = \mathfrak{f}_1\left(\varepsilon^{\pm j\varphi}\right)$$

und mit der Substitution

$$\varepsilon^{\pm j\varphi} = \frac{1 \pm jp}{1 \mp jp} \tag{209a}$$

in die Form

$$\mathfrak{V} = \mathfrak{F}(p) \tag{475}$$

übergeführt werden.

B. Die bizirkulare Quartik.

Die vorstehenden allgemeinen Betrachtungen sollen nun auf einen speziellen Fall angewendet werden, und zwar auf die bizirkulare Quartik. Ihre Gleichung lautet

$$\mathfrak{V} = \frac{\mathfrak{a} + \mathfrak{b}p + \mathfrak{c}p^2}{\mathfrak{d} + \mathfrak{e}p + \mathfrak{f}p^2}. \tag{505}$$

a) Existenzbedingungen sind:

1. Der Ausschluß gemeinsamer Wurzeln von

$$\mathfrak{a} + \mathfrak{b}p + \mathfrak{c}p^2 = 0 \tag{506}$$

und

$$\mathfrak{d} + \mathfrak{e}p + \mathfrak{f}p^2 = 0. \tag{507}$$

Aus (506) und (507) folgen die weiteren Gleichungen

$$\mathfrak{a}p + \mathfrak{b}p^2 + \mathfrak{c}p^3 = 0, \tag{508}$$
$$\mathfrak{d}p + \mathfrak{e}p^2 + \mathfrak{f}p^3 = 0. \tag{509}$$

(506) bis (509) dürfen keine gemeinsame Wurzel haben, sie dürfen nicht verträglich sein, was sich durch

$$\begin{vmatrix} \mathfrak{a} & \mathfrak{b} & \mathfrak{c} & 0 \\ \mathfrak{d} & \mathfrak{e} & \mathfrak{f} & 0 \\ 0 & \mathfrak{a} & \mathfrak{b} & \mathfrak{c} \\ 0 & \mathfrak{d} & \mathfrak{e} & \mathfrak{f} \end{vmatrix} \neq 0 \tag{510}$$

ausdrückt. Die Resultante von (506) und (507) bleibt also endlich.

2. Der Ausschluß einer reellen Wurzel von (507).

Dieser geschieht folgendermaßen: Sei p_0 eine reelle Lösung von

$$\mathfrak{d} + \mathfrak{e}p + \mathfrak{f}p^2 = 0,$$

so gelten die Gleichungen

$$d_1 + e_1 p_0 + f_1 p_0^2 = 0,$$

und
$$d_2 + e_2\, p_0 + f_2\, p_0^2 = 0\,,$$

deren Verträglichkeit durch

$$\begin{vmatrix} d_1 & e_1 & f_1 & 0 \\ d_2 & e_2 & f_2 & 0 \\ 0 & d_1 & e_1 & f_1 \\ 0 & d_2 & e_2 & f_2 \end{vmatrix} = 0 \tag{511}$$

ausgedrückt wird. Der Ausschluß einer reellen Wurzel von (507) geschieht somit durch

$$\begin{vmatrix} d_1 & e_1 & f_1 & 0 \\ d_2 & e_2 & f_2 & 0 \\ 0 & d_1 & e_1 & f_1 \\ 0 & d_2 & e_2 & f_2 \end{vmatrix} \neq 0\,. \tag{512}$$

b) Die bizirkulare Quartik (505) geht durch den Ursprung

α) bei $p = 0$ für $\mathfrak{a} = 0$,

β) bei $p = \infty$ für $\mathfrak{c} = 0$,

γ) allgemein für einen reellen Parameterwert p_0, wenn

$$\mathfrak{a} + \mathfrak{b}\, p_0 + \mathfrak{c}\, p_0^2 = 0\,. \tag{513}$$

(513) zerfällt in die beiden reellen Gleichungen

$$a_1 + b_1\, p_0 + c_1\, p_0^2 = 0\,, \tag{514}$$

$$a_2 + b_2\, p_0 + c_2\, p_0^2 = 0\,. \tag{515}$$

Sie müssen miteinander verträglich sein. Ebenso sind es die zwei abgeleiteten Gleichungen

$$a_1\, p_0 + b_1\, p_0^2 + c_1\, p_0^3 = 0\,, \tag{516}$$

$$a_2\, p_0 + b_2\, p_0^2 + c_2\, p_0^3 = 0\,. \tag{517}$$

Alle vier Gleichungen (514) bis (517) sind miteinander verträglich, wenn

$$\begin{vmatrix} a_1 & b_1 & c_1 & 0 \\ a_2 & b_2 & c_2 & 0 \\ 0 & a_1 & b_1 & c_1 \\ 0 & a_2 & b_2 & c_2 \end{vmatrix} = 0\,. \tag{518}$$

Dies ist die Bedingung für den allgemeinen Nulldurchgang. Der Parameterwert p_0 im Ursprung folgt aus (514) und (515) sofort zu

$$p_0 = -\,\frac{\begin{vmatrix} a_1 & c_1 \\ a_2 & c_2 \end{vmatrix}}{\begin{vmatrix} b_1 & c_1 \\ b_2 & c_2 \end{vmatrix}}\,. \tag{519}$$

c) Der Ursprung ist ein mehrfacher Punkt, wenn

$$\mathfrak{a} + \mathfrak{b}p + \mathfrak{c}p^2 = 0 \qquad (506)$$

zwei reelle Wurzeln hat. (715) muß dann notwendig selbst eine reelle Gleichung sein, was nur für

$$\alpha = \beta = \gamma$$

möglich ist. Der Ursprung ist in diesem Fall ein singulärer Punkt. Über die Art der Singularität entscheiden die Wurzeln der Gleichung

$$a + bp + cp^2 = 0 \,. \qquad (520)$$

Sie sind

$$p_{1,2} = \frac{-b \pm \sqrt{b^2 - 4ac}}{2c}, \qquad (521)$$

und es liegt vor:

Doppelpunkt (Selbstschnitt) $>$

Spitze   für $b^2 - 4ac = 0,$

isolierter Punkt $<\,.$

d) Zur Analyse der bizirkularen Quartik

$$\mathfrak{V} = \frac{\mathfrak{a} + \mathfrak{b}p + \mathfrak{c}p^2}{\mathfrak{d} + \mathfrak{e}p + \mathfrak{f}p^2} \qquad (505)$$

kürzt man rechts durch $\mathfrak{f}$. Es ergibt sich mit selbstverständlichen Neubezeichnungen

$$\mathfrak{V} = \frac{\mathfrak{A} + \mathfrak{B}p + \mathfrak{C}p^2}{\mathfrak{D} + \mathfrak{E}p + p^2} \,. \qquad (522)$$

Nun sind die Wurzeln von

$$\mathfrak{D} + \mathfrak{E}p + p^2 = 0 \qquad (507\,\mathrm{a})$$

aufzusuchen. Zwei Fälle sind möglich und dementsprechend zu unterscheiden:

1. (507 a) hat zwei verschiedene komplexe Wurzeln [konjugiert komplex dürfen sie nicht sein, sonst wäre (507 a) eine reelle Gleichung]. Die Partialbruchzerlegung von (522) lautet formal

$$\mathfrak{V} = \mathfrak{D} + \frac{\mathfrak{P}}{p - \mathfrak{p}_1} + \frac{\mathfrak{Q}}{p - \mathfrak{p}_2} \,. \qquad (523)$$

(522) spricht die Konstruktionsvorschrift der bizirkularen Quartik aus: Ein Festvektor und zwei Kreise sind die Aufbauelemente. Dieser Tatsache verdankt die Kurve auch ihre Bezeichnung. Koeffizientenvergleich bringt

$$\left. \begin{aligned} \mathfrak{D} &= \mathfrak{C}, \\ \mathfrak{P} &= \frac{\mathfrak{A} + \mathfrak{B}\mathfrak{p}_1 + \mathfrak{C}\mathfrak{p}_1^2}{\mathfrak{p}_1 - \mathfrak{p}_2}, \\ \mathfrak{Q} &= \frac{\mathfrak{A} + \mathfrak{B}\mathfrak{p}_2 + \mathfrak{C}\mathfrak{p}_2^2}{\mathfrak{p}_2 - \mathfrak{p}_1} \,. \end{aligned} \right\} \qquad (524)$$

Die Kurve kann nun samt Parameterverteilung leicht gezeichnet werden.

2. (507a) hat eine komplexe Doppelwurzel. Die Partialbruchzerlegung von (522) lautet dann formal

$$\mathfrak{B} = \mathfrak{D} + \frac{\mathfrak{P}}{p-\mathfrak{p}} + \frac{\mathfrak{Q}}{(p-\mathfrak{p})^2}. \tag{525}$$

(525) spricht die Konstruktionsvorschrift der bizirkularen Quartik aus

einem Festvektor $\mathfrak{D}$,

einem Kreis $\dfrac{\mathfrak{P}}{p-\mathfrak{p}}$

und einer Schnecke $\dfrac{\mathfrak{Q}}{(p-\mathfrak{p})^2} = \left(\dfrac{\sqrt{\mathfrak{Q}}}{p-\mathfrak{p}}\right)^2$

aus. Letztere wird erhalten durch Quadrierung der Fahrstrahlen an den Kreis

$$\mathfrak{B} = \frac{\sqrt{\mathfrak{Q}}}{p-\mathfrak{p}}$$

(Abb. 94). Koeffizientenvergleich bringt

$$\left.\begin{aligned} \mathfrak{D} &= \mathfrak{C}, \\ \mathfrak{P} &= \mathfrak{B} + 2\,\mathfrak{C}\mathfrak{p}, \\ \mathfrak{Q} &= \mathfrak{A} + \mathfrak{B}\mathfrak{p} + \mathfrak{C}\mathfrak{p}^2. \end{aligned}\right\} \tag{526}$$

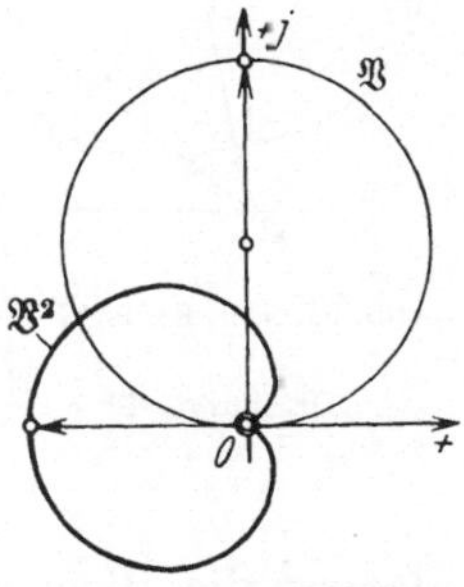

Hiernach kann die bizirkulare Quartik samt Punktverteilung leicht gezeichnet werden.

Andererseits kann man für (522) im Fall der Doppelwurzel $\mathfrak{p}$ schreiben

$$\mathfrak{B} = \frac{\mathfrak{A} + \mathfrak{B}p + \mathfrak{C}p^2}{(p-\mathfrak{p})^2} \tag{527}$$

und stets einen durch

$$\mathfrak{B} = \mathfrak{B}_0 + \mathfrak{B}^*$$

definierten Vektor $\mathfrak{B}_0$ von solcher Eigenschaft finden, daß

$$\mathfrak{B}^* = \mathfrak{B} - \mathfrak{B}_0 = \frac{\mathfrak{A} + \mathfrak{B}p + \mathfrak{C}p^2 - \mathfrak{B}_0\,(p-\mathfrak{p})^2}{(p-\mathfrak{p})^2} \tag{528}$$

ein vollständiges Quadrat sei. Dies ist nämlich dann der Fall, wenn

$$2\,\sqrt{\mathfrak{A} - \mathfrak{B}_0\,\mathfrak{p}^2}\,\sqrt{\mathfrak{C} - \mathfrak{B}_0} = \mathfrak{B} + 2\,\mathfrak{B}_0\,\mathfrak{p}$$

oder

$$\mathfrak{B}_0 = \frac{4\,\mathfrak{A}\,\mathfrak{C} - \mathfrak{B}^2}{4\,(\mathfrak{A} + \mathfrak{B}\mathfrak{p} + \mathfrak{C}\mathfrak{p}^2)} \tag{529}$$

ist. (528) geht dann formal über in

$$\mathfrak{B}^* = \left(\frac{\mathfrak{R} + \mathfrak{S}p}{p-\mathfrak{p}}\right)^2, \tag{530}$$

Abb. 94. Der Kreis

$$\mathfrak{B} = \frac{\sqrt{\mathfrak{Q}}}{p-\mathfrak{p}}$$

und die Ortskurve

$$\mathfrak{B}^2 = \frac{\mathfrak{Q}}{(p-\mathfrak{p})^2}.$$

(die Vektoren $\mathfrak{V}^*$ entspringen also im Endpunkt des berechenbaren Vektors $\mathfrak{V}_0$) und kann gezeichnet werden, indem man die Fahrstrahlen an den Kreis

$$\mathfrak{V} = \frac{\mathfrak{R} + \mathfrak{S}\,p}{p - \mathfrak{p}} \tag{531}$$

quadriert (Abb. 95).

Aus (523) und (524) geht hervor, daß die bizirkulare Quartik ganz im Endlichen verläuft: $\mathfrak{V}$ wird für keinen reellen Wert von p unendlich.

Aus (505) folgt weiter die Inversion

$$\frac{1}{\mathfrak{V}_k} = \frac{\mathfrak{d}_k + \mathfrak{e}_k\,p + \mathfrak{f}_k\,p^2}{\mathfrak{a}_k + \mathfrak{b}_k\,p + \mathfrak{c}_k\,p^2} \tag{532}$$

und hieraus allgemein, daß die Inversion einer bizirkularen Quartik wieder eine bizirkulare Quartik ist.

e) Die bizirkulare Quartik mit dem singulären Punkt im Ursprung hat die Gleichung

$$\mathfrak{V} = \frac{a + b\,p + c\,p^2}{\mathfrak{d} + e\,p + \mathfrak{f}\,p^2} \tag{533}$$

(S. 146). Ihre inverse Kurve ist

$$\frac{1}{\mathfrak{V}_k} = \frac{\mathfrak{d}_k + \mathfrak{e}_k\,p + \mathfrak{f}_k\,p^2}{a + b\,p + c\,p^2}\,, \tag{534}$$

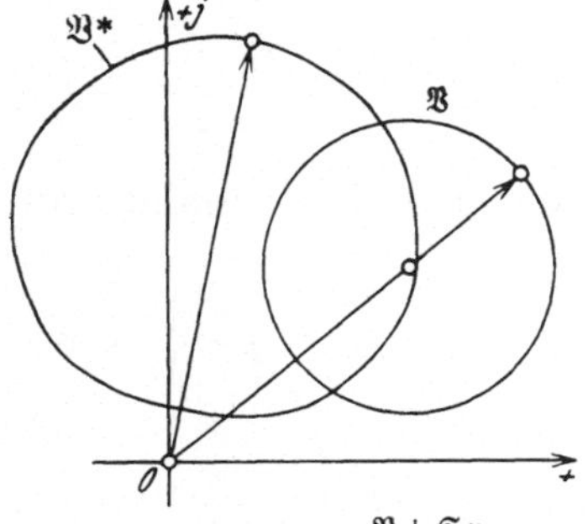

Abb. 95. Der Kreis $\mathfrak{V} = \dfrac{\mathfrak{R} + \mathfrak{S}\,p}{p - \mathfrak{p}}$ und die Ortskurve $\mathfrak{V}^* = \left(\dfrac{\mathfrak{R} + \mathfrak{S}\,\mathfrak{p}}{p - \mathfrak{p}}\right)^2$.

das ist die allgemeine Gleichung einer Ortskurve 2. Ordnung, also die eines Kegelschnittes.

Ganz allgemein gilt somit der Satz:

Die Inversion einer bizirkularen Quartik mit dem singulären Punkt als Inversionszentrum gibt einen Kegelschnitt allgemeiner Lage.

Ebenso gilt die Umkehrung:

Inversiert man einen Kegelschnitt von einem außerhalb gelegenen Punkte aus, so ergibt sich eine bizirkulare Quartik mit dem singulären Punkt als Inversionszentrum.

f) Der singuläre Punkt in allgemeiner Lage kann auf zweierlei Art gefunden werden:

1. als Selbstschnitt. Für ihn gilt

$$\mathfrak{V}_1 = \mathfrak{V}_2$$

bzw. in ausführlicher Schreibweise

$$\frac{a + b\,p_1 + c\,p_1^2}{\mathfrak{d} + e\,p_1 + \mathfrak{f}\,p_1^2} = \frac{a + b\,p_2 + c\,p_2^2}{\mathfrak{d} + e\,p_2 + \mathfrak{f}\,p_2^2}\,. \tag{535}$$

Multipliziert man über Kreuz, so ergibt sich formal

$$\mathfrak{R}_1\,(p_1 - p_2) + \mathfrak{R}_2\,(p_1^2 - p_2^2) + \mathfrak{R}_3\,p_1\,p_2\,(p_1 - p_2) = 0\,. \tag{536}$$

Die triviale Lösung $p_1 = p_2$ scheidet aus, daher darf (536) durch $p_1 - p_2$ dividiert werden. Man erhält

$$\mathfrak{K}_1 + \mathfrak{K}_2 \, (p_1 + p_2) + \mathfrak{K}_3 \, p_1 \, p_2 = 0 \,. \tag{537}$$

Spaltung bringt mit

$$\mathfrak{K}_1 = K_1' + j \, K_1'' \,,$$

$$K_1' + K_2' (p_1 + p_2) + K_3' \, p_1 \, p_2 = 0 \,, \tag{538}$$

$$K_1'' + K_2'' (p_1 + p_2) + K_3'' \, p_1 \, p_2 = 0 \,. \tag{539}$$

Aus diesen Gleichungen errechnen sich

$$p_1 + p_2 = S = - \, \frac{\begin{vmatrix} K_1' & K_3' \\ K_1'' & K_3'' \end{vmatrix}}{\begin{vmatrix} K_2' & K_3' \\ K_2'' & K_3'' \end{vmatrix}} \,, \tag{540}$$

$$p_1 p_2 = P = - \, \frac{\begin{vmatrix} K_2' & K_1' \\ K_2'' & K_1'' \end{vmatrix}}{\begin{vmatrix} K_2' & K_3' \\ K_2'' & K_3'' \end{vmatrix}} \,. \tag{541}$$

p_1 und p_2 selbst sind nun die Wurzeln der quadratischen Gleichung

$$p^2 - S \, p + P = 0 \,. \tag{542}$$

Sie lauten

$$p_{1,2} = \frac{S \pm \sqrt{S^2 - 4 \, P}}{2} \,. \tag{543}$$

Die 3 möglichen Fälle sind

$$S^2 - 4 \, P \begin{cases} > \\ = 0 \\ < \end{cases} \quad \begin{array}{l} \text{Doppelpunkt (Selbstschnitt),} \\ \text{Spitze,} \\ \text{isolierter Punkt.} \end{array}$$

2. Durch Koordinatentransformation:

Sei $\mathfrak{S}$ der Vektor nach dem singulären Punkt, so kann man setzen

$$\mathfrak{V} = \mathfrak{S} + \mathfrak{V}^* \,. \tag{544}$$

Hierin sind $\mathfrak{V}$ die Ortsvektoren vom alten Ursprung, $\mathfrak{V}^*$ die Ortsvektoren vom singulären Punkt an die Ortskurve. Es ist

$$\mathfrak{V}^* = \mathfrak{V} - \mathfrak{S} = \frac{(\mathfrak{a} - \mathfrak{d}\,\mathfrak{S}) + (\mathfrak{b} - \mathfrak{e}\,\mathfrak{S})\,p + (\mathfrak{c} - \mathfrak{f}\,\mathfrak{S})\,p^2}{\mathfrak{d} + \mathfrak{e}\,p + \mathfrak{f}\,p^2} \,. \tag{545}$$

Da der singuläre Punkt durch die Ursprungsverschiebung $\mathfrak{S}$ selbst zum Ursprung geworden ist, müssen

$$\mathfrak{a} - \mathfrak{d}\,\mathfrak{S}, \quad \mathfrak{b} - \mathfrak{e}\,\mathfrak{S} \quad \text{und} \quad \mathfrak{c} - \mathfrak{f}\,\mathfrak{S}$$

nach dem S. 146 entwickelten Satz gleiches Argument haben. Sind

μ und ν reelle, vorläufig noch unbestimmte Konstanten, so muß gelten

$$\mathfrak{a} - \mathfrak{d}\,\mathfrak{S} = \mu\,(\mathfrak{c} - \mathfrak{f}\,\mathfrak{S})\,, \tag{546}$$

$$\mathfrak{b} - \mathfrak{e}\,\mathfrak{S} = \nu\,(\mathfrak{c} - \mathfrak{f}\,\mathfrak{S})\,. \tag{547}$$

Elimination von $\mathfrak{S}$ bringt

$$\mathfrak{n} = \mathfrak{a}\mathfrak{e} - \mathfrak{b}\mathfrak{d} = \mu\,(\mathfrak{c}\mathfrak{e} - \mathfrak{b}\mathfrak{f}) + \nu\,(\mathfrak{a}\mathfrak{f} - \mathfrak{c}\mathfrak{d})\,. \tag{548}$$

Gleichung (548) besagt, daß der aus $\mathfrak{a}$, $\mathfrak{b}$, $\mathfrak{d}$, und $\mathfrak{e}$ berechenbare Neuvektor $\mathfrak{n}$ zu zerlegen ist in Komponenten in Richtung der ebenfalls berechenbaren Vektoren

$$\mathfrak{c}\mathfrak{e} - \mathfrak{b}\mathfrak{f} \quad \text{und} \quad \mathfrak{a}\mathfrak{f} - \mathfrak{c}\mathfrak{d}\,.$$

Diese Aufgabe ist eindeutig lösbar. Schreibt man (548) in der Form

$$\mathfrak{n} = \mu\,\mathfrak{A} + \nu\,\mathfrak{B}\,, \tag{549}$$

so folgt sofort

$$\mathfrak{n}_k = \mu\,\mathfrak{A}_k + \nu\,\mathfrak{B}_k \tag{550}$$

und aus beiden Gleichungen

$$\mu = \frac{\begin{vmatrix} \mathfrak{n} & \mathfrak{B} \\ \mathfrak{n}_k & \mathfrak{B}_k \end{vmatrix}}{\begin{vmatrix} \mathfrak{A} & \mathfrak{B} \\ \mathfrak{A}_k & \mathfrak{B}_k \end{vmatrix}}\,, \tag{551}$$

$$\nu = \frac{\begin{vmatrix} \mathfrak{A} & \mathfrak{n} \\ \mathfrak{A}_k & \mathfrak{n}_k \end{vmatrix}}{\begin{vmatrix} \mathfrak{A} & \mathfrak{B} \\ \mathfrak{A}_k & \mathfrak{B}_k \end{vmatrix}}\,. \tag{552}$$

Der Ortsvektor $\mathfrak{S}$ nach dem singulären Punkt wird nun

$$\mathfrak{S} = \frac{\mathfrak{a} - \mu\,\mathfrak{c}}{\mathfrak{d} - \mu\,\mathfrak{f}} = \frac{\mathfrak{b} - \nu\,\mathfrak{c}}{\mathfrak{e} - \nu\,\mathfrak{f}}\,. \tag{553}$$

Sind μ, ν und $\mathfrak{S}$ berechnet, so geht (545) mit (546) und (547) über in

$$\mathfrak{B}^* = \frac{(\mu + \nu p + p^2)\,(\mathfrak{c} - \mathfrak{f}\,\mathfrak{S})}{\mathfrak{d} + \mathfrak{e}p + \mathfrak{f}p^2}\,, \tag{554}$$

und im singulären Punkt selbst hat man $\mathfrak{B}^* = 0$ bzw.

$$\mu + \nu p + p^2 = 0\,. \tag{555}$$

Das liefert die Parameterwerte im singulären Punkt

$$p_{1,2} = \frac{-\nu \pm \sqrt{\nu^2 - 4\mu}}{2}\,. \tag{556}$$

Es liegt vor:

     Doppelpunkt (Selbstschnitt) $>$

     Spitze   für $\nu^2 - 4\mu = 0\,.$

     isolierter Punkt $<$

g) Entartung der bizirkularen Quartik

$$\mathfrak{B} = \frac{\mathfrak{a} + \mathfrak{b}\,p + \mathfrak{c}\,p^2}{\mathfrak{d} + \mathfrak{e}\,p + \mathfrak{f}\,p^2} \qquad (505)$$

tritt auf, wenn

1. $$\mathfrak{a} + \mathfrak{b}\,p + \mathfrak{c}\,p^2 = 0 \qquad (506)$$

und

$$\mathfrak{d} + \mathfrak{e}\,p + \mathfrak{f}\,p^2 = 0 \qquad (507)$$

eine gemeinsame Wurzel haben, d. h. wenn

$$\begin{vmatrix} \mathfrak{a} & \mathfrak{b} & \mathfrak{c} & 0 \\ \mathfrak{d} & \mathfrak{e} & \mathfrak{f} & 0 \\ 0 & \mathfrak{a} & \mathfrak{b} & \mathfrak{c} \\ 0 & \mathfrak{d} & \mathfrak{e} & \mathfrak{f} \end{vmatrix} = 0. \qquad (557)$$

Die bizirkulare Quartik wird dann zum Kreis

$$\mathfrak{B} = \frac{\mathfrak{A} + \mathfrak{B}\,p}{\mathfrak{C} + \mathfrak{D}\,p}. \qquad (54)$$

2. Haben (506) und (507) zwei gemeinsame Wurzeln, so degeneriert (505) zu einem Festvektor. Die Lösungen von (506) sind

$$p_{1,2} = \frac{-\mathfrak{b} \pm \sqrt{\mathfrak{b}^2 - 4\mathfrak{a}\mathfrak{c}}}{2\mathfrak{c}}, \qquad (558)$$

die von (507)

$$p_{1,2} = \frac{-\mathfrak{e} \pm \sqrt{\mathfrak{e}^2 - 4\mathfrak{d}\mathfrak{f}}}{2\mathfrak{f}}. \qquad (559)$$

Sie stimmen überein, wenn

$$\begin{vmatrix} \mathfrak{b} & \mathfrak{c} \\ \mathfrak{e} & \mathfrak{f} \end{vmatrix} = 0 \quad \text{und} \quad \begin{vmatrix} \mathfrak{a} & \mathfrak{c} \\ \mathfrak{d} & \mathfrak{f} \end{vmatrix} = 0.$$

3. Hat (507) eine reelle Lösung p_0 — hierüber siehe S. 144 — so ergibt die Substitution

$$p = p_0 + \varrho$$

$$\mathfrak{B} = \frac{\mathfrak{a} + \mathfrak{b}\,p_0 + \mathfrak{c}\,p_0^2 + (\mathfrak{b} + 2\,\mathfrak{c}\,p_0)\,\varrho + \mathfrak{c}\,\varrho^2}{\mathfrak{d} + \mathfrak{e}\,p_0 + \mathfrak{f}\,p_0^2 + (\mathfrak{e} + 2\,\mathfrak{f}\,p_0)\,\varrho + \mathfrak{f}\,\varrho^2}. \qquad (560)$$

Hierin ist die Summe der drei ersten Nennersummanden voraussetzungsgemäß Null, mit verständlichen Neubezeichnungen lautet (560) formal

$$\mathfrak{B} = \frac{\mathfrak{A} + \mathfrak{B}\,\varrho + \mathfrak{C}\,\varrho^2}{\mathfrak{F}\,\varrho + \mathfrak{E}\,\varrho^2}. \qquad (561)$$

Kürzt man rechts durch ϱ^2 und substituiert wieder

$$\frac{1}{\varrho} = \chi,$$

so ergibt sich

$$\mathfrak{B} = \frac{\mathfrak{A}\chi^2 + \mathfrak{B}\chi + \mathfrak{C}}{\mathfrak{E}\chi + \mathfrak{F}}, \qquad (562)$$

das ist die Gleichung einer zirkularen Kubik. Hat also der Nenner von (505) eine reelle Wurzel, so stellt Gleichung (505) keine bizirkulare Quartik, sondern eine zirkulare Kubik dar.

4. Haben $\mathfrak{d}$, $\mathfrak{e}$ und $\mathfrak{f}$ das gleiche Argument δ, so geht (505) über in

$$\mathfrak{V} = \frac{\mathfrak{A} + \mathfrak{B}\,p + \mathfrak{C}\,p^2}{d + e\,p + f\,p^2} \tag{563}$$

mit

$$\mathfrak{A} = \frac{\mathfrak{a}}{\varepsilon^{j\delta}}, \qquad \mathfrak{B} = \frac{\mathfrak{b}}{\varepsilon^{j\delta}}, \qquad \mathfrak{C} = \frac{\mathfrak{c}}{\varepsilon^{j\delta}}.$$

Das ist die Gleichung eines allgemeinen Kegelschnittes. Die bizirkulare Quartik entartet also zum allgemeinen Kegelschnitt, wenn die Nennerkomplexen gleiches Argument haben.

VI. Graphische Darstellung der Leistungen.

A. Wirkleistungen.

Ein Strom $\mathfrak{J}$, der von einer Spannung $\mathfrak{U}$ erzeugt ist, läßt sich darstellen durch

$$\mathfrak{J} = \mathfrak{U}\,\mathfrak{F}\,(p). \tag{564}$$

Hierin ist $\mathfrak{F}\,(p)$ eine rationale, im allgemeinen gebrochene Funktion der in dem betrachteten Kreis vorhandenen Richtwiderstände, deren einer etwa gemäß der Vorschrift

$$\mathfrak{Z} = p\,\mathfrak{Z}_0$$

variiert werden möge. (564) stellt dann die Ortskurve des Stromes $\mathfrak{J}$ dar.

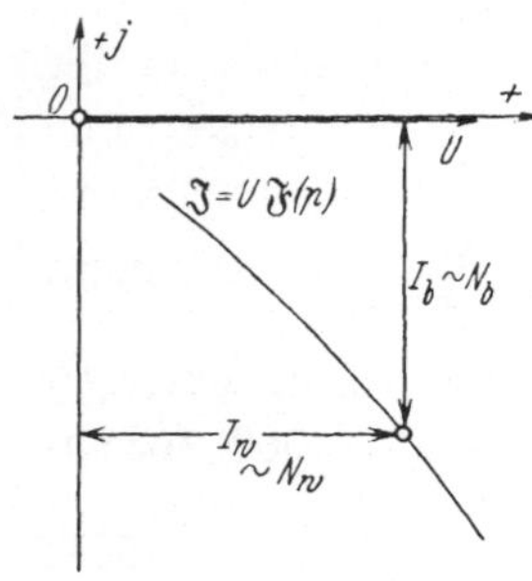

Abb. 96. Graphische Darstellung der Wirk- und Blindleistung.

Sie ändert sich gestaltlich nicht, wenn man

$$\mathfrak{U} = U$$

setzt (s. S. 36). Diese Verfügung hat vielmehr nur Einfluß auf die Lage der Ortskurve in der Darstellungsebene. (564) gestattet immer die Umformung

$$\mathfrak{J} = U\,\mathfrak{F}\,(p) = U\,F_1\,(p) + j\,U\,F_2\,(p). \tag{565}$$

Da nämlich die Richtwiderstände komplexe Operatoren sind, ist $\mathfrak{F}\,(p)$ eine komplexe Funktion mit dem Realteil $F_1\,(p)$ und dem Imaginärteil $F_2\,(p)$. In (565) stellt $U\,F_1\,(p)$ die Stromkomponente dar, die mit U in Phase ist, das ist der Wirkstrom J_w. Ebenso ist $U\,F_2\,(p)$ der Blindstrom J_b. Die Wirkleistung ist

$$N_w = U\,J_w = U^2\,F_1\,(p). \tag{566}$$

Sofern also $U = $ const, was für die Starkstromtechnik meist zutrifft, ist J_w selbst ein Maß der Wirkleistung, d. h. der Abstand der Punkte der Ortskurve von der imaginären Achse (Abb. 96).

B. Blindleistungen.

Die Blindleistung ist

$$N_b = U J_b = U^2 F_2 (p). \tag{567}$$

Bei konstanter Spannung ist also J_b selbst ein Maß der Blindleistung, und, wenn U in die reelle Achse gelegt wird, ist der Abstand der Ortskurvenpunkte von dieser der Blindleistung proportional.

C. Verlustleistungen.

Liegt in der Bahn des Stromes

$$\Im = U \, \mathfrak{F} (p) \tag{564}$$

ein Wirkwiderstand R, so ist der in ihm auftretende Stromwärmeverlust

$$N_v = J^2 R.$$

Für diesen ergibt sich eine einfache graphische Darstellung, wenn $U \mathfrak{F} (p)$ ein Kreisdiagramm ist. Die Gleichung des Kreises laute in kartesischen Koordinaten

$$(x - x_0)^2 + (y - y_0)^2 = \varrho^2. \tag{568}$$

Hierin sind (Abb. 97)

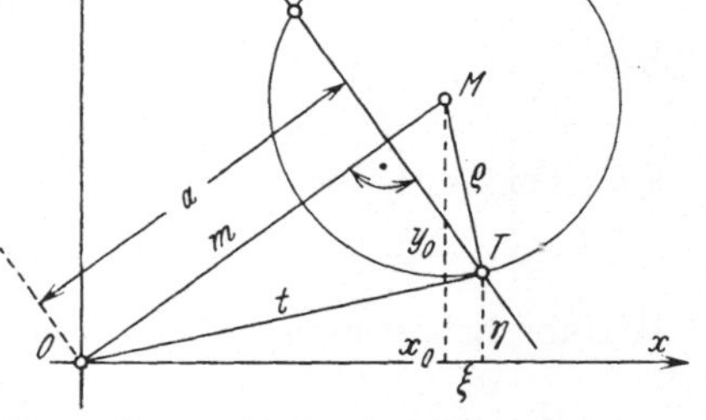

Abb. 97. Zur graphischen Darstellung der Verlustleistung.

x, y die Koordinaten eines laufenden Punktes,

x_0, y_0 die Koordinaten des Zentrums,

ϱ der Kreisradius.

Der Abstand eines beliebigen Kreispunktes vom Ursprung ist

$$\sqrt{x^2 + y^2} = c J , \tag{569}$$

$c = $ Maßstabskonstante in cm/Amp. (568) und (569) ergeben

$$x^2 + y^2 = c^2 J^2 = \varrho^2 - x_0^2 - y_0^2 + 2 x x_0 + 2 y y_0. \tag{570}$$

Aus Abb. 97 ist nun sofort ablesbar

$$m^2 = x_0^2 + y_0^2 = \varrho^2 + t^2$$

oder

$$\varrho^2 - x_0^2 - y_0^2 = - t^2.$$

Hiermit geht (570) über in

$$x^2 + y^2 = c^2 J^2 = 2 x x_0 + 2 y y_0 - t^2. \tag{571}$$

Bevor wir auf die Bedeutung dieser Gleichung näher eingehen, entwickeln wir kurz einige Gesetzmäßigkeiten:

a) Zieht man durch T, den Berührungspunkt der Tangente aus O an den Kreis, die Senkrechte zur Zentralen $OM = m$, so wird die Gleichung dieser „Polaren" bekanntlich

$$\frac{dy}{dx} = \frac{y - \eta}{x - \xi} \tag{572}$$

x, y sind die Koordinaten eines laufenden Punktes,

ξ, η sind die Koordinaten des Punktes T.

Die Neigung der Zentralen m ist

$$\left(\frac{dy}{dx}\right)_m = \frac{y_0}{x_0}. \tag{573}$$

Die Neigung der zu m orthogonalen Polare ist also

$$\frac{dy}{dx} = - \frac{x_0}{y_0}. \tag{574}$$

Dies liefert in (572) eingesetzt

$$\frac{x_0}{y_0} = \frac{\eta - y}{x - \xi} \tag{575}$$

bzw.

$$xx_0 + yy_0 - \xi x_0 - \eta y_0 = 0 \tag{576}$$

als Gleichung der Polare. Aus Abb. 97 kann abgelesen werden

$$t^2 = m^2 - \varrho^2 = x_0^2 + y_0^2 - [(y_0 - \eta)^2 + (\xi - x_0)^2]. \tag{577}$$

Hieraus bringt eine einfache Rechnung

$$t^2 = \xi x_0 + \eta y_0. \tag{578}$$

Die Gleichung der Polare lautet daher

$$xx_0 + yy_0 - t^2 = 0. \tag{579}$$

Ihr Abstand a vom Ursprung ergibt sich auf Grund der geometrischen Beziehung

$$m\,a = t^2$$

zu

$$a = \frac{t^2}{m} = \frac{t^2}{\sqrt{x_0^2 + y_0^2}}. \tag{580}$$

b) Aus Abb. 98 läßt sich sofort ablesen

$$\varrho + \pi = x \cos \varphi + y \sin \varphi. \tag{581}$$

$$\pi = x \cos \varphi + y \sin \varphi - \varrho \tag{582}$$

heißt die „Potenz der Geraden g". Sie ist positiv für Punkte P, die in bezug auf O jenseits der Geraden g liegen, und negativ für Punkte P, die mit O auf derselben Seite von g liegen. Die Potenz verschwindet für alle Punkte der Geraden g selbst. Deren Gleichung, die „Normalform", lautet demnach

$$0 = x \cos \varphi + y \sin \varphi - \varrho. \tag{583}$$

Ist nun eine beliebige Gerade durch die Gleichung

$$0 = Ax + By + C \tag{584}$$

gegeben, so kann man (584) als das Produkt von (583) mit einer Konstanten k auffassen, hat also zu setzen

$$\left.\begin{aligned} A &= k \cos \varphi, \\ B &= k \sin \varphi, \\ C &= -k\varrho, \end{aligned}\right\} \tag{585}$$

woraus unmittelbar folgt

$$k = \sqrt{A^2 + B^2}, \tag{586}$$

$$|\varrho| = \frac{C}{\sqrt{A^2 + B^2}}. \tag{587}$$

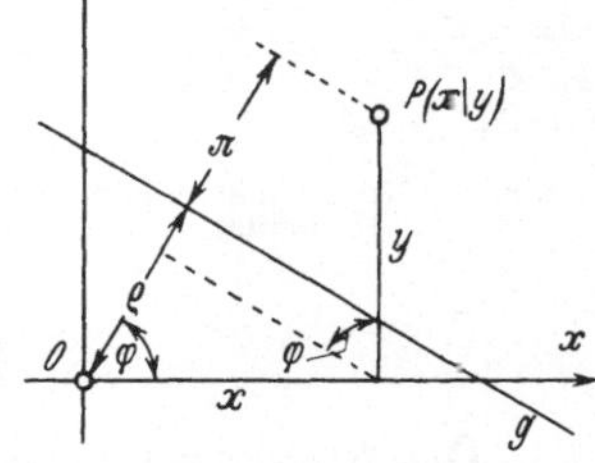

Abb. 98. Zur Potenz der Geraden g.

Wir können jetzt auf (571) zurückgreifen und

$$x^2 + y^2 = c^2 J^2 = 2 x x_0 + 2 y y_0 - t^2 \tag{571}$$

als Potenz der Geraden

$$2 x x_0 + 2 y y_0 - t^2 = 0 \tag{588}$$

auffassen. Deren Abstand vom Ursprung folgt mit (587) sofort zu

$$\varrho = \frac{t^2}{2 \sqrt{x_0^2 + y_0^2}}. \tag{589}$$

Er ist also halb so groß wie der Abstand a (580) der Polaren (579). Da die Gerade (588) überdies parallel zur Polaren verläuft, heißt sie Halbpolare.

Gibt man (571) die Fassung

$$\begin{aligned} x^2 + y^2 = c^2 J^2 &= 2 x x_0 + 2 y y_0 - t^2 \\ &= k(x \cos \varphi + y \sin \varphi - \varrho), \end{aligned} \tag{571a}$$

worin gemäß (586)

$$k = 2 \sqrt{x_0^2 + y_0^2}, \tag{590}$$

so läßt sich sagen: Für die Halbpolare selbst ist

$$x \cos \varphi + y \sin \varphi - \varrho = 0.$$

Für außerhalb liegende Punkte ist

$$x \cos \varphi + y \sin \varphi - \varrho = \pi,$$

d. h. gleich ihrem Abstand von der Halbpolaren. Für Punkte des Kreises (568) ist insbesondere

$$x^2 + y^2 = c^2 J^2 = k\pi,$$

$$\pi = \frac{c^2 J^2}{k} = \frac{c^2 J^2}{2\sqrt{x_0^2 + y_0^2}}. \tag{591}$$

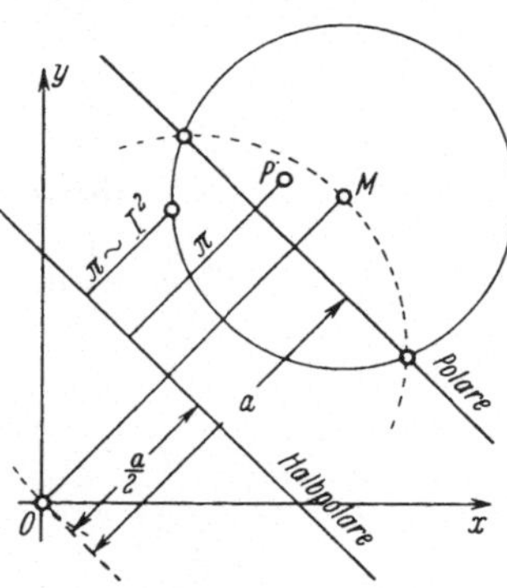

Abb. 99. Kreis um *M*, Polare und Halbpolare.

Der Abstand der Kreispunkte von der Halbpolaren ist dem Quadrat des Stromes proportional. Durch ihn können also die Stromwärmeverluste in R gemessen werden. In Abb. 99 sind die Verhältnisse nochmals gezeichnet: Der Halbkreis über der Zentrale OM ergibt durch die Schnittpunkte mit dem Kreis um M zwei Punkte der Polaren. Die Halbpolare verläuft zu dieser parallel im halben Abstand vom Ursprung.

D. Nutzleistungen.

Die Nutzleistung ist

$$N_n = N_w - N_v$$
$$= U J_w - J^2 R. \tag{592}$$

Ist die Ortskurve des Stromes ein Kreis, dessen Gleichung in kartesischen Koordinaten lautet

$$(x - x_0)^2 + (y - y_0)^2 = \varrho^2, \tag{568}$$

so gilt

$$\left.\begin{array}{l} c J_w = x, \\ c^2 J^2 = x^2 + y^2, \end{array}\right\} \tag{593}$$

$c = $ Maßstabskonstante in cm/Amp.

Mit (593) wird in (592)

$$N_n = \frac{U x}{c} - \frac{R}{c^2}(x^2 + y^2)$$
$$= \frac{R}{c^2}\left[\frac{cU}{R} x - (x^2 + y^2)\right] \tag{594}$$

und wegen (571)

$$N_n = \frac{R}{c^2}\left(\frac{cU}{R} x - 2 x x_0 - 2 y y_0 + t^2\right)$$
$$= \frac{2R}{c^2}\left[x\left(\frac{cU}{2R} - x_0\right) - y y_0 + \frac{t^2}{2}\right]. \tag{595}$$

Es ist nun

$$x\left(\frac{cU}{2R} - x_0\right) - y y_0 + \frac{t^2}{2} = 0 \tag{596}$$

die Gleichung einer Geraden. Ihre Normalform

$$x \cos\varphi + y \sin\varphi - \varrho = 0 \tag{583}$$

ergibt sich durch den Ansatz

$$\frac{cU}{2R} - x_0 = k\cos\varphi,$$
$$- y_0 = k\sin\varphi,$$
$$\frac{t^2}{2} = -k\varrho. \tag{597}$$

Er liefert

$$k = \sqrt{\left(\frac{cU}{2R} - x_0\right)^2 + y_0^2}$$
$$|\varrho| = \frac{t^2}{2k} = \frac{t^2}{2\sqrt{\left(\frac{cU}{2R} - x_0\right)^2 + y_0^2}}. \tag{598}$$

Schreibt man nun (595) in der Form

$$N_n = 2\frac{R}{c^2}\,k\,(x\cos\varphi + y\sin\varphi - \varrho)$$
$$= \frac{2R}{c^2}\,\pi\,\sqrt{\left(\frac{cU}{2R} - x_0\right)^2 + y_0^2}, \tag{599}$$

so kann man sagen, daß die Nutzleistung der Potenz der Geraden (596) proportional ist.

Der Ausdruck (598) für die Konstante k findet seine geometrische Deutung durch Abb. 100: k ist der Abstand des Kreiszentrums M von dem Punkte $M_0\left(x = \frac{cU}{2R},\ y = 0\right)$, der auf der Abszissenachse liegt.

Die Neigung der Zentralen MM_0 ist

$$\left(\frac{dy}{dx}\right)_k = \frac{-y_0}{\frac{cU}{2R} - x_0}. \tag{600}$$

Die Neigung der Geraden (596) ist

$$\frac{dy}{dx} = \frac{\frac{cU}{2R} - x_0}{y_0}. \tag{601}$$

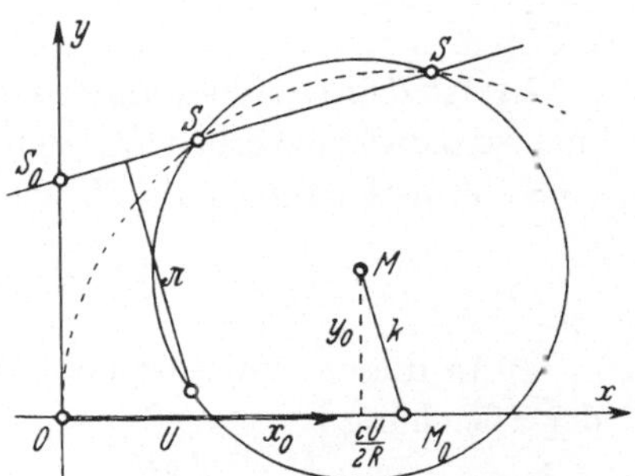

Abb. 100. Geometrische Deutung der Konstanten $k = \sqrt{\left(\frac{cU}{2R} - x_0\right)^2 + y_0^2}$.

Daher steht die Gerade (596) senkrecht auf MM_0. Die endgültige Lage der Geraden (596) findet man mit Hilfe der Betriebspunkte, für die die Nutzleistung verschwindet. Hierfür gilt mit (594)

$$N_n = 0 = \frac{cU}{R}\,x - (x^2 + y^2). \tag{602}$$

Dies ist die Gleichung eines Kreises durch den Ursprung. Umformung in

$$\left(x - \frac{cU}{2R}\right)^2 + y^2 = \left(\frac{cU}{2R}\right)^2 \tag{603}$$

ergibt die Mittelpunktskoordinaten

$$\left.\begin{aligned} x_m &= \frac{cU}{2R}, \\ y_m &= 0, \end{aligned}\right\} \tag{604}$$

und den Radius

$$r = \frac{cU}{2R}. \tag{605}$$

Das Zentrum des Kreises (603) ist also der Punkt M_0, sein Radius ist $r = M_0 O$. Seine Schnittpunkte $S - S$ mit der Stromkurve bestimmen die Betriebspunkte der Nutzleistung $N_n = 0$ (Kurzschluß, Leerlauf). Die Gerade $S - S$ ist die gesuchte Nutzleistungslinie, deren Abstände π von den Kreispunkten der Nutzleistung proportional sind.

Der Kreis (603) ist bei Behandlung des Lufttransformators bereits erwähnt worden (s. S. 72).

E. Wirkungsgrade.

a) Legt man den Vektor U der konstant gedachten Klemmenspannung in die reelle (x)-Achse, so ist die Gleichung der Wirkleistungslinie

$$x = 0. \tag{606}$$

b) Ist das Ortsdiagramm des Stromes $\mathfrak{J}$ ein Kreis, so läßt sich für den Stromwärmeverlust N_v, den $\mathfrak{J}$ in einem Wirkwiderstand R erzeugt, eine Verlustleistungslinie N_v zeichnen, deren Gleichung

$$2xx_0 + 2yy_0 - t^2 = 0 \tag{588}$$

ist.

c) In diesem Falle ist endlich eine Nutzleistungslinie angebbar mit der Gleichung

$$x\left(\frac{cU}{2R} - x_0\right) - yy_0 + \frac{t^2}{2} = 0. \tag{596}$$

Die Abschnitte, die (588) und (596) auf der Wirkleistungslinie $x = 0$ einschneiden, ergeben sich, wenn man in den Gleichungen (588) und (596) $x = 0$ setzt. Es wird beide Male

$$y = \frac{t^2}{2y_0}. \tag{607}$$

Die drei Linien schneiden sich also in einem Punkte S_0. In Abb. 101 sind sie mit N_w N_v, und N_n bezeichnet.

Für einen Punkt S der Nutzleistungslinie N_n ist die Nutzleistung Null, daher die Wirkleistung gleich der Verlustleistung, d. h.

$$N_w = c_w\,S\,S_2 = N_v = c_v\,S\,S_1\,. \tag{608}$$

Hieraus folgt für die Proportionalitätsfaktoren

$$\frac{c_w}{c_v} = \frac{S\,S_1}{S\,S_2} = \frac{\dfrac{S\,S_1}{S\,S_0}}{\dfrac{S\,S_2}{S\,S_0}} = \frac{\sin\alpha}{\sin\beta}\,. \tag{609}$$

Für einen Punkt T der Verlustleistungslinie N_v ist die Verlustleistung Null, d. h. die Wirkleistung gleich der Nutzleistung oder

$$\left.\begin{aligned}N_w &= c_w\,T\,T_2\\ &= N_n = c_n\,T\,T_3\,.\end{aligned}\right\} \tag{610}$$

Hieraus folgt für die Proportionalitätsfaktoren

$$\left.\begin{aligned}\frac{c_w}{c_n} &= \frac{T\,T_3}{T\,T_2} = \frac{\dfrac{T\,T_3}{T\,S_0}}{\dfrac{T\,T_2}{T\,S_0}}\\[2ex] &= \frac{\sin\alpha}{\sin[180^0 - (\alpha+\beta)]}\\[2ex] &= \frac{\sin\alpha}{\sin(\alpha+\beta)}\,.\end{aligned}\right\} \tag{611}$$

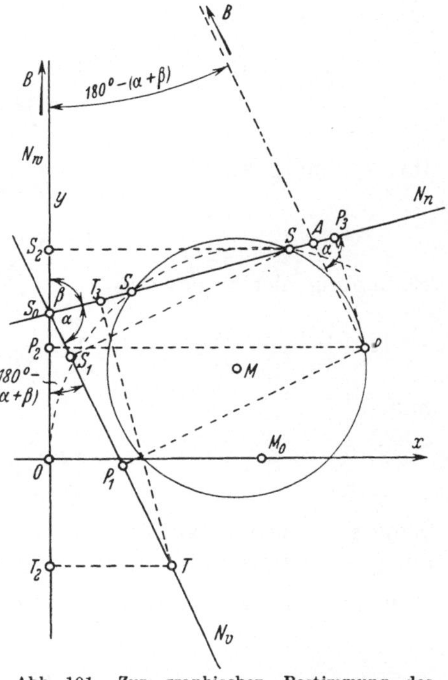

Abb. 101. Zur graphischen Bestimmung des Wirkungsgrades.

(609) und (611) ergeben

$$c_w : c_v : c_n = \sin\alpha : \sin\beta : \sin(\alpha+\beta)\,. \tag{612}$$

Für einen Kreispunkt P ist der Wirkungsgrad

$$\begin{aligned}\eta &= \frac{N_n}{N_w} = \frac{c_n\,P\,P_3}{c_w\,P\,P_2} = \frac{\sin(\alpha+\beta)}{\sin\alpha}\cdot\frac{P\,P_3}{P\,P_2}\\[2ex] &= \frac{\sin[180^0 - (\alpha+\beta)]}{\sin\alpha}\cdot\frac{P\,P_3}{P\,P_2}\,.\end{aligned} \tag{613}$$

Zieht man durch P die Parallele zu N_v, die die Leistungslinie N_n in A, die Leistungslinie N_w in B schneidet, so wird

$$\left.\begin{aligned}P\,A &= \frac{P\,P_3}{\sin\alpha}\,,\\[2ex] P\,B &= \frac{P\,P_2}{\sin[180^0 - (\alpha+\beta)]}\end{aligned}\right\} \tag{614}$$

und daher endlich

$$\eta = \frac{P\,A}{P\,B}\,. \tag{615}$$

Formelzusammenstellung.

Gleichung der allgemeinsten Ortskurve

$$\mathfrak{B} = \frac{\sum\limits_{0}^{m} \mathfrak{A}_k\, p^k}{\sum\limits_{0}^{n} \mathfrak{B}_k\, p^k}\,. \qquad (413)$$

Ihre Ordnung ist

$$m + n \text{ für } m > n,$$

$$2\,n \text{ für } n \geqq m.$$

Bedingung hierfür ist, daß

1.
$$\sum\limits_{0}^{m} \mathfrak{A}_k\, p^k = 0 \qquad (424)$$

und

$$\sum\limits_{0}^{n} \mathfrak{B}_k\, p^k = 0 \qquad (425)$$

keine gemeinsame Wurzel besitzen. Dies ist der Fall, wenn die Resultante von (424) und (425) endlich bleibt.

2. (425) keine reelle Wurzel besitzt. Die Resultante der Gleichungen

$$\sum\limits_{0}^{n} B_k'\, p^k = 0$$

und

$$\sum\limits_{0}^{n} B_k''\, p^k = 0$$

bleibt dann endlich.

Gleichung der allgemeinsten Ortskurve m-ter Ordnung

$$\mathfrak{B} = \frac{\sum\limits_{0}^{m} \mathfrak{A}_k\, p^k}{\sum\limits_{0}^{m} B_k\, p^k}\,. \qquad (439)$$

Bedingung hierfür ist, daß die Resultante von

$$\sum\limits_{0}^{m} \mathfrak{A}_k\, p^k = 0$$

und

$$\sum_{0}^{m} {}_{k}\, B_{k}\, p^{k} = 0$$

endlich bleibt.

Die Ortskurve (439) geht durch den Ursprung für $p = p_0$, wenn

$$\sum_{0}^{m} {}_{k}\, \mathfrak{A}_{k}\, p_0^{k} = 0\,.$$

Dann gilt

$$\sum_{0}^{m} {}_{k}\, A'_{k}\, p_0^{k} = 0$$

und

$$\sum_{0}^{m} {}_{k}\, A''_{k}\, p_0^{k} = 0\,.$$

Die Resultante beider Gleichungen verschwindet.

Tangentengleichung einer jeden Ortskurve

$$\mathfrak{t} = \mathfrak{B} + \frac{d\mathfrak{B}}{dp}\,\varrho\,. \tag{476}$$

Krümmungsradius der Ortskurven

$$R = \frac{\left(\dfrac{dV}{dp}\right)^{3}}{\left[\left(\dfrac{d\mathfrak{B}}{dp}\right)_{k}\dfrac{d^{2}\mathfrak{B}}{dp^{2}}\right]_{i}}\,. \tag{485}$$

Literaturnachweis.

(Diese Zusammenstellung will einerseits nicht erschöpfend sein, andererseits werden Arbeiten zitiert, deren Inhalt als Anwendungsbeispiel des hier Gebotenen zum vertieften Studium der Methode empfohlen wird.)

1. Bücher allgemeinen oder ähnlichen Inhaltes.

Lfde. Nr.	Abschnitt	Literatur
1.		Fraenckel, A.: Theorie der Wechselströme. Berlin: Julius Springer 1930.
2.		Liwschitz, M.: Die elektrischen Maschinen. Bd. 1, Einführung in ihre Theorie und Praxis. Leipzig: Teubner 1926.
3.		Bloch, O.: Die Ortskurven der graphischen Wechselstromtechnik nach einheitlicher Methode behandelt. Zürich: Rascher & Co. 1917.
4.		Michael, W.: Zur Geometrie der Ortskurven der graphischen Wechselstromtheorie, Diss. Zürich. Leipzig: Metzger & Wittig 1919.
5.		Kafka, H.: Die ebene Vektorrechnung und ihre Anwendungen in der Wechselstromtechnik, Teil I. Leipzig: Teubner 1926.
6.		Möller, H. G.: Behandlung von Schwingungsaufgaben mit komplexen Amplituden und mit Vektoren. Leipzig: Hirzel 1928.
7.		Casper, L.: Einführung in die komplexe Behandlung von Wechselstromaufgaben. Berlin: Julius Springer 1929.

2. Spezialliteratur.

Lfde. Nr.	Abschnitt	Literatur
8.	II A	Wicke, E.: Konforme Abbildungen. Leipzig: Teubner 1927.
9.	B	Lewent, L.: Konforme Abbildungen. Leipzig: Teubner 1912.
10.	C	Rose, M.: Einleitung in die Funktionentheorie. Berlin: Walter de Gruyter 1918.
		Bürklen, O. Th., u. F. Ringleb: Mathematische Formelsammlung. Berlin: Walter de Gruyter 1931.
11.		Hauffe, G.: Die symbolische Behandlung der Wechselströme. Berlin: Walter de Gruyter 1928.
12.		Landolt, M.: Die symbolische Rechnung der Wechselstromtechnik und die ebene Vektorrechnung. Schweizer. Bulletin 1931 S. 85, 113.
13.		Herzog, J.: Über das tafelmäßige Rechnen mit gerichteten Zahlen. Schweizer. Bulletin 1910 S. 225.
14.		Hak, I.: Ein Rechenbehelf für die komplexen Ausdrücke. ETZ 1928 S. 1674.

Lfde. Nr.	Abschnitt	Literatur
15.	II C	Grinsted, W. H.: Ein Rechenschieber für das Rechnen mit komplexen Größen. ETZ 1930 S. 1401.
	D	Rose, M.: Siehe Nr. 10.
	E	Bloch, O.: Siehe Nr. 3.
16.		Fenyö, L.: Inversion ebener Vektoren mit dem Rechenschieber. ETZ 1928 S. 407.
17.		Pflieger-Haertel, H.: Zur Theorie der Kreisdiagramme. Arch. Elektrot. Bd. 12 S. 486.
		Wicke, E.: Siehe Nr. 8.
18.		Helm, G.: Grundlehren der höheren Mathematik. Leipzig: Akademische Verlagsanstalt 1914.
19.		Schweizer Patentschrift Nr. 74951.
20.	III A	Strecker, K.: Hilfsbuch für die Elektrotechnik. Berlin: Julius Springer 1925.
21.	D	Richter, R.: Elektrische Maschinen. Berlin: Julius Springer 1924.
	E	Hauffe, G.: Siehe Nr. 11.
22.	F	Jaeger, W.: Elektrische Meßtechnik. Leipzig: Barth 1922.
23.	G	Dölp, H.: Die Determinanten. Darmstadt: Roether 1899.
24.		Fischer, B.: Determinanten. Berlin: Walter de Gruyter 1921.
25.		Peters, L.: Determinanten. Leipzig: Teubner 1925.
	IV A a)	Helm, G.: Siehe Nr. 18.
26.	1)	Kopczynski, Th.: Konstruktion von Kreisen als geometrischer Ort für die Zeitvektoren der Wechselstromtechnik. Siemens-Z. 1925 S. 75.
27.	2)	Schumann, W. O.: Zur Theorie der Kreisdiagramme. Arch. Elektrot. Bd. 11 S. 140.
28.		Thomälen, A.: Umformung der Kreisgleichung. ETZ 1926 S. 558.
29.		Hauffe, G.: Zur Theorie des Kreisdiagramms. Elektrot. u. Masch.-Bau 1929 S. 953.
30.		Dreyfus, L.: Mathematische Grundlagen der „verlustlosen" Tourenregelung, Kompoundierung und Kompensierung von Drehstromasynchronmotoren unter besonderer Berücksichtigung der Kaskadenschaltungen mit Drehstromkommutatormaschinen. Schweizer. Bulletin 1927 S. 744.
31.	3)	Hemmeter, H.: Das genaue Diagramm der kompensierten asynchronen Induktionsmaschine. Arch. Elektrot. Bd. 18 S. 349.
32.		Casper, L.: Zur Konstruktion des Kreisdiagrammes. Arch. Elektrot. Bd. 15 S. 262.
33.		Landolt, M.: Eine neue symbolische Kreisgleichung der Wechselstromtechnik. Schweizer. techn. Z. 1928 S. 545.
34.		Hauffe, G.: Zur Theorie des Kreisdiagramms II. Elektrot. u. Masch.-Bau 1930 S. 237.
	4)	Bloch, O.: Siehe Nr. 3.
	5)	Bloch, O.: Siehe Nr. 3.
		Michael, W.: Siehe Nr. 4.
	d) u. e)	Bloch, O.: Siehe Nr. 3.

Lfde. Nr.	Abschnitt	Literatur
35.	IV B	E m d e , F.: Die Arbeitsweise der Wechselstrommaschinen. Berlin: Julius Springer 1902.
36.		B e n i s c h k e , G.: Die wissenschaftlichen Grundlagen der Elektrotechnik. Berlin: Julius Springer 1922.
37.		H a u f f e , G.: Streuinduktivität, totale Induktivität und Gegeninduktivität. Helios Fachzeitschrift 1930 S. 45.
		F r a e n c k e l , A.: Siehe Nr. 1.
38.		O r l i c h , E.: Die Theorie der Wechselströme. Leipzig: Teubner 1912.
39.	a)	H a u f f e , G.: Das Kreisdiagramm des Lufttransformators. Elektrot. u. Masch.-Bau 1930 S. 629.
40.		H e y l a n d , A.: Der asynchrone Mehrphasenmotor und sein Diagramm. ETZ 1928 S. 1509.
41.		H e m m e t e r , H.: Zur Klärung des Streuungsbegriffes II. Arch. Elektrot. Bd. 18 S. 167.
	e)	B e n i s c h k e , G.: Siehe Nr. 36.
		F r a e n c k e l , A.: Siehe Nr. 1.
		O r l i c h , E.: Siehe Nr. 38.
42.	C e)	G ö r g e s , J.: Über das Verhalten parallelgeschalteter Wechselstrommaschinen. ETZ 1900 S. 188.
43.		H a u f f e , G.: Über die Leistungslinien der synchronen Wechselstrommaschinen. Elektrot. u. Masch.-Bau 1927 S. 543.
44.		S c h a m m e l , J.: Das Stromdiagramm der Synchronmaschine mit ausgeprägten Polen in symbolischer Behandlung. Arch. Elektrot. Bd. 23 S. 237.
45.	g)	S c h a m m e l , J.: Das allgemeine Stromdiagramm der Synchronmaschine mit Berücksichtigung der Eisenverluste. Arch. Elektrot. Bd. 25 S. 130.
46.	D	H a u f f e , G.: Komplexe Behandlung von Wechsel- und Drehfeldern. Elektrot. u. Masch.-Bau 1927 S. 101.
47.		F i n z i , L. A.: Über Dreh- und Wechselfelder. Arch. Elektrot. Bd. 22 S. 573.
		M ö l l e r , H. G.: Siehe Nr. 6.
48.		O r l i c h , E.: Anleitungen zum Arbeiten im Elektrotechnischen Laboratorium, II. Teil. Berlin: Julius Springer 1931.
49.		B l o c h , O.: Die Kreisdiagramme des Asynchronmotors in neuer Darstellung. ETZ 1918 S. 34, 42.
	a)	P f l i e g e r - H a e r t e l , H.: Siehe Nr. 17.
50.		K a f k a , H.: Das genaue Kreisdiagramm der Asynchronmaschine. Arch. Elektrot. Bd. 9 S. 405.
51.		H e m m e t e r , H.: Der Transformator mit drei Wicklungen und das Diagramm des normalen Transformators. Arch. Elektrot. Bd. 18 S. 257.
52.		K a f k a , H.: Zur Konstruktion des genauen Kreisdiagrammes. Arch. Elektrot. Bd. 18 S. 677.
53.		S c h a i t , H. F.: Kompensierte und synchronisierte Asynchronmotoren. Berlin: Julius Springer 1929.

Lfde. Nr.	Abschnitt	Literatur
54.	IV E	Görges, J.: Das Verhalten der Wechselstrommotoren in einheitlicher Betrachtungsweise. ETZ 1907 S. 730, 758, 771, 848, 936, 958.
55.		Görges, J.: Die elektromotorischen Kräfte der Ruhe und der Bewegung in Kommutatormaschinen. Wissensch. Veröffentl. Siemens-Konzern Bd. 2 S. 70; daselbst weitere Literatur.
		Strecker, K.: Siehe Nr. 20.
56.		Vieweg, R. u. V.: Handbuch der Physik von Geiger u. Scheel, Bd. 17, Elektrotechnik. Berlin: Julius Springer 1926.
57.		Punga, F.: Das Kreisdiagramm des Einphasen-Induktionsmotors. ETZ 1928 S. 603.
58.		Wolf, H.: Der Einphasen-Induktionsmotor mit Kondensatoren in der Hilfsphase. Arch. Elektrot. Bd. 23 S. 459.
	F	Fraenckel, A.: Siehe Nr. 1.
	V A a)	Bloch, O.: Siehe Nr. 3.
		Michael, W.: Siehe Nr. 4.
59.		Hauffe, G.: Zur Theorie der allgemeinen Ortskurven. Elektrot. u. Masch.-Bau 1930 S. 57.
	b)÷d)	Michael, W.: Siehe Nr. 4.
	e)	Hauffe, G.: Siehe Nr. 59.
	f)	Michael, W.: Siehe Nr. 4.
	g)	Bloch, O.: Siehe Nr. 3.
	h)	Michael, W.: Siehe Nr. 4.
	i)	Michael, W.: Siehe Nr. 4.
		Bloch, O.: Siehe Nr. 3.
	k)	Schumann, W. O.: Siehe Nr. 27.
	l)	Michael, W.: Siehe Nr. 4.
	m)	Casper, L.: Siehe Nr. 7.
60.		Hauffe, G.: Transformation von Ortskurvengleichungen. Elektrot. u. Masch.-Bau 1930 S. 1029.
	n)	Michael, W.: Siehe Nr. 4.
	V B	Bloch, O.: Siehe Nr. 3.
	b)	Hauffe, G.: Siehe Nr. 59.
	f) 2	Pflieger-Haertel, H.: Siehe Nr. 62.
	VI	Bloch, O.: Siehe Nr. 3.
		Fraenckel, A.: Siehe Nr. 1.

Sachverzeichnis.

Theorie der Wechselstrommaschinen mit einer Einleitung in die Theorie der stationären Wechselströme. Nach Dr.-Ing. e. h. **O. S. Bragstad †**, weil. Professor und Leiter der elektrotechnischen Abteilung der Technischen Hochschule Drontheim. Nach dem hinterlassenen norwegischen Manuskript übersetzt und bearbeitet von **R. S. Skancke**, Professor an der Technischen Hochschule Drontheim. Mit 431 Textabbildungen. XII, 382 Seiten. 1932. Gebunden RM 29.50

***Ankerwicklungen für Gleich- und Wechselstrommaschinen.** Ein Lehrbuch von Professor Dr.-Ing. Rudolf Richter, Karlsruhe. Mit 377 Textabbildungen. XI, 423 Seiten. 1920. Berichtigter Neudruck 1922. Gebunden RM 20.—

***Die asynchronen Wechselfeldmotoren.** Kommutator- und Induktionsmotoren. Von Professor Dr. Gustav Benischke. Zweite, erweiterte Auflage. Mit 109 Abbildungen im Text. V, 123 Seiten. 1929. RM 11.40; gebunden RM 12.60

***Die asynchronen Drehstrommaschinen** mit und ohne Stromwender. Darstellung ihrer Wirkungsweise und Verwendungsmöglichkeiten. Von Dipl.-Ing. Franz Sallinger, Professor an der Staatlichen Höheren Maschinenbauschule Eßlingen. Mit 159 Textabbildungen. VI, 197 Seiten. 1928. RM 8.—; gebunden RM 9.20

***Der Drehstrommotor.** Ein Handbuch für Studium und Praxis. Von Professor Julius Heubach, Direktor der Elektromotorenwerke Heidenau G. m. b. H. Zweite, verbesserte Auflage. Mit 222 Abbildungen. XII, 599 Seiten. 1923. Gebunden RM 20.—

***Drehstrommotoren mit Doppelkäfiganker** und verwandte Konstruktionen. Von Professor Franklin Punga, Darmstadt, und Oberingenieur Otto Raydt, Aachen. Mit 197 Textabbildungen. VII, 165 Seiten. 1931. RM 14.50; gebunden RM 16.—

***Kommutatorkaskaden und Phasenschieber.** Die Theorie der Kaskadenschaltungen von Drehstromasynchronmaschinen mit Drehstromkommutatormaschinen zur Regelung des Leistungsfaktors, der Drehzahl und der Leistungscharakteristik. Von Dr.-Ing. Ludwig Dreyfus, Västerås, Schweden. Mit 115 Textabbildungen. IX, 209 Seiten. 1931. RM 26.—; gebunden RM 27.50

***Kompensierte und synchronisierte Asynchronmotoren.** Von Dr. sc. techn. H. F. Schait. Mit 60 Textabbildungen. V, 104 Seiten. 1929. RM 10.50

***Die Transformatoren.** Von Professor Dr. techn. Milan Vidmar, Ljubljana. Zweite, verbesserte und vermehrte Auflage. Mit 320 Abbildungen im Text und auf einer Tafel. XVIII, 751 Seiten. 1925. Gebunden RM 36.—

---

* *Auf alle vor dem 1. Juli 1931 erschienenen Bücher wird ein Notnachlaß von 10% gewährt.*